外廊文化与近代闽南侨乡景观

杨思声 著

中国建筑工业出版社

图书在版编目（CIP）数据

外廊文化与近代闽南侨乡景观 / 杨思声著；—北京：中国建筑工业出版社，2017.4
ISBN 978-7-112-20616-2

Ⅰ.①外…　Ⅱ.①杨…　Ⅲ.①侨乡—建筑文化—研究—福建—近代　Ⅳ.①TU-092.957

中国版本图书馆CIP数据核字（2017）第064026号

作者在大量调查工作基础上，着力解析了近代闽南侨乡外廊景观在宏观、微观、中观三重尺度层面的地域适应性演变，对外廊式建筑在近代闽南侨乡兴盛的特定历史机缘和孕生环境进行追溯，对近代闽南侨乡外廊文化景观在中国近代建筑史研究、骑楼研究、亚热带建筑研究等领域中的地位和价值进行了阐述，对这笔特殊景观遗产在当代的传承与复兴问题进行了思考和展望。

本书可供中国近代建筑史研究人员、华侨文化研究人员、近代建筑遗产保护人员、建筑设计人员以及相关专业师生参考。

责任编辑：许顺法
版式设计：京点制版
责任校对：李美娜　李欣慰

外廊文化与近代闽南侨乡景观

杨思声　著

＊

中国建筑工业出版社出版、发行（北京海淀三里河路9号）
各地新华书店、建筑书店经销
北京京点图文设计有限公司制版
北京中科印刷有限公司印刷

＊

开本：787×1092毫米　1/16　印张：19¼　字数：404千字
2017年7月第一版　2017年7月第一次印刷
定价：58.00元
ISBN 978-7-112-20616-2
　　　　（30225）

目　录

第七章　当代保护和变迁问题探讨 / 268

结　语 / 280

参考文献 / 287

引言

相关概念

本书所谈到的"外廊",指的是一个处于整幢建筑的室内与室外之间的有顶过渡空间,此空间向建筑外部敞开,其中对外开敞面通过柱子限定着与室外的界限。"近代闽南侨乡",指的是 19 世纪末至 20 世纪中叶位于闽南(包括厦门、漳州、泉州三地)时空范围内的受到华侨文化影响的特殊环境。

课题缘起

近代闽南侨乡环境下曾经孕育生成了复杂丰富的外廊文化景观,其中不仅有学界常提及的骑楼街屋,还包括了很多其他类型的景观表现。既往关于骑楼街屋的研究文献涉及这方面的讨论较少。笔者自小生活于闽南侨乡,小时家屋便是一幢近代时期遗留下来的外廊式建筑实物,外廊下悠闲的饮茶赏月、乘凉谈天、宴请宾客等记忆犹存,也曾经从老人们口述故事中隐约感觉到外廊承载的丰富文化内涵。长大后深入闽南各地考察,发现外廊文化对近代闽南侨乡景观的复杂意义远远超出既往认知。外廊不仅影响了近代闽南侨乡景观的整体风貌,而且还催生了很多个性化的建筑景观、街屋景观,其中蕴含着深厚的人文内涵。那么,究竟近代闽南侨乡景观中的外廊文化是如何产生的?如何解释它们在区域建筑中的大规模出现?如何解释它们的特殊演绎表现?此外,它们和学术界经常谈及的"骑楼"有无关联性?与中国近代建筑史学界中时常提到的"殖民地外廊式"建筑景观又有何关联?广东五邑侨乡建筑中也有不少"外廊",它们和闽南侨乡的外廊文化之间有无历史关系和地域差异?等等。通过作者的研究工作,尝试解开这些困惑。

研究意义

对闽南侨乡建筑的地域性研究来说,本书是一项深化的工作。既往关于闽南侨乡地域建筑研究文献有不少从嘉庚建筑文化、洋楼民居文化和骑楼商住文化等方面进行分类学探讨,且以硕士论文研究成果的呈现为多。然而,这些研究成果对于展现闽南侨乡建筑的地域特色,还远远不够。本书的研究尝试从新的切面剖析。作者调研发现,外廊文化在闽南侨乡建筑景观中占有很重要的地位，台湾学者江柏炜甚至曾经提到外廊（闽南语也称呼为"五脚基"）是闽粤近代洋楼建筑的原型❶。虽然江先生这种提法的准确性有待商榷，但是不得不承认他为我国大陆学术界投入精力分析"外廊"与"近代闽南侨乡景观"之间关系，开启了一个有价值的前期引导。

对中国近代建筑史学研究来说，外廊式建筑曾被藤森照信、张复合等学者认为是中国近代建筑发展的原点❷，并由此引发大量关注。近代闽南侨乡发生的外廊文化兴盛故事作为中国近代外廊式建筑发展的一个独特分支，目前还未得到学界的充分关注。日本学者曾对近代亚洲"殖民地外廊式建筑"❸文化景观进行过系统研究，并发表相关文献，其中他们就论及了外廊式建筑在中国近代鸦片战争至19世纪末以前于各租界殖民地建筑中的盛行现象，并认为在19世纪末以后这一现象在中国就逐渐衰退了❹。受其学术影响，中国近代建筑史学者们对此也给予了较多的关注。然而，一个被忽视的历史事实是，当19世纪末殖民地外廊式建筑在中国租界衰落后，19世纪末至20世纪中叶近代闽南、广东五邑、潮汕等我国南方侨乡地却迎来建设外廊式建筑文化景观的高潮，对此，国内外学者们缺乏专门的探讨❺。实际上，这些侨乡外廊式建筑的历史成因和表现形式与日本学者们所关注的殖民文化环境下所产生的外廊式建筑有很大不同。它们的存在也表明了外廊式建筑对中国近代建筑的影响远比日本学者们所看到的要深远许多。

对我国骑楼研究来说，同时代出现的"泛骑楼化"现象受到的关注较少。本书的工作试图打破以往专注"骑楼街屋"本身在不同时空环境下的单独演变和发展研究，转而关注近代闽南侨乡这一特定的统一性环境下的"骑楼街屋"与"非骑楼街屋类的外廊式建筑"的一体化发展问题。突破了既往骑楼学的研究思路，相信对骑楼学研究的发展有一定启发和贡献价值。

对南方建筑的亚热带文化研究来说，还有待进一步深入。中国近代建筑的南北景观差异很大，北方建筑趋于厚重封闭，南方建筑开敞轻盈。外廊式建筑的兴盛正是近代南方亚热带建筑区别于北方建筑的重要的典型性景观之一，外廊文化在近代闽南侨乡景观中的兴盛，其背后也蕴含着当地人们适应亚热带气候的生态和文化智慧。

总的说来，本书所做的是一项基础研究工作，研究成果预计可为日后进行近代闽南侨乡地域建筑文化景观遗产的价值认定提供重要参考，对相应的遗产保护、遗产旅游、文化教育等领域提供有益的启发。

❶ [台湾]江柏炜."五脚基"：近代闽粤侨乡建筑的原型 [J]. 城市与设计学报，2003（13）&（14）：177-243。
❷ [日]藤森照信.外廊样式——中国近代建筑的原点 [J]. 张复合译. 建筑学报，1993（5）：33-38。
❸ 殖民地外廊式建筑，指的是近代殖民环境下所衍生的外廊式建筑，其建筑表现形式上常体现为简单方盒子式的周围附贴外廊。
❹ [日]藤森照信.外廊样式——中国近代建筑的原点 [J]. 张复合译. 建筑学报，1993（5）：33-38。
❺ 骑楼街屋的研究虽然如火如荼，但是对非骑楼街屋类的外廊式建筑的研究却较为忽视。

国内外相关研究

近代闽南侨乡的外廊文化景观研究，目前尚未得到国内外学者的充分关注。不管是日本学者对近代亚洲殖民地外廊式建筑文化景观的研究，还是我国广东、福建学者对骑楼街屋文化景观以及侨乡地域建筑文化景观的研究，可以说较缺乏对这一课题的深入探讨。部分台湾学者虽有意涉猎此议题之洞察，但由于两岸政治隔阂导致的学术交流及调研不便，多也是浅尝辄止。

日本学者对近代亚洲殖民环境下所出现的外廊式建筑兴盛景象进行过系统研究，也曾对中国鸦片战争至 19 世纪末以前的租界殖民环境下的外廊式建筑的大量涌现进行过粗略讨论，但却未见其关注 20 世纪上半叶在近代闽南侨乡出现的外廊式建筑文化景象。

日本学者们的有关论著有，藤森照信"外廊样式——中国近代建筑的原点"，田代辉久"广州十三夷馆研究"，泉田英雄"在亚洲的欧洲人的生活方式变迁与外廊式住宅的诞生"，村松申"东亚建筑世界二百年"，等等。藤森照信先生论文"外廊样式——中国近代建筑的原点"发表于中国 1993 年的《建筑学报》期刊上，在中国学术界有很大影响，论文的引用率很高。文中对外廊式建筑在世界起源的几种观点进行了讨论，对外廊式建筑在近代中国 19 世纪末以前各租界殖民环境中的发展进行了风格上的分类，并列举了相关的典型实例进行分析。田代辉久的"广州十三夷馆"研究发表于《中国近代建筑总览（广州篇）》❶，对广州十三夷馆这一在我国近代建筑史中有着里程碑式的殖民地外廊式建筑群进行了专项的剖析，并阐述了其在亚洲近代建筑发展史中的地位。泉田英雄的研究则关注对近代欧洲殖民者来到亚洲后，如何为了适应当地的热带气候环境和人文环境而产生外廊式住宅进行阐论。村松申的"东亚建筑世界二百年"连载于清华大学建筑史论文集第 16-20 辑❷，试图建立大东亚的近代建筑发展史体系，其中对亚洲近代早期出现在各国并相互传播影响的殖民地外廊式建筑也给予了一定的关注。应该说，日本学者们对近代亚洲殖民地外廊式建筑兴盛发展的研究成果颇丰，但是他们忽视了对近代"殖民地外廊式建筑"兴盛潮催生下的另一波外廊式建筑繁荣潮——"泛殖民地外廊式建筑"❸的关注。

针对中国的研究，日本学者虽然投入精力对"鸦片战争至 19 世纪末以前"的各主要殖民租界地中的外廊式建筑发展情况进行调查，但是研究成果较粗略，多注重史料考查，且多停留在简单的建筑风格分类学的分析，没能深入到更深层次的文化探讨。不仅如此，他们对我国近代出现的"泛殖民地外廊式建筑"繁荣现象，如南方侨乡外廊式建

❶ [日] 田代辉久. 广州十三夷馆研究 [A]. 马秀之，张复合，村松伸等主编. 中国近代建筑总览广州篇 [M]. 北京：中国建筑工业出版社，1992：9-23。
❷ [日] 村松申. 东亚建筑世界二百年 [A]. 张复合、贾珺等编. 建筑史论文集 17～21 连载 .[C]. 北京：清华大学出版社，2003-2005。
❸ 关于"泛殖民地外廊式建筑"兴盛情况的分析，详见本书第一章。

筑的繁荣、避暑地外廊式建筑的兴盛等的研究尚无暇顾及。关于这一点，藤森先生在"外廊样式——中国近代建筑的原点"一文的文末处也对后续研究给予期望，他写道："对于亚洲及中国近代建筑来说，外廊样式（或称"外廊式"）是极其重要的，但有关这方面的研究还做得很不够，需要进一步开展。特别是对各地尚存的初期的遗构进行发现、做详细的现状调查、查找图纸及收集资料等基础研究工作尤为必要。通过这种基础研究，可以搞清外廊样式在中国登陆后经过广泛的流传而发生了什么样的变化；可以搞清外廊样式对商贸都市以外地方的建筑（如北京清末的洋式官厅建筑）给予了什么样的影响。"❶迄今为止，尚未发现日本方面有针对近代闽南侨乡外廊文化景观的研究论著。

即便在今日网络信息发达、交通日益便利的情况下，欧美学者要能够跨越半个地球的距离，探讨近代闽南侨乡的外廊文化景观也是困难的。但是，从相关文献得知，欧美学者们对美国本土在近代时期所出现的外廊式建筑文化景观有着专门的研究。Virginia大学美国研究学院的 Scott Cook 发表网络论文"美国前廊的演变"（The evolution of the American front porch）❷。该文讨论了美国建筑中前廊的起源和风格化演变（包括美国殖民建筑中的外廊，希腊复兴建筑中的前廊，哥特复兴建筑中的前廊，意大利风格建筑中的前廊，坚持风格（stick style）建筑中的前廊，第二帝国风格建筑中的前廊，罗曼内斯克建筑中的前廊，安妮女王风格建筑中的前廊，瓦作风格（shingle style）建筑中的前廊，孟加拉或工匠风格建筑中的前廊，草原风格建筑中的前廊，折中主义复苏建筑中的前廊，现代风格建筑中的前廊），还探讨了什么时候以及为什么前廊会在美国建筑中流行，前廊对于美国人的意义何在，美国建筑的前廊样式如何衰退，又如何复兴。Scott Cook 的研究深入透彻，角度多元，并且不仅限于单纯的历史学研究，同时也对其中蕴含的人文景观规律进行了深入的阐述，是研究美国近代时期外廊式建筑文化景观的重要参考文献。

中国近代建筑研究起源于清华大学的汪坦、张复合等先生的推动，并受到日本方面较多影响。在全国范围内的研究工作的全面开展正式起步于 1986 年，取得了较为丰硕的成果。然而，自从 1993 年张复合先生翻译了藤森照信先生的论文"外廊样式——中国近代建筑的原点"以后，北方科研单位对中国近代建筑史中的外廊式建筑发展的后续研究论著乏善可陈。近些年，部分北方学者们对这一研究领域重新加以重视，张复合先生在 2006 年出版的中国近代建筑研究与保护论文集（五）❸和 2010 年出版的中国近代建筑研究与保护论文集（七）❹的前言部分就多次就此呼吁，甚至提及清华大学的相关博士论文正在开展❺。2010 年，学者刘亦师在中国近代建筑研究与保护（七）中发表文章"从

❶ ［日］藤森照信 . 外廊样式——中国近代建筑的原点 [J]. 张复合译 . 建筑学报，1993（5）：33-38。

❷ Scott Cook .The Evolution of the American Front Porch：The Study of an American Cultural Object[OL]. http：//xroads. virginia.edu/ ~ CLASS/am483_97/projects/cook/first.htm，1994。

❸ 张复合主编 . 中国近代建筑研究与保护（五）[C]. 北京：清华大学出版社，2006：I-II。

❹ 张复合主编 . 中国近代建筑研究与保护（七）[C]. 北京：清华大学出版社，2010：IV-V。

❺ 张复合主编 . 中国近代建筑研究与保护（七）[C]. 北京：清华大学出版社，2010：V。

外廊式建筑看中国近代建筑史研究（1993-2009）"❶，文中对 1993 年至 2009 年期间有关中国近代外廊式建筑发展的研究文献进行了总结，从中看出，除了日本学者的早期研究文献以外，关注此方面议题的以南方科研单位、学者为多。事实上，外廊式建筑在北方近代建筑中的发展较不发达，北方学者要在全国开展这方面的研究工作，地缘优势相对缺乏。

广东高校对近代骑楼街屋这种特殊的外廊式建筑的研究成果颇丰。主要的论著有，华南理工大学吴庆洲教授专著《建筑哲理、意匠与文化》中的文章"广州近代的骑楼纵横谈——敞廊式商业建筑的产生、发展、演变及其对建筑创作的启示"❷，华南理工大学林冲博士学位论文"骑楼型街屋的发展与形态的研究"（2000 年），中山大学林琳博士学位论文"广东近代建筑——骑楼的空间差异研究"（2004 年），此外还有，彭长歆的论文"骑楼制度与骑楼城市"❸，蔡凌、邓毅论文"骑楼的后殖民语境解读——以粤中地区为例"❹，余佳论文"广州骑楼现状及其保护研究"❺，等等。

值得注意的是，广东省的相关科研单位虽然对近代骑楼街屋的研究做了较多的工作，但是对"骑楼街屋"的研究不能取代对"外廊式建筑"的探讨。理由有三：其一，骑楼街屋是一种特殊的外廊式商业街屋，离不开城镇商业文化，而外廊式建筑则包括外廊式民居、别墅、学校等建筑，二者在概念上不尽相同。其二，中国近代外廊式建筑的起源、传播、分布和演变状况与近代"骑楼街屋"的发展不尽相同，如骑楼街屋在北方没有出现，而外廊式建筑却曾出现在北方。其三，国内近代建筑史专家近些年也逐渐将"骑楼街屋"和"外廊式建筑"作为两个不同的概念分开阐述，如张复合先生在为中国近代建筑研究与保护（五）写的前言中，就已经将"外廊式"与"骑楼街屋"作为两个独立的概念进行论证和解释❻。到目前为止，广东省相关科研单位就当地近代"骑楼街屋"与"非街屋类外廊式建筑"的关系的研究论文数量十分稀缺，除了本书作者的研究成果以外，目前仅有彭长歆先生的论文"'铺廊'与骑楼：从张之洞广州长堤计划看岭南骑楼的官方原型"涉及这方面的探讨❼。除了缺乏对近代时期的"非骑楼街屋类的外廊式建筑"的关注以外，广东省相关科研单位对"骑楼街屋"在邻省的研究也有待深入。华南理工大学林冲博士的论文"骑楼型街屋的发展与形态的研究"虽然部分论及闽南侨乡骑楼街屋的发展情况，但是在研究深度上还有待加强。

❶ 刘亦师.从"外廊式建筑"看中国近代建筑史研究（1993-2009）[A].张复合主编.中国近代建筑研究与保护（七）[C].北京：清华大学出版社，2010：9。
❷ 吴庆洲.建筑哲理、意匠与文化[M].第1版.北京：中国建筑工业出版社，2005：332-342。
❸ 张复合主编.中国近代建筑研究与保护（四）[C].北京：清华大学出版社，2004：130。
❹ 张复合主编.中国近代建筑研究与保护（五）[C].北京：清华大学出版社，2006：46。
❺ 张复合主编.中国近代建筑研究与保护（五）[C].北京：清华大学出版社，2006：86。
❻ 张复合主编.中国近代建筑研究与保护（五）[C].北京：清华大学出版社，2006：I-III。
❼ 张复合主编.中国近代建筑研究与保护（五）[C].北京：清华大学出版社，2006：179。

北京大学方拥教授在其早年任教华侨大学时，曾开启了对近代闽南侨乡地域建筑的研究，并指导完成了关于这方面的诸多研究生论文。如，方拥先生论文"泉州鲤城中山路及其骑楼建筑的调查研究与保护性规划"❶，许政硕论"泉州近代骑楼初探"（导师：方拥），陈志宏硕论"厦门近代骑楼初探"（导师：方拥），谢鸿权硕论"泉州近代洋楼民居初探"（导师：方拥），等等。在这些研究文献中，虽然有不少是针对闽南骑楼街屋的探讨，但是关于闽南侨乡外廊式建筑（包括"骑楼街屋"和"非骑楼街屋类"的外廊式建筑）的整体景观分析却很缺乏，仅有硕士论文"近代泉州外廊式民居初探"❷在这一方面做过一些基础调查工作。台湾学者在有关文献中曾评价过这本硕士论文："以泉州在辛亥革命后所建造的外廊样式民居作为研究对象，以田野调查和文献分析的方法，探讨泉州外廊式民居的特质性个案研究。其文中还初步探讨了骑楼街屋与外廊样式的概念，认为骑楼式是连续成片的外廊建筑，且将外廊构筑在建筑外底层处。外廊样式得以在泉州大量兴建，得益于泉州自然环境适宜、社会文化条件充足、华侨与工匠模仿的影响。并认为骑楼式街屋与外廊样式建筑皆是同时代下的产物，共同组成泉州的近代外廊式的建筑体系。"❸然而，此文的研究也存在着诸多不足。研究范围局限在泉州而且内容限于住宅，尚未能在近代闽南区域范围内进行更综合的关注；研究方法过分重视实证案例分析，尚未能够进行具有理论深度的探讨；研究视角过分关注形态学问题，未能对更深层次的文化演绎现象进行剖析；此外，也未能将近代闽南侨乡外廊式建筑的发展与邻省的广东近代侨乡外廊式建筑进行比较研究，未能挂接到亚热带建筑景观学层面，也未能挂接到中国近代建筑史研究体系之中，过分局限于地方视野的观察。

中国台湾学者除了对台湾近代建筑中出现的外廊文化景观进行较多研究以外，近年来也开始将研究视野追溯到我国大陆的闽粤地区。按照中国大陆的行政区划，金门属于泉州市的下属县，现却属于中国台湾当局实际管辖。近代时期，金门是闽南侨乡的一个重要组成部分。台湾云林科技大学聂志高教授及其指导的研究生，对近代金门侨乡的外廊式洋楼进行了深入研究。聂先生完成的著作有《金门洋楼的外廊样式：建筑装饰的演绎》❹，对金门近代外廊式洋楼进行地理分布、形态类型和柱位配置等方面的研究，对外廊立柱的形式和装饰、檐墙装饰、檐部装饰带等的做法进行深入剖析。其他的相关研究论文还有聂志高、王素娟等的"金门洋楼住宅立面之研究——以外廊柱式为例"❺，王素娟论文"日治时期台湾洋楼住宅外廊立面形式之研究"❻，等等。

---

❶ 方拥 . 泉州鲤城中山路及其骑楼建筑的调查研究与保护性规划 [J]. 建筑学报，1997（8）：17-20。

❷ 作者：杨思声，指导教师：方拥。

❸ ［台湾］朱启明 . 闽南街屋建筑之研究——以福建省泉州市中山南路"骑楼式"街屋为例 [D]. 云林：云林科技大学硕士学位论文，2005。

❹ [台湾] 聂志高 . 金门洋楼的外廊样式：建筑装饰的演绎 [M]. 台北：桑格文化有限公司，2006。

❺ 详见 [台湾] 建筑学报 51 期，2005 年 3 月。

❻ [台湾] 云林科技大学空间设计系硕士班硕士论文，2004。

台湾江柏炜先生曾经发表论文:"五脚基:近代闽粤侨乡洋楼建筑的原型"❶,对我国近代南方侨乡洋楼中的五脚基(外廊)文化景观进行了初步关注。江先生的文章在田野调查的基础上,初步讨论了五脚基(外廊)的起源以及其作为混杂体的空间文化形式,进而探讨了五脚基(外廊)如何随着归侨及侨汇资本转化成闽粤侨乡洋楼的住宅类型物;此外还对侨乡五脚基(外廊)的功能与意义进行了初步的探讨。文章还初步认为,五脚基(外廊)是当地归侨普遍选择的空间文化形式,尤在闽南和潮汕地区为最。江先生还认为近代闽粤侨乡的"五脚基"与近代中国殖民地建筑中的"外廊"一样,具有休闲、家务劳动的意义和功能,它在近代时期的出现逐步取代了原有传统建筑中的天井空间,也促使了传统的合院空间体制发生变化。台湾学者的研究方法和理论思考值得大陆学者们借鉴。他们对我国南方侨乡外廊式建筑的研究往往能深入到社会学和人类学层面,而不是简单地停留在史学和形态学层面。然而也应注意到,两岸之间的跨地域学术研究交流虽在近些年有所改善,但仍存在诸多不便。

研究内容

本书的主要目标是深入解析近代闽南侨乡的外廊文化景观,包括侨乡外廊文化景观产生与特定时代、特殊地域环境的复杂关联性,在区域、建筑、骑楼街屋集联规划中的具体演绎,在中国近代建筑史中的意义以及在当代的传承与复兴等。围绕这些目标,书中各章的论述内容大体如下。

第一章与第二章,探讨近代闽南侨乡外廊文化景观产生的两个重要背景。第一章,追溯亚洲及中国近代外廊式建筑发展情况,分析其与近代闽南侨乡外廊文化景观兴起之间存在的历史地理渊源。具体论述外廊式建筑类型在世界历史中的发展概况,特别是对近代全球殖民地及其泛化区域的外廊式建筑繁盛景象进行重点关注和分析,并阐述它对催生我国南方侨乡外廊式建筑的大量建设的背景影响。其中将详细论述以下2点:其一,论述外廊式建筑作为一种"建筑类型",其具有历史起源的古老性、与热带和亚热带气候的兴荣关联性、模糊的原则性等属性特征。其二,论述外廊式建筑类型在近代全球殖民地所发生的繁荣发展景象,分析其在各殖民据点的相邻区域所产生的"泛化影响"情况,并阐述我国南方侨乡外廊式建筑的兴盛发展与这一历史背景的渊源关系。

第二章,分析孕育外廊文化景观的近代闽南侨乡地域环境特征,对地域环境中催生外廊文化的若干因素加以特别关注。论述近代闽南侨乡在自然气候环境、社会文化环境和城乡建设环境方面的地域特殊性,并分析它们为外廊文化景观在当地的繁荣发展和特色表现所埋下的伏笔作用。其中将深入论述以下三点:其一,分析近代闽南侨乡的临海

❶ [台湾]江柏炜."五脚基":近代闽粤侨乡建筑的原型[J],城市与设计学报,2003(13&14):177-243。

区位特点，这一特点对于当地人们接受外域的外廊式建筑兴盛景象影响提供了便利；分析近代闽南侨乡的湿热气候特点，对促生当地人养成喜爱半室内外灰空间的习性的影响。其二，论述近代闽南侨乡移民社会的历史形成，并分析移民社会民众较易接受外域建筑文化的开放性格。论述近代闽南侨乡社会文化的多元构成特征，分析这种多元文化构成的人文环境特点对于外廊式建筑在当地呈现丰富多姿的演绎特征的影响。其三，论述近代闽南侨乡城乡建设的剧烈变革以及人们呼唤新建筑的急切心态，并指出这是外廊式建筑在当地突然得到繁荣发展的历史契机。

第三章，主要解析外廊文化景观在近代闽南侨乡区域中的兴盛现象。其一，关注外廊景观在近代闽南侨乡区域的空间发展历程，包括在鼓浪屿及海后滩的群体聚集，在嘉庚校园内的成组出现，在各城镇街道中的连接出现，在城乡居民点的散布发展，等等。应用量化方法对外廊式建筑在侨乡区域的爆发式增长态势、在当地近代建筑中所占的高密度现象进行描述。其二，阐述外廊景观在近代闽南侨乡兴盛的地域成因：闽侨大众的外域移植，闽侨大众的本土认识，闽侨群体的从众行为。其三，分析外廊繁盛景象所带来的近代闽南侨乡区域建筑景观统一性、开放性的特殊印象。

第四章，主要分析外廊文化景观在近代闽南侨乡建筑单体中的复杂演绎。先是对推动外廊式建筑单体复杂演绎景象背后的多元文化背景加以关注，而后以案例形式具体剖析外廊式建筑单体在外观造型风格、内部空间布局、构筑技艺手段等方面的个性演绎；最后，从建筑体验视角对近代闽南侨乡外廊式建筑景观中所散发出的自由浪漫精神进行讨论。

第五章，主要解析外廊式建筑在近代闽南侨乡城镇街道中的集联规划。辨析"外廊式建筑"与"骑楼"概念，并指出"骑楼街屋"是一种特殊的外廊式建筑集联体，"骑楼街屋"与"外廊式建筑"在近代闽南侨乡兴盛的密切相关，或者也可以认为近代闽南侨乡外廊式建筑的兴盛是一种"泛骑楼"现象。书中还将就骑楼街屋在近代闽南侨乡衍生的相关议题进行分析。对闽南侨乡近代时期拆城辟路改造背景如何影响骑楼街屋的产生，对南洋、广东和台湾三地骑楼实践如何影响闽南骑楼街屋的建设，对闽南当地外廊式建筑单体的涌现如何影响骑楼街屋的形成等议题讨论，在书中也将有涉及。此外，对近代闽南侨乡骑楼街屋在组群规划和单元建筑方面具有的地域适应性特色景象和场所感受，书中也将展开分析。

第六章，将从中国近代建筑史、南方亚热带建筑研究、骑楼研究、闽粤侨乡建筑研究等学术视角，讨论近代闽南侨乡外廊文化景观的特殊价值。外廊式建筑曾经对中国近代建筑发展产生重要影响，而中国近代时期也存在几种外廊式建筑的区域繁荣景象。近代闽南侨乡出现的外廊式建筑景观就是其中重要的一类。对此，本书将给予深入阐述。同时，书中还将比较近代闽南侨乡外廊式建筑与中国近代殖民地外廊式建筑、避暑地外廊式建筑、其他侨乡外廊式建筑发展景象之间的文化差异性。近代闽南侨乡外廊式建筑景观繁荣现象，与北方近代建筑中的"外廊"退化景观也形成了较大差异，书中也将就此议论南方热带与北方寒带在近代建筑营造观念上的不同。近代闽南侨乡"骑楼街屋"与"非骑楼街屋类"的外廊式建筑发展存在着同时性和关联性现象，这在既往的近代骑楼研究中常被忽视，书中将会有量化证据来加以说明。从闽粤侨乡建筑角度来看，"外廊"是否可认为是其表征性的景观标识，对此书中也将有相关探讨。

第七章，讨论近代闽南侨乡外廊文化景观在当代区域发展过程中的文脉传承，并对当代变迁问题进行思考。

研究方法

为了能够实现对近代闽南侨乡外廊景观的文化解读，在研究过程中，一是要有效获得外廊文化景观的实物和事件考证资料；二是要对外廊文化景观发生、演变所处的近代闽南侨乡社会、城乡建设、建筑营造等背景情况进行文献考古或者实情调查，还包括对近代闽南侨乡所处的中国乃至亚洲近代社会的相关背景的关注；三是要能够应用图文方式、定性和定量方法有效解析出"外廊文化景观"与"近代闽南侨乡环境"之间的各种关系；四是要能够将解读出的近代闽南侨乡外廊景观的文化内容形成一个逻辑结构，整理成书。

对应上述四项工作，研究者采取相应工作方法如下：首先，针对外廊景观实物散落侨乡各处，研究者经过多年努力，足迹涉及闽南城乡大部分角落，完成深入的田野调查和全面的实物普查工作，获取了较为翔实的第一手资料。其二，针对与近代外廊景观相关的特定时代、社会文化、城乡建设、建筑营造等背景资讯的获取，研究者通过与经历民国社会变迁时代的老人、华侨等进行面对面的访谈，从民国时期的华侨书信、地方志、家谱等载体中获得了丰富的历史信息。其三，在解析近代闽南侨乡外廊景观在区域尺度的宏观发展特征时，作者应用了随机抽样和概率统计方法来进行计算分析。比如，计算出近代闽南侨乡区域尺度的外廊式建筑数量、密度、增长速度等信息。在解析近代闽南侨乡外廊景观于单体建筑中的个性演变时，应用了图像语言解析方法，通过解读景观图像中的各种语言符号，获取多元文化信息，比如伊斯兰文化、东南亚文化、古越文化、印度文化、日本文化等。通过考证当时的史料规约，调查民国时期人们在外廊式街屋建设和使用过程中的活动情况，配合现存实物景象解读闽南侨乡外廊式街屋规划与单体建设的文化特征。

第一章　外廊式建筑的历史发展概况

外廊式建筑在近代闽南侨乡的出现，与西方殖民者来到亚洲后所推动的殖民外廊式建筑的建设有着渊源关系。18 世纪英国殖民者到达印度后，为适应热带气候模仿了当地土著民居而建设带宽敞外廊的建筑，并融入了欧洲风格。随着殖民者在亚洲各地的扩展，殖民外廊式建筑影响了新加坡、马来西亚、中国、日本、韩国等亚洲殖民地。特别是在热带和亚热带地区呈现更为繁荣的景象。西方殖民者推动的外廊式建筑后来也影响了非殖民者的建筑活动，产生了殖民外廊式建筑的泛化影响现象。近代东南亚的闽南华侨受其影响，并且在回到闽南故乡后大力推行外廊式建筑建设的现象，就是在这一背景下产生的。

1.1　外廊式建筑起源追想

1.1.1　外廊

"外廊" **❶, ❷** 是一个处于整个建筑的室内与室外之间的有顶的过渡空间，此空间向建筑外部敞开，其中对外开敞面通过柱子限定着与室外的界限（图 1-1）。在欧美的书籍和资料中，有不加明显区别地使用外廊（veranda）、阳台（Baleony）、平台（Terace）、门廊（Portic）、连廊（Arcade）的例子。"外廊"同平台、阳台的区别在于："外廊"之上覆有屋顶，平台则没有屋顶；阳台虽然也是设置在建筑室内与室外的过渡区域，但是阳台与室外之间往往没有柱子隔断。外廊与门廊的概念也有不同，"门廊"应该说是外廊的一种，只是它指的是设置在建筑入口

图 1-1　"外廊"示意

---

❶ 藤森照信先生曾提到，外廊的做法指的是"屋檐前立柱支撑，使用其下的空间"，但是他对外廊也未给予明确的定义。详见：藤森照信 . 日本近代建筑 [M]. 第 1 版 . 黄俊铭译 . 济南：山东人民出版社，2010：13.

❷ "外廊"一词在《辞源》和《辞海》中未有解释。而从英文的角度看，"外廊"有 "varanda"，"baranda"，"veranda" 和 "verandah" 等几种拼法，以 "veranda" 最为常见。"veranda" 这个词来源于印度贝尼亚普库尔（Beniapukur）地方方言。最早发现于 1498 年探险家所写的葡萄牙语文献，后散见于在印度地区开辟殖民地的英国在 15 世纪以后的英语文献中。"外廊"一词经过传播、演变，在各地又有自己独特的称谓。如在东南亚、中国闽南地区有"五脚基"或"五脚架"的称呼（Ngo-ka-ki）。

处的"外廊"。"外廊"与"檐廊"的概念有不同,"檐廊"表达的概念侧重描述"廊子"上方的屋顶形式是坡顶的出檐形态,而"外廊"则对此无特别界定。"柱廊"的概念与"外廊"也有区别。虽然"柱廊"也有柱子,但是并不包含"廊"位于建筑外部的意思,"柱廊"设置于建筑物室内的案例也有不少,如欧洲中世纪教堂建筑内部大厅的两侧常设置有柱廊空间,供祈祷者休息或进行其他活动。"外廊"与"内廊"在概念上有较大差异,"内廊"指的是建筑中间设置一条走廊,以供房间布置在走廊两侧,如,通常说的内廊式宿舍楼,指的是内部设置有一条走廊,并非一定有"柱子"。建筑一侧设置的没有柱子的"外走廊"似乎与"外廊"的概念接近,如有的宿舍楼设置单边外走廊,但是其主要强调的是廊子可供行走的概念,而如果没有设置柱子,则在本书中也不将其称为"外廊"。在中国古代合院建筑中有不少存在向内院敞开的廊子,但是由于四合院建筑廊子并不处在整个建筑的外部,而是被包在建筑内部,因此也不属于本书讨论的"外廊"范畴,或者可以称之为"内向的廊子"。此外,"外廊"概念也不同于"骑楼",关于二者的区别,在本书第五章将会详细辨析。

所以总的看来,建筑内部与外部之间的灰空间属性、有柱子限定,是"外廊"的两个重要的特征。基于上述对"外廊"概念的讨论,可进一步推想的是,"外廊"并非是近代才有的事物。

"外廊式"(veranda style)指的是带有外廊的(建筑)。从意大利学者阿尔多·罗西的建筑类型学理论中的"类型"观点来推理,可视"外廊式"为一种经久的建筑类型。罗西认为,建筑类型是"某种经久和复杂的事物","是先于形式且构成形式的逻辑原则"❶,是一种存在于心理层面的抽象的建筑组织规则,也是一种结构存在。而"带有外廊的建筑"乃人类历史中久已有之的建筑营造原则,为"外廊"与"外廊以外的建筑部分"的结构组成,正合罗西所言之"建筑类型"概念。其实,罗西在《城市建筑学》一书中,就曾直接提到"带有外廊的居所"是一种经久的建筑类型❷。

"外廊式"一词在近年的中国近代建筑史研究文献中时常出现。清华大学张复合先生1993年翻译日本学者藤森照信先生论文:"外廊样式——中国近代建筑的原点",文中提到了"外廊样式"的概念。张先生对该文的特别译注中,认为藤氏所谈之"外廊样式"似乎指的是"欧美殖民者在其殖民地所建的带有外廊的建筑,有的研究者称之为'殖民地外廊样式'"❸。于是,"外廊样式"一词在中国近代建筑史中常以"殖民地外廊样式"的方式关联出现。因此容易造成研究者们误解的是,认为"外廊样式"一定会和殖民地文化相关联。近年,随着对中国近代建筑研究的深入开展,研究者发现不仅中国近代的早期殖民建筑中有"外廊样式",在我国南方近代侨乡地、庐山避暑地、莫干山近代避

❶ [意]阿尔多·罗西著,黄士钧译.城市建筑学[M].第1版.北京:中国建筑工业出版社,2006(9):42。

❷ [意]阿尔多·罗西著,黄士钧译.城市建筑学[M].第1版.北京:中国建筑工业出版社,2006(9):43。

❸ [日]藤森照信.外廊样式——中国近代建筑的原点[J].张复合译.建筑学报,1993(5):33-38。

暑地、近代湖北薤山等地都有大量的"外廊样式"建筑。于是,"外廊样式"与殖民文化之间的必然关联性逐渐被松解。对近代殖民地以外的"外廊样式"建筑的研究也得到开展。台湾云林科技大学聂志高教授的著作《金门洋楼的外廊样式:建筑装饰的演绎》,就对非殖民地的金门侨乡近代"外廊样式"洋楼建筑进行了深入探讨。"外廊样式"与"殖民地外廊样式"毕竟是两个不同的概念,前者指的是"带有外廊的建筑"而已,而后者却是在前者概念的基础上附加了与殖民地文化的特定关联,二者不应混淆。

张复合先生在 2006 年出版的《中国近代建筑研究与保护(五)》论文集的前言中,已出现了将"外廊样式"简化为"外廊式"的说法❶。然而虽然经历了这样一种词汇和概念上的演变,目前的中国近代建筑史研究文献中尚未对"外廊式"究竟是何事物进行过概念上的令人信服的专门解释,由此也引发了学术研究上的种种争议。而如果从西方类型学理论来看,不妨将"外廊式"看成一种特殊的建筑类型,一种存在于心理层面的建筑营造原则。

1.1.2　外廊式建筑类型的属性特征

如果将"外廊式"看作一种建筑类型,则具有如下的属性特点。

外廊式建筑类型具有模糊的原则性特征。外廊式建筑类型,不是一种精确的、具体的物化形式,而是一种模糊的、抽象的心理原则。建筑类型学者昆西(de Quincy,1795-1825)曾通过对"类型"与"模型"的比较分析点出了建筑类型的本质属性特点:"类型一词不是指被精确复制或模仿的形象,也不是一种作为模型规则的元素……。从实际制作的角度看,模型是一种被依样复制的物体;而类型则正好相反,人们可以根据它去构想出完全不同的作品。模型中的一切是精确和给定的,而类型中的所有部分却多少是模糊的。我们因此看到,对类型的模仿需要情感和精神……。"❷昆西进一步提到,"我们也看到,一切发明创造尽管在以后会出现变化,但却始终明确保留和表现了自身的基本原则。这与原子核的情况类似,它在周围集聚了不同的形式的发展和变化。每一种物体都有成千上万个变体流传下来。科学和哲学的一个基本任务,就是要探究它们的起源和主要成因,以把握其出现的目的。像其他人类发明和制度分支一样,这就是建筑中'类型'的含义。我们的讨论是为了明确地认识以隐喻形式出现在许多研究之中的类型一词的含义,同时也想指出两种错误观点:一是认为类型不是模型而被忽视,二是把模型那种对应复制的严格性强加给类型。"❸昆西的论述否认了模仿或复制类型的可能性,他认为,建筑中有一种扮演自身角色的元素,它不是建筑实体所要服从的元素,而是存在于

---

❶　张复合主编.中国近代建筑研究与保护(五)[C].北京:清华大学出版社,2006:I-II。

❷　[意]阿尔多·罗西.城市建筑学[M].第 1 版.黄士钧译.北京:中国建筑工业出版社,2006:42。

❸　[意]阿尔多·罗西.城市建筑学[M].第 1 版.黄士钧译.北京:中国建筑工业出版社,2006:42。

模型之中的某种东西。这就是规则,建筑的组织原则 **❶**。类型(type)本身要为模型(model)
建立规则。模型,在艺术的实际操作意义上,即是一种重复的物体。相反地,类型的基
础是人们在互不相像的事物中认识它们。在模型中,一切都是精确、棱角分明的;而在
类型中,或多或少是含混的。

外廊式建筑类型具有历史起源的古老性特征。虽然根据阿尔多·罗西的观点,建筑
类型作为一种文化元素,当其被创造出来后,就有可能经历久远而存在,或者超越时空
重现;但是并非所有的建筑类型都有着同等古老的历史起源。如,土楼建筑类型的起源
可以追溯到公元 10 世纪(唐末宋初)客家民系在闽粤赣边区形成的时候。而对于合院
式建筑类型来说,出现的时间就更早了。据考证,合院的布局在中国可以追溯到数千年
以前 **❷**。这一点与生物学中的现象很相似,种类

繁多的生物物种在历史起源上存在先后规律,如
在脊椎动物中,鱼类、两栖类、爬行类和哺乳类
等是按照时间顺序出现的。如果将建筑类型比喻
为生物物种,正可比拟说明,不同的建筑类型的
历史起源是有时间先后的。外廊式建筑类型的出
现时间至今仍然是个谜。而"外廊"所起的作用
类似于由树干和树叶构成的灰空间,这一点让我
们引发了"外廊"的起源是源于对树木的模仿的
猜想(图 1-2)。在原始人的巢居建筑中,干栏式
建筑的迹象已现端倪,干栏式建筑的底层架空以
及底部的灰空间就呈现出"外廊"形式的基本特
征。难怪有学者在研究广州近代骑楼的时候,感
叹"骑楼"拥有越族先民干栏建筑的遗韵 **❸**。关于
外廊式建筑类型最早是如何诞生的仍有待进一步
考证。但是它的起源可以追溯到遥远的年代,在
这一点上是毋庸置疑的。

图 1-2　劳吉埃尔的原始棚屋 **❹**

外廊式建筑类型具有与热气候环境共荣的特

❶ Antoine Chrysostome Quartremere de Quincy(昆西).Dictionnaire historique d'architecture comprenant dans son plan les
nations historiques,descriptives.archaeoloques,biographiques,theoriques,didactiqueset pratiques de cet art[M].2 vols.paris,
1832。

❷ 在夏商时期甚至更早以前,古代文献就有记述关于在建筑上采用"四霤"之制的记载。据有关考古资料显示河南堰师
二里头两座宫殿遗址都是完整的合院。河南安阳小屯村殷墟宫殿出现的广庭被王振复先生认为是中国四合院平面形制
建筑平面的雏形。

❸ 郑虹.骑楼——特殊建筑的文化沉淀 [EB/OL].http://www.landscape.cn/review/Culture/2009/86879.html,2009。

❹ 来源:刘先觉主编.现代建筑理论:建筑结合人文科学自然科学与技术科学的新成就 [M].北京:中国建筑工业出版社,
1999。

点。在生物界，某些植物物种特别适合生存在特定的气候带。如，刺桐树适合于热带和亚热带气候区，在中国的分布基本在北纬 25° 以下的南方，大约西至昆明、东达泉州的范围 ❶，在国外的日本冲绳、阿根廷等地也基本分布于亚热带气候区。榕树生长则只适合于高温多雨的热带雨林地区，主要分布于我国的广西、广东、福建、江西南部、台湾、浙江南部、云南、贵州及印度、缅甸和马来西亚等热带和亚热带地区，纬度较高的地方则很难生存。

与上述生物的气候适应性现象类似的是，外廊式建筑类型在热带和亚热带气候环境下是较容易得到兴盛发展的。如，在南亚印度、东南亚各国、澳大利亚、中美洲、非洲等热带和亚热带区，外廊式建筑类型的大量应用是十分普遍的现象。在北方，如俄罗斯、蒙古等地，外廊式建筑类型要得到兴盛发展则是较为困难的。在"生长"的适应性方面，热带和亚热带气候为外廊式建筑类型的发展提供了更为有利的土壤。

然而，并不是说外廊式建筑类型就不能应用于高纬度地区。历史证明，基于文化环境的复杂变化，"外廊"有时也会在北方得以短暂兴盛，如，近代北京、天津、哈尔滨等地的殖民建筑中，外廊式建筑类型就得到了大量的应用。同样，"外廊"在南方热带和亚热带地区也会在某些文化时期不被采纳，如，在闽南明清时期，当传统官式大厝建筑兴盛之时，就极少出现外廊的应用。但是，从总体来看，外廊在高纬度寒冷地带建筑中的发展是较为退化且难以持久的，相反，它在热带建筑中却极易得到繁荣衍现。

"外廊式建筑类型"是一种"国际性"的文化元素，并不属于任何国家和民族的专利。我们在古今中外建筑史中也常可看到外廊式建筑类型的应用。从古希腊的外廊式建筑到现代主义的外廊式建筑，从美洲的外廊式建筑到古越族的外廊式建筑，等等。外廊式建筑类型可以超越民族文化的偏见被传递到任何适合其生长的地方。当然，作为一种国际性的文化元素，其在不同的国家或地区环境中会有不同的地域性表现。

1.2 外廊式建筑的历史发展概况

1.2.1 在古代世界的历史踪迹

（1）外廊式建筑类型在古代世界的历史踪迹

古代欧洲从古希腊、古罗马到中世纪、文艺复兴等各时期的建筑中不时可看到外廊式建筑类型的应用。在欧洲古代文明的源头古埃及的底比斯古城土室的陵墓上就曾"不甘寂寞地加上了一圈柱廊" ❷。地中海的爱琴文明建筑中也有不少建设有外廊，在古希腊的诸多神庙中，外向开敞的柱廊成了标志性符号，雅典的阿果拉广场上有着成片的外廊式公共建筑。古罗马的斗兽场（Amphitheatre of EI Djem）建筑中有多层的连续

---

❶ 方拥 . 泉州鲤城中山路及其骑楼建筑的调查研究与保护性规划 [J]；建筑学报；1997（8）: 17-20。
❷ 林琳 . 广东地域建筑——骑楼的空间差异研究 [D]. 广州：中山大学博士学位论文，2001: 7。

外廊。中世纪威尼斯总督府有尖券形和
火焰形柱的连续外廊。早期文艺复兴时
期，由布鲁乃列斯基设计的佛罗伦萨育
婴院的凉廊被认为是文艺复兴开始的重
要标志，这座建筑的外廊柱子和拱券的
优雅气质十分迷人。帕拉第奥设计的维
琴察（Vicenza）巴西利卡，有着帕拉第
奥母题的连续外廊。在古典主义时期，
卢浮宫的外廊也给人以特别的感受。巴
洛克时期，伯尼尼设计的圣彼得广场（图

图 1-3　圣彼得广场的柱廊

1-3），外廊有 4 排粗重的塔斯干式柱子，一共有 284 棵，"外廊"的尺度令人震撼。从
表现特点上看，欧洲古代的外廊式建筑常常体现出较强的人文精神特征❶，外廊一般采
用石头砌筑，重视构图秩序，注重光影变化和节奏韵律，外廊的尺度较大，常给人以
震撼感。

在古代印度，曾出现"外廊式石窟建筑"，如，埃勒凡塔石窟寺（图 1-4）和卡朱拉
荷神庙中的"外廊"竟是由石头生凿出来的。另外，印度外廊式石雕或石窟建筑也影响
到了周边国家。如，中国、柬埔寨（图 1-5）等地。外廊式石窟建筑的出现，表明了外
廊式建筑类型与当地文化环境的适应性结合。

图 1-4　孟买的埃勒凡塔石窟寺 ❷

图 1-5　位于柬埔寨的巴戎寺（Bayon），
从石头中雕刻出的外廊式建筑 ❸

---

❶ 在欧洲，中世纪建筑文化往往被西方人认为不是其建筑文化发展的主线，希腊、罗马、文艺复兴才是其建筑文化发展
的主干。

❷ 资料来源：http://www.ln.xinhuanet.com/sysyh/2007-04/26/content_9891834.htm。

❸ 资料来源：http://gal.zhulong.com/proj/photo_view.asp?id=3488&s=51&c=208040。

古代中国汉文化建筑中有"廊"空间，但是常常被内向化处理。中国古代汉族建筑基本是封闭内向的合院形制，敞开式的"廊子"一般不设置于整个合院建筑的外界面，而大多会出现在朝向中心庭院的内部界面。这与古代汉民族较强的防御隔离心理有关。作为国家社会细胞的单个家庭，一方面被迫遵守上层统治者的管理需求，封闭自己的建筑外界面；另一方面，自觉形成内向自足的习性。他们多认为各自家庭的内部事务和生活，不应该让其他人来干预。"自给自足"、"家丑不可外扬"的心态弥漫于汉族家庭环境中。

古代东南亚和我国南方少数民族地区，也有不少外廊式建筑的踪影。这些地方的外廊式建筑经常具有"干栏"式特点，形式较为"原始"、趋于"自然化"。在构造材料方面，常应用天然木材，甚至出现了完全不加人工修饰的外廊柱子，很多也都采用茅草屋顶；在功能布局方面，人畜混居；在造型方面，常根据各地自然地形和人文环境的差异而有丰富的形态变化。相比古代欧洲较为文明的外廊式建筑来说，具有相当的"野生"情趣（图1-6、图1-7）。

图1-6　东南亚传统的外廊式干栏建筑 ❶

图1-7　福建中部山区戴云村传统的外廊式干栏建筑

（2）外廊式建筑类型在古代世界各地发展的不平衡景象

虽然在古代世界很多地区均能发现外廊式建筑类型的踪迹，但是并非每个地区都会产生外廊式建筑的繁荣发展景象。换句话说，由于各地历史机缘和环境因素的不同，外廊式建筑在古代世界各地的实际发展呈现不平衡的分布特点。

以古代欧洲为例，外廊式建筑在南部靠近地中海地区的希腊、西班牙、意大利等地就较多地受到当地人的喜爱，其衍生数量不仅很多而且外廊空间也普遍宽大，常具有生活性功能；相比之下，在北欧，外廊在建筑中的应用就甚为退化了，不仅数量稀少，而且外廊空间进深普遍较小，常常不是为了满足人们在其中进行生活性需求而设置。再以亚洲为例，可以看到，由于中华传统汉族文化崇尚内向封闭的观念，因此在建筑中虽有

❶ 资料来源：http://www.google.com.hk/imglanding?q=verandah%20road&imgurl。

廊子的应用，却多数时候是朝向内部合院，建筑对外常常封闭起来，因此对外敞开的外廊式建筑难以形成大规模的发展；相比之下，在古代东南亚和我国南方少数民族地区，外廊在当地土著建筑中呈现的却是相当繁荣、持续兴盛的景致。这或许和当地人趋于海洋文化的生活习性有关，而且热带气候条件的环境也使得他们对外廊的遮阳、避雨等功能有着更深刻的理解。

当然，外廊式建筑在古代世界各地历史发展过程中的繁荣景象的不平衡分布状态并非是静止不变的。有些地方在古代的某个时期出现外廊式建筑的繁荣景象，但是由于人文环境的变迁，可能产生外廊式建筑繁荣景象的衰退、复兴或者转移。如我国南方地区在古越族时期，曾经有着大量的外廊式干栏建筑的建设，但是，中原汉文化的南迁使得当地建筑发生汉化，结果导致了外廊式建筑"内向化"转变，于是外廊式建筑繁荣景象逐渐衰微。到了近代时期，由于海外文化的输入，又重新燃起了外廊式建筑的复兴潮。

纵观古代史，虽然人文环境的变迁产生了外廊式建筑繁荣景观在世界分布格局上的动态变化，但是，这种动态变化却在很多时候离不开围绕"热带和亚热带"这一"核心"地区进行分布。尽管在某些历史时刻会有所偏离，以至于外廊式建筑也曾在特定时期短暂出现过大量传播到寒冷地带的情况，然而"回归"的力量却似乎始终存在。

1.2.2　在近代全球殖民据点的广泛盛行

所谓"殖民"指的是强国向它所征服的地区移民，这些移民被称为殖民者。"殖民地"则指的是一个国家在国外侵占并大批移民居住的地区。

在近代全球殖民地（大部分位于热带和亚热带地区），殖民者曾兴起了大量建设外廊式建筑的事件。学术界常称之为"殖民地外廊式建筑" ❶ 兴盛事件。这一事件在世界近代建筑史中具有重要的地位。一方面它波及面很广，影响了诸多国家和地区，如印度、东南亚、中国、日本、韩国、朝鲜、美国、非洲、大洋洲等地区的殖民地；另一方面，它对各国建筑的近代化历程的全面开始起了重要作用。日本学者藤森照信先生曾提出殖民地外廊式建筑盛行现象是中国近代建筑的"原点"。虽然这一提法有待商榷，但是却不能否认"殖民地外廊式建筑"兴盛事件对中国近代建筑的全面开始所起的重要作用。事实上，除了中国以外的全球大多数被殖民国家在开始全面的建筑近代化转型过程中，很多最初都是先有"殖民地外廊式建筑"的大量涌现。为此，日本学者、中国台湾学者对"殖民地外廊式建筑"发展史给予了较多关注，并进行了全球范围内的专项研究。下面结合他们的研究成果以及笔者的某些新补充的研究内容和观点，进行简要分析。

---

❶　本书所谈的殖民外廊式建筑，指的是近代殖民者在殖民占据地所建设的外廊式建筑。

（1）"殖民地外廊式建筑"的世界起源

关于近代全球范围内的殖民地外廊式建筑最早是起源于何时何地、如何发生的问题，日本学者藤森照信先生主要提出两种看法 ❶：

其一，英国殖民者在印度贝尼亚普库尔基于欧洲与当地土著建筑的灵感，最早在殖民据点的建筑中倡导"外廊式"类型的应用。17世纪欧洲各国大举向外扩张之时，"日不落"帝国英国来到了亚洲。为适应热带环境气候，解决寒带建筑形式所带来的困境，殖民者在印度的贝尼亚普库尔向当地土著学习，模仿 Bungal 建设了带有四面廊道的建筑形式，他们称之为"廊房"（Bungalow）。外廊则成为半室内外的吃饭休息、喝茶聊天、看书下棋的生活空间。由于 Bungalow 建筑形式很好地象征了殖民者的身份，再加上它的兴建不需要专业建筑师，因而很快在世界各殖民者据点中得到流行（图1-8）。它的简单方盒子形式、周围外廊的特点影响了很多国家的殖民地建筑。

其二，欧美殖民者在加勒比海的大安得列斯岛对外廊式建筑类型的应用也有可能是一个重要的起点。美洲地区的殖民地建筑皆由大安得列斯群岛传播出去，此岛原为西班牙殖民地，1756年英国与西班牙、法国"七年战争"之后，接收西、法在西印度群岛及北美南部的殖民地。英国于17世纪在西印度群岛即拥有殖民地，而外廊式建筑开始流行于18世纪，以时间发展过程来看，这里也有可能是"殖民地外廊式建筑"兴起的一个重要起点。藤森照信先生和安东尼·金（Anthony D.King）❷均认为基于目前起源于加勒比海的大安得列斯岛的相关文献不多，现一般都以印度起源说为主 ❸。

图1-8　18世纪英国人在印度的 Bungalow 军营（殖民地外廊式建筑）❹

❶ [日]藤森照信.外廊样式——中国近代建筑的原点[J].张复合译.建筑学报，1993（5）：33-38。

❷ Anthony King.The bungalow：the production of a global culture[M].London，Boston：Routledge & Kegan Paul，1984。

❸ [台湾]麦筱凡.传播路径对洋楼外廊立面形式影响之研究——以台湾、金门洋楼民宅为例[D].云林：云林科技大学空间设计系硕士学位论文，2007：20。

❹ [美]时代-生活图书公司编著.王冠上的宝石英属印度[M].第1版.杨梅译.济南：山东画报出版社，2001：142。

（2）"殖民地外廊式建筑"在世界的传播

藤森先生认为，殖民者在殖民据点中兴建外廊式建筑的做法萌生后，便随着殖民者在各地扩张以及外侨移民而传播开来。就目前所拥有资料表明，不仅在印度半岛，东南亚、东亚、澳大利亚东南部，太平洋群岛等地区，而且在非洲的印度洋沿岸、南非、中非的喀麦隆，甚至在美国南部和加勒比海地区等地的殖民据点中到处可见殖民者兴建外廊式建筑的踪影。东南亚地区、美国南部和加勒比海地区可以看作是两个分布中心 ❶（图 1-9）。从分布情况来看 ❷ 有以下特点：一是主要分布在赤道及附近地区，二是多在沿海区域。

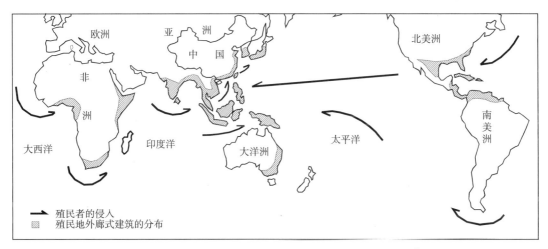

图 1-9　近代殖民地外廊式建筑在世界范围内的分布图 ❸

部分台湾学者认为，殖民地外廊式建筑在世界的传播和影响路径，大致可认为有两条基本路线（图 1-10）。向西，随着殖民者往来欧洲与亚洲，亚洲"殖民地外廊式建筑"的形式影响了英国本土和美洲 ❹。台湾学者江柏炜写道："十七世纪英国殖民印度时，为了有效解决热带的居住问题，从印度土著建筑的深远之茅屋得到启发，进而发展出有外廊的小别庄，又称为'盎格鲁 - 印度式'住屋。而后于十八世纪传回英国，进而变成中产阶级度假住居的建筑形式。十九世纪，欧洲殖民者进一步将小别庄（带外廊）带到……美洲殖民地。" ❺

❶ [日] 藤森照信 . 外廊样式——中国近代建筑的原点 [J]. 张复合译 . 建筑学报，1993（5）：33-38。

❷ 同上。

❸ 同上。

❹ 殖民者兴建外廊式建筑的做法向西传播到欧洲以后，是否还能称其为真正意义上的殖民外廊式建筑，关于这一点有待讨论。

❺ [台湾] 江柏炜 . 闽南建筑文化的基因库：金门历史建筑概述 [EB/OL]. http：//163.13.226.19/art/inport/doc/eye-art/9202history.doc。

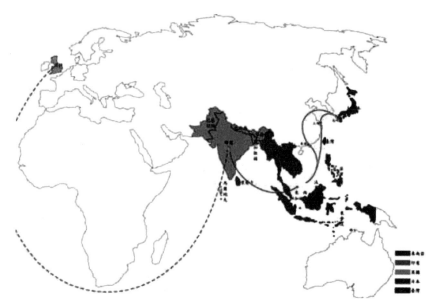

图 1-10 中国台湾学者所补充考证的殖民地外廊式建筑在印度起源后的东西向传播和影响路径 ❶

　　向东，随着 19 世纪欧洲殖民者对殖民据点的拓展，殖民地外廊式建筑兴盛现象蔓延到了东南亚、东亚。其传播和影响的路径体现为，从印度传入东南亚，而后往北传入中国的香港、上海等殖民租界地，接着随着日本的锁国时期结束，长崎、横滨、函馆开港后，"殖民地外廊式建筑"主要集中由长崎传入日本，而后传入台湾 ❷。不少学者相信，印度、东印度群岛、中国大陆和台湾、日本、韩国、东南亚国家的近代建筑历史，始于殖民地外廊式（Veranda Style）建筑的大量出现 ❸（图 1-11、图 1-12）。在 19 世纪的新加坡可以看到，早期也出现了殖民地外廊式建筑的兴盛。日本学者村松申认为，对于殖民地外廊式建筑在新加坡的出现，英国建筑师考夫曼功不可没。作为当时新加坡唯一的建筑师，"在新加坡城市建设的初期，这一区域的建筑差不多都是考夫曼一个人设计的。……受到印度孟加拉风格地区的地方性传统建筑的影响而被俗称为 bungalow 的外廊式建筑，被运用在总督官邸，由此这一风格传入新加坡。……这是来自考夫曼在加尔各答、爪哇的经验，至此导入新加坡。" ❹ 在清代，鸦片战争失败后，随着欧洲人对华入侵并开辟各种殖民据点，殖民地外廊式建筑在香港、上海等地兴起，成了中国近代建筑的原点 ❺。在

---

❶ [台湾] 麦筱凡. 传播路径对洋楼外廊立面形式影响之研究——以台湾、金门洋楼民宅为例 [D]. 云林：云林科技大学空间设计系硕士学位论文，2007：21。

❷ [台湾] 郑吉钧."台湾凉台殖民地样式"建筑发展历程之研究 [D]. 中坜：中原大学建筑所硕士学位论文，1997：178。说明：外廊式殖民建筑在世界的宏观传播路径大致如此，但在微观层面上由于殖民者在近代殖民地移动的复杂性，导致了微观层面传播路径上的多样化交织。

❸ [日] 藤森照信. 外廊样式——中国近代建筑的原点 [J]. 张复合译. 建筑学报，1993（5）：33-38。

❹ [日] 村松申. 东亚建筑世界二百年（第五章，日本建筑的帝国主义化 [A]. 包慕萍译. 张复合、贾珺等编. 建筑史论文集 2003 年第 3 辑 [C]. 北京：清华大学出版社，2003：264。

❺ 关于殖民外廊式建筑在近代中国的发展情况，将在下一节当中详述。

泰国曼谷，1855 年与英国签订了《宝令古条约》，允许西洋人设立居留地后，近代建筑历程全面展开，西洋殖民者的居留地设置在了王宫的下游，规模很小，平行于恰普拉亚河（湄南河）岸建设，建筑的"外廊式殖民地风格与英国其他居留地很相似"❶。在日本开港初期的长崎、横滨、神户等地，"从上海来的西洋测量师及建筑师们首先设计了外廊式殖民地建筑"❷。"由长崎开始到横滨、神户等处的外国人居留地上，由山丘上到海岸大街上，产生了外廊式殖民地建筑成列的独特景象"❸。在朝鲜这一纬度较高的国家，也能找到殖民地外廊式建筑的兴建，如俄国工程师萨巴钦就在朝鲜汉城（今韩国首尔）的庆福宫设计了几幢殖民地外廊式建筑❹。

图 1-11　近代新加坡的殖民地外廊式建筑❺

图 1-12　日本长崎外国人居留地开埠时的外滩景象：殖民外廊式建筑成列出现（19 世纪中期）❻

❶　根据东京大学生产技术研究所藤森研究室 1999 和 2000 年的曼谷调查成果。

❷　村松申 . 东亚建筑世界二百年（第五章，日本建筑的帝国主义化）[A]. 包慕萍译 . 张复合、贾珺等编 . 建筑史论文集 2003 年第 3 辑 [C]. 北京：清华大学出版社，2003：264。

❸　[日] 藤森照信 . 日本近代建筑 [M]. 第 1 版 . 黄俊铭译 . 济南：山东人民出版社，2010：20-21。

❹　同 2。

❺　Bay，Philip J. H.；Ang，Choon Kiat & Chen，Peter，eds. Contemporary Singapore architecture：1960s to 1990s. Singapore：Singapore：Institute of Architects，1998. P1-306。

❻　[日] 藤森照信 . 日本近代建筑 [M]. 第 1 版 . 黄俊铭译 . 济南：山东人民出版社，2010：16。

（3）外廊式建筑类型在殖民地建筑中得以盛行的原因分析

应该说，外廊式建筑类型在世界的广泛传播与欧洲殖民者的移动有很大关联。而为何外廊式建筑类型能够得到殖民者们的青睐呢？经分析，主要可概况为以下两个方面的原因。

第一，"外廊式"自古就是一种可以与热带和亚热带气候相共荣的建筑类型。近代世界殖民地大多在热带和亚热带地区。第二，"外廊式"建筑类型的应用有助于调和复杂的欧洲建筑文化与殖民地土著传统建筑文化之间的矛盾。东亚、南亚和东南亚传统建筑在向近代转型的过程中，如何处理东西方建筑文化冲突是一大重要任务。而"外廊式"建筑类型作为国际化的文化元素，不仅能够得到殖民者也能得到殖民地土著居民们的认同。将其应用在建筑上对于实现东西方建筑文化融合的帮助甚大。欧洲殖民者来到殖民地后，往往需要融入当地的建筑文化环境，找到共同的文化契合点。在英国人于印度兴建的 Bungalow 中，外廊的应用既可解读为传承西方古代柱廊，又可解读为模仿孟加拉传统民居中的外廊，通过"外廊式"类型的应用很好地桥接了东西方建筑文化。

（4）"殖民地外廊式建筑"的形式特点

比较各国的"殖民地外廊式建筑"的实物形式，发现虽然各地会有一些不同的变化，但是其外廊式建筑形态一般体现为简单的方盒子式样，造型处理朴素。外廊设置在方盒子的外围，变化较少，连续感强。

1.2.3 在近代中国殖民据点的大量传播

近代中国的某些地区也受到了殖民者的入侵，19 世纪末以前，在中国的各殖民者据点中也出现了大量的殖民地外廊式建筑。

（1）殖民地外廊式建筑在近代中国的最早出现

中国古代建筑到封建社会后期形成一套独特的，高度成熟的建筑体系，同时也突出地表现出类型、技术发展上的停滞和落后。虽然曾有澳门的一些西式建筑及北京圆明园中的西洋楼的出现，但毕竟"犹如外国进贡的钟表"，仅是"皇帝的玩物而已"，并未触及中国传统建筑体系，可以说一直到 19 世纪中叶，中国建筑与西方建筑仍处于隔离状态。1840 年，鸦片战争爆发，西洋人的殖民事业拓展到了中国，中国传统建筑体系由此开始受到外域建筑文化的全面冲击，近代化过程也被迫开始，而最早出现在中国的近代建筑便是"殖民地外廊式建筑"。可以认为"殖民地外廊式建筑"在中国的涌现与中国建筑的近代历程是同时开始的。

"殖民地外廊式建筑"在近代中国出现的最初地点是广东（图 1-14），这与其濒临东南亚殖民地有关，优越的海上交通使东南亚一带的"殖民地外廊式建筑"兴盛景象得以最先传播到此处，而外廊式建筑类型的应用恰好也适合于广东亚热带气候。中国现存最早的殖民地外廊式建筑实物是香港三军司令官邸（1846 年建），两层外廊式布局，一层采用陶立克柱式，二层则为爱奥尼克柱式。而最能代表殖民地外廊式建筑在中国产生的最早实物形态的要属广州的十三夷馆（1850年建），这从田代辉久撰写的《广州十三夷馆的研究》复原图中可以得到判断（图1-13）。

1842以后新设　　　美国馆 宝顺馆 帝国馆 瑞典馆 旧英国馆 1847　　　新英国馆　　　荷兰馆

图1-13　1850年代的广州十三夷馆：代表了殖民地外廊式建筑在中国产生之最早形态 ❶

（2）殖民地外廊式建筑在近代中国19世纪末以前的大量发展

鸦片战争以后，殖民地外廊式建筑在中国得到进一步发展。殖民地外廊式建筑最早在广州产生，紧接着，五口通商的其他口岸即厦门、福州、宁波、上海由于殖民者的入侵也相继开辟了外国人占据地，这些地方均出现了殖民地外廊式建筑的大量建设。第二次鸦片战争后，随着更多口岸如牛庄、登州、台湾、淡水、潮州、琼州、汉口、九江、江宁（南京）、镇江、天津等的开埠，殖民地外廊式建筑在中国影响的范围进一步扩大，渐渐地，沿海七省和长江沿岸的各外国人占据区中也都出现了殖民地外廊式建筑的兴盛，它就这样以"散点状"的方式从南方发展到了北方，从沿海发展到了内陆沿江地。

这时期殖民者在建设外廊式建筑的过程中常常对外廊的热带和亚热带气候适应性特点较为忽视。北方的烟台、天津，乃至纬度稍低一点的上海等地，其冬季寒冷的气候显然并不适合外廊式建筑类型的大量应用。虽然很多殖民者已开始意识到外廊式是宜夏不宜冬的，但是在19世纪末以前，殖民者还是在这些地方坚持大量建设外廊式建筑。这一点可能是因为此时的建造者已将外廊式建筑当作一种象征，每到之处（主要为各租界）必给予建造以显示其殖民者身份。

从形式上看，19世纪末以前，中国的殖民地外廊式建筑的表现常带有相对欧洲本土建筑的简陋性特点（图1-14）。领事馆作为这时期主要的殖民地外廊式建筑，平面一般为简单的方形，办公与居住等多功能合并在一起，楼下供办公与会客之用，楼上为卧室，功能具有临时性，立面造型上往往形体变化少，而且华丽的装饰也不多，材料、结

图1-14　厦门的殖民地外廊式建筑

构上不时能发现临时性处理方法。这种简陋的建造方式主要是因为当时财力及技术条件

❶ 出处：根据田代辉久"广州十三夷馆研究"一文中的插图整理。详见：[日] 田代辉久. 广州十三夷馆研究 [A]. 马秀之，张复合，村松伸等主编. 中国近代建筑总览广州篇 [M]. 北京：中国建筑工业出版社，1992：9-23。

的限制，同时也与当时多数外国人的短期行为有关，许多人并不打算久留，只是抱着探险的心理想"捞"一把就走。如在 19 世纪 50 年代就有一位到上海的英国商人坦率地表露："我希望顶多在二、三年内发一笔财，然后离开，那么即便以后整个上海毁灭在火里或水里，这对我有什么要紧呢？"[1] 这时期的殖民地外廊式建筑实物形式表现常常显得简陋，其中还有一个重要原因是当时正规的建筑师尚未出现，建筑设计往往由洋行打样间的匠商从事，这些非专业"建筑师"大部分不谙熟正统的欧洲本土设计，所能"记忆"的仅是他们在东南亚一带殖民地习以为常的较为简陋的早期 Bungalow（简单方盒子外围设置外廊的建筑）形式。当然这种相对西方本土建筑表现的简陋性做法，对于中国传统建筑来说却是全新的建筑体系。总的说来，19 世纪末之前的中国，殖民地外廊式建筑在各殖民据点得到盛行，当时大部分的殖民者建筑都是外廊式建筑。

（3）殖民地外廊式建筑在近代中国 20 世纪初以后的衰退

进入 20 世纪初，殖民地外廊式建筑的发展在中国逐渐衰退，表现在两点。其一，许多北方主要开放城市如烟台、天津、北京以及上海等地的殖民者对外廊式建筑的热情已逐渐减退，殖民者在使用一段时间后，开始认识到了外廊式建筑的开敞式平面并不能很好地抵御冬季的寒风，逐渐用寒带建筑取而代之。其二，在南方，殖民地外廊式建筑的发展，逐渐让位于华人们对外廊式建筑的狂热。特别是南方广大侨乡地区外廊式建筑的大量涌现，更是逐步取代较早前的殖民地外廊式建筑兴盛景象。

1.2.4 在近代中国南方侨乡的繁荣发展

19 世纪末至 20 世纪中叶，外廊式建筑类型在我国南方诸多侨乡突然得到繁荣发展。如福建的闽南侨乡、广东的潮汕侨乡、梅州侨乡、五邑侨乡、广西北海侨乡等。这些侨乡的外廊式建筑建设者并非为外国殖民者，而主要是华侨或侨眷，外廊式建筑形式的演绎表现也比 19 世纪末以前在我国的外国人租界地中的"殖民地外廊式建筑"更为丰富多样、华丽精彩。甚至出现了许多外廊式建筑变体。

它们与前文所谈的近代"殖民地外廊式建筑"是否有关联？当我们再次把眼光放到世界范围时，竟会发现这样一个特别的现象：包括中国在内的近代全球"殖民据点"中的外廊式建筑（也就是前文所谈的"殖民地外廊式建筑"）兴盛景象，随着时间的推进，最终催生了相邻区域的另一股外廊式建筑兴盛潮——"泛殖民地外廊式建筑"的繁荣。而近代中国南方侨乡外廊式建筑的繁荣竟然是这股涉及全球诸多国家和地区的"泛殖民地外廊式建筑"兴盛潮的一个组成部分。

近代欧美殖民者向国外扩张的早期，殖民者往往是以"殖民据点"的方式入侵被占领的国家或地区，如在广州沙面的租界、上海租界、日本长崎外滩的外国人居留地等。

---

[1] 伍江. 上海百年建筑史（1840-1949）[M]. 第 2 版. 上海：同济大学出版社，2008。

在这时，这些"殖民据点"与当地的土著或民众生活区有着相对较为明确的隔离，好比是一个国中之国或者城中之城❶。与此同时，这些殖民据点之间的殖民者频繁往来，保持着较为紧密的联系。在这样的情况下，殖民者在早期"殖民据点"中应用外廊式建筑类型的做法，就体现为在各"殖民据点"之间的相互影响超过了"殖民据点"对相邻的周边地区的辐射影响。

但是，随着时间的推移，殖民者与当地土著或民众的文化交流越发紧密，各"殖民据点"的自身界限也逐渐变得模糊，甚至出现了殖民据点的"本地化"转变。有的是当地人涌入"殖民据点"改变了殖民环境，有的则是殖民者突破"殖民据点"的界限渗入了本地人的境地。这样一来，原本各"殖民据点"之间流传的外廊式建筑做法，便发生了对周边的"非殖民"区域的"泛化"影响。这种"泛化"影响，由于各国侨民的相互迁移而变得更加复杂，最终催生了另一股全球范围内的外廊式建筑繁荣景象，在这里将其称为"泛殖民地外廊式建筑"兴盛潮（图1-15）。

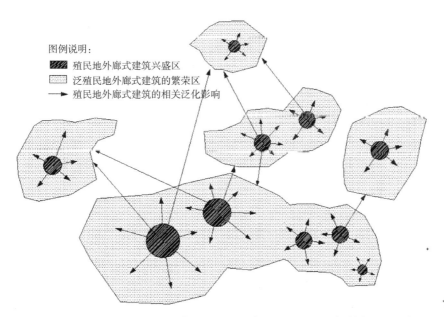

图1-15 示意图：近代全球"殖民地外廊式建筑"兴盛事件的泛化影响

需要指出的是，这股全球范围内的"泛殖民地外廊式建筑"兴盛潮虽然是受到了"殖民地外廊式建筑"的影响和催生，其中却蕴含着相当复杂的转换生成过程，并非简单地可被认为是由"殖民地外廊式建筑"的单向影响所形成。从"殖民地外廊式建筑"到"泛殖民地外廊式建筑"兴盛潮的转变背后，最本质的变化是，外廊式建筑类型得以兴盛的衍生环境发生了重大改变，由此产生了二者在外廊式建筑文化景观上的较大差异。详见列表比较（表1-1）。

---

❶ 当时殖民据点中的殖民者与据点周围的土著或地方民众的关系往往较为敌对。

近代全球"殖民地外廊式建筑"与"泛殖民地外廊式建筑"兴盛景象的列表比较　　　表 1-1

名称	"殖民地外廊式建筑"兴盛景象	"泛殖民地外廊式建筑"繁荣景象
时间期界	约 17 世纪开始至 19 世纪末	约 19 世纪至 20 世纪中叶
空间分布	在全球近代的各殖民者占据地。如，英国人在印度、新加坡、中国的殖民者占据点	在全球近代的各殖民者占据地及其周边邻近辐射区域。如，中国南方的五邑侨乡、闽南侨乡、庐山避暑地等
建设者	殖民者为主导	多为地方人士
起源	西方殖民者来到印度后为了适应当地气候，结合地方土著和欧洲本土建筑特点发明了带"外廊"的简单方盒子建筑	受"殖民地外廊式建筑"的催生和泛化影响，同时蕴含着复杂的转换生成过程
传播方式	随着殖民者在全球各地开拓殖民地，殖民地外廊建筑传播到各殖民地	呈现较为多向度扩散和多元化交织的传播路径，传播途径较为复杂
建筑形式特征	外观多为简陋的方盒子式的外廊式建筑形态。内部的各种功能、装修甚至结构技术都较为简化和粗陋	外观形态变化较为丰富，风格特征复杂、多元；甚至出现了许多特异的外廊式建筑变体。内部的功能、装修甚至结构技术较为讲究
建设者对"外廊"的心态	虽然建设外廊是基于对适应炎热气候的原始功能需要之考虑，但并不十分成熟，以至于殖民地外廊式建筑曾大量出现在一些高纬度寒带地区，如中国的北京、烟台、营口等地。外廊式建筑的建设作为殖民者政治身份的表征，但是建设者往往有"临时"搭建的心态	对外廊适应炎热气候的功能有着较为深度和成熟的理解。外廊式建筑的建设往往作为新社会的象征事物。并且人们往往富有极大的营造热情，以至于"外廊式建筑"常有华丽感

　　近代"泛殖民地外廊式建筑"兴盛潮同样波及全球，在美国、东南亚、中国、日本等国家和地区均能发现。在美国，根据 Scott Cook 的研究，从 1650 年至 1850 年盛行美洲"殖民地外廊式"住宅的建设。但是到 19 世纪以后有了更丰富的外廊式住宅演变（表 1-2），它们逐渐脱离早期殖民文化环境的影响（图 1-16）。1830 ~ 1855 年的希腊复兴风格的外廊式住宅，1840 ~ 1860 年期间的哥特复兴风格的外廊式住宅，1840 ~ 1885 年的意大利复兴风格的外廊式住宅，坚持（stick）风格的外廊式住宅❶,在拿破仑三世时代的第二帝国风格的外廊式住宅❷,1875 至 1895 年的罗曼内斯

图 1-16　美国俄亥俄州郊区外廊式住宅景观
（1851 年始建）❸

❶ 它的基本特征：一个法国式的双重斜坡屋顶，每幢房屋都有一个外廊，或位于建筑正面，或处于建筑后面，或围绕整幢建筑外围四周布置。

❷ 莱佛士十分重视对华人文化的学习，更有学者认为，骑楼在新加坡的出现与他对华人文化的借鉴有关。

❸ [美] 斯皮罗．科斯托夫著．城市的形成——历史进程中的城市模式和城市意义 [M]．第 1 版．单皓译．北京：中国建筑工业出版社，2005：68。

克风格的外廊式住宅，1875 ～ 1900 年的英国安妮女王风格的外廊式住宅，1880 ～ 1900 年的瓦式风格外廊式住宅，1890 年 ～ 1920 年十分盛行的"廊屋或工艺风格"（Bungalow or Craftsmen Style）的外廊式住宅，1900 ～ 1920 年的草原风格外廊式住宅，等等❶，这些外廊式住宅有着相当丰富的演变形式，已不能用"殖民地外廊式建筑"的概念来加以涵括。

美国近代时期外廊式住宅演变的采样信息表		表 1-2❷
希腊复兴风格的外廊式住宅	意大利复兴风格的外廊式住宅	美国哥特复兴风格外廊式住宅
坚持（stick）风格的外廊式住宅	第二帝国风格的外廊式住宅	罗曼内斯克风格的外廊式住宅
英国安妮女王风格外廊式住宅	瓦式风格外廊式住宅	草原风格外廊式住宅

在近代的东南亚，经历了早期"殖民地外廊式建筑"的萌生后，很快就演变成了"泛殖民地外廊式建筑"的繁荣发展。当英国人在 19 世纪初侵入新加坡后，最早兴建的住房是仿造他们在印度时的发明，即简陋的 Bungalow 样式，这便是新加坡近代早期典型的"殖民地外廊式建筑"（图 1-17）。然而，当英国殖民者踏上新加坡土地的那一刻起，新加坡作为"殖民文化环境"的性质就一直在快速地发生着变化，莱佛士的规划虽然将欧洲殖民者、华人、印度人、马来人等按照族群进行分区，但是却阻挡不

---

❶ Scott Cook. The Evolution of the American Front Porch：The Study of an American Cultural Object[OL]. http：//xroads. virginia.edu/ ～ CLASS/am483_97/projects/cook/first.htm，1994。

❷ Scott Cook. The Evolution of the American Front Porch：The Study of an American Cultural Object [OL]. http：//xroads. virginia.edu/ ～ CLASS/am483_97/projects/cook/first.htm，1994。

图 1-17　1823 年新加坡的外廊式殖民建筑 ❶

图 1-18　近代东南亚的外廊式街屋

了他们之间的文化交流，包括他自己也参与到这种族群间的文化交流与学习中来。很快地，在新加坡，殖民者对"外廊式建筑类型"的推崇，迅速蔓延成了当地的华人、马来人甚至印度人对"外廊式建筑类型"的普遍认同。于是，"殖民地外廊式建筑"在当地演变成了"泛殖民地外廊式建筑"。外廊式建筑的形态也摆脱了早期殖民文化的"简陋方盒子"样式的影响，有了更丰富的变化。从相关文献看来，到了 1870 ~ 1899 年期间，新加坡及马来西亚的外廊式建筑有了更多的变化，很多平面不像以往多为对称式的，而是出现了配合基地变化的外廊式建筑形态，有些外廊式建筑则做成弯曲形状；还出现了很多平面为狭长形，且外廊在建筑体正面相互连接串起各房间，成为长条形的外廊式建筑（图 1-18）；到了 1900 ~ 1940 年，新加坡和马来西亚的外廊式建筑有了更为欧化的处理，欧洲一些新的建筑风格也不时影响那里的外廊式建筑形式的生成。同属东南亚的菲律宾，从采集到的 16 ~ 20 世纪中叶的外廊式建筑样本信息来看，有不少外廊式建筑形态有着较为丰富华丽的变化景象，这显然超出了"殖民地外廊式建筑"一般呈现为"简陋方盒子"的基本样式（表 1-3），可以推测，殖民地外廊式建筑在当地也曾发生了复杂的"泛化"嬗变。

16 ~ 20 世纪初的菲律宾近代外廊式建筑样本信息　　　　　表 1-3 ❷

1500 ~ 1800 年			

马尧尧楼 伊富高省马尧尧	伊思勒楼 阿巴尧省	提波利楼 南哥打巴托省西武湖	哆罗岸马来诺 南拉瑙省

❶ 图片出处：Lee, Kip Lin . The Singapore house 1819-1942[M]. Singapore：Times Editions for Preservation of Monuments Board，1988：16-19. 同时参考：[台湾] 麦筱凡 . 传播路径对洋楼外廊立面形式影响之研究——以台湾、金门洋楼民宅为例 [D]. 云林：云林科技大学空间设计系硕士学位论文，2007：31。
❷ 表中图片出处：菲律宾建筑作品展示 [EB/OL].http：//www.114news.com/build/74/20474-77770.html。

续表

1800 ~ 1900 年			

1839 马西洛楼 乌尼桑 – 奎松	1887 图图班铁路大厦 圣同都 – 马尼拉	1890 戈登大厦 圣米格尔 – 马尼拉	
1900 ~ 1920 年			

1903 西利曼馆 杜马格特市 东内格罗斯	1908 陆军和海军俱乐部 埃尔米塔 – 马尼拉	1910 菲律宾总医院 埃尔米塔 – 马尼拉	1918 市区学校 卡鲁皮特 – 布拉干
1920 ~ 1940 年			

1925 莱德斯马楼 哈罗 – 伊洛伊洛	1930 戈雷兹楼 锡莱市 西内格罗斯	1930 卡卡药房 卡卡 – 宿雾	1936 利萨雷斯住所 塔利赛 – 西内格罗斯

在中国，19 世纪末是一个分水岭，可以清晰地看到从"殖民地外廊式建筑"到"泛殖民地外廊式建筑"的转变。19 世纪末之前，外国殖民者在"殖民据点"大量兴建殖民地外廊式建筑；19 世纪末之后，虽然"殖民地外廊式建筑"逐渐衰退，但是华人华侨们在许多华界地区却延续了建设外廊式建筑的热潮。如，清末最后 10 年以及辛亥革命后的最初几年，政府推行"新政"，官方人士为配合新政，建造一批风格上全盘西化的官方建筑，这里面就不乏应用"外廊式建筑类型"者，如位于北京的清末陆军部衙署主楼、陆军贵胄学堂、京师大学堂藏书楼、清末资政院大厦方案、正阳门西车站、京张铁路广安门车站、溥利呢革公司办公楼、孙河屯水厂来水亭、北京监狱北瞭望望亭，位于武昌的湖北省资议局，等等。也发现不少政府官员的宅邸建筑中应用了外廊做法，比如张作

图 1-19　大帅府邸的大青楼（1922 年建成）

霖的大帅府邸（图 1-19）。再如，民国期间江西庐山、浙江莫干山、河南鸡公山、河北北戴河以及福州鼓岭等避暑地也出现了大量兴建外廊式建筑的情况（时间在 20 世纪上半叶，在 20 世纪 20 ～ 30 年代迎来了建设高潮）。还有，在 20 世纪上半叶的中国南方侨乡如广东五邑、潮汕、福建的闽南等地也发现外廊式建筑得到了进一步的兴盛。同样，这些华人华侨们在华界地所兴起的外廊式建筑营造事象已经不能被简单地归于"殖民地外廊式建筑"现象。从建设者来看主要是民间华侨或者华人精英；从外廊式建筑的形态变化来看，也摆脱了方盒子式的单一特点而有着更为丰富灵活的演绎表现；从外廊式建筑的华丽程度来看，也不再像"殖民地外廊式建筑"形式那般的简陋，常常被赋予华丽之表现。

在日本，"泛殖民地外廊式建筑"也大量存在。藤森照信先生认为，由南方渡海而来登陆日本的"殖民地外廊式建筑"，除了最初（约 1860 年期间）在长崎等通商口岸的外国人居留地中大量建设以外，到了明治 10 年代（1877 年）以后，"在日本人之间广传开来，在新时代的领导阶层之中，也在和风的住宅一隅建造接待宾客之用附有外廊（veranda）的时髦洋馆"❶。同样，这时由日本人主导建设的外廊式建筑已经不能被简单地认为是属于"殖民地外廊式建筑"的概念范畴，因为它们所赖以衍生的环境已经不是纯粹的"殖民文化环境"了，而是有着较多成分的日本本土文化因素。

由此看来，近代"泛殖民地外廊式建筑"的发展也是一次全球化的运动。而 19 世纪末至 20 世纪中叶发生在中国南方侨乡的外廊式建筑繁盛景象，则是这波全球化运动的一个特殊环节。一方面与世界范围内的"泛殖民地外廊式建筑"发展相联系，另一方面，又有自身独特的生成和演绎规律。近代闽南侨乡外廊式建筑文化景观出现，便是产生于这一背景之中。

1.3　本章小结

本章通过对"外廊式"建筑类型的历史地理追溯，发现它具有历史起源的古老性、

---

❶　[日] 藤森照信 . 日本近代建筑 [M]. 第 1 版 . 黄俊铭译 . 济南：山东人民出版社，2010：21。

原则的模糊性、与热带气候共荣性、国际性等属性特征。它散布存在于古代世界各地的建筑中，在不同的环境下发生了不同的适应性演绎表现。它在近代全球殖民地环境下得以大量传播，并演绎出了"殖民地外廊式建筑"的繁荣景象。根据日本学者藤森照信先生的观点，"殖民地外廊式建筑"是中国近代建筑的原点，影响了中国各主要城市租界在鸦片战争至19世纪末以前的几乎所有近代建筑，但在19世纪末以后在中国就逐渐消逝了。

特别指出了近代时期出现的一个特殊现象。近代全球"殖民地外廊式建筑"兴盛浪潮，随着时间的推进，最终衍生出所在地及相邻区域的另一股"泛殖民地外廊式建筑"繁荣景象，其分布范围涉及东南亚、美国及我国南方等地，也是一场全球范围内的运动。"泛殖民地外廊式建筑"繁荣潮虽然是受到了"殖民地外廊式建筑"的影响和催生，其中却蕴含着相当复杂的转换生成过程，外廊式建筑的演绎情况也变得更加丰富生动。这在目前的近代建筑史学界尚未得到充分认识。而外廊式建筑文化景观在近代闽南侨乡的突然兴起，是"泛殖民地外廊式建筑"的一种表现。然而也应注意的是，"泛殖民地外廊式建筑"与"殖民地外廊式建筑"有着文化意义上的较大差异，其产生和演变更多地与地方环境的孕育有关。

第二章 近代闽南侨乡环境的地域特征

近代闽南侨乡独特的地域环境，是孕育外廊文化景观繁荣兴盛的基础。临海区位显然有助于外廊景观文化从南洋传入，湿热的气候环境使得闽南人对外廊这种半室内外的灰空间有着特别的喜爱。移民社会与多元文化的特点，使得闽南侨乡人们经常会保持一份开放的心态，这对于"外廊"这种在南洋等外域地区盛行的生活空间和景观文化传入当地十分有利。清王朝解体后所激发的人们迎接新时代城乡改造之热情，显然对于变革传统的内向封闭合院的建筑体系起到了重要推动作用，而能够表征对外开放的生活转型意义的外廊景观，对于满足人们的这一心理变化需求来说是契合。

2.1 临海区位与湿热气候

2.1.1 地理区位

闽南特殊的地理区位使其较容易受到南洋等海外文化的影响，而且保持着与广东、台湾的文化交流。这为近代时期外廊文化景观盛行现象影响到闽南提供了条件。

闽南位于我国东南沿海，其境域包括泉州市、漳州市、厦门市及其所辖的石狮、晋江、惠安、德化、南安、安溪、永春和南靖、东山、漳浦、龙海、华安、同安等县市，面积约 2.5 万平方公里。泉州、厦门、漳州三地位于福建省沿海的晋江流域和九龙江流域，在地理上相邻，同风同俗，以闽南语系作为该地区的主要方言（少数为客家语系和潮汕语系），自古以来，厦、泉、漳三地合称闽南 ❶。

闽南海岸线蜿蜒曲折，优良港湾多，十分有利于航海船只的停泊或形成航海基地。在宋元时期，泉州就曾经是海上丝绸之路的起点，与埃及的亚历山大港齐名。在明清时期，以漳州月港为基地的私人海商更是在海禁高压下从事遍历南洋的航海贸易活动，漳州月港沉寂后，更有厦门港的兴起，保持着与海外的持续交流。闽南的北面有高山阻隔，西北有高大的戴云山和博平岭山脉，戴云山脉有"闽中屋脊"之称，最高山峰戴云山有1856 米高，是福建最高山峰，再往北是福建多山地区，因此这里与北方中原地带的联系较为不便，中原文化要影响到这里需要超越高山峻岭。时至今日，火车要穿越闽南北部山地，仍然需要花费较长的时间。闽南的东南隔着台湾海峡与宝岛台湾相望，如果没有

---

❶ 曹春平. 闽南传统建筑 [M]. 第 1 版. 厦门：厦门大学出版社，2006：3。

政治的隔离，两岸的对渡很容易。据史书
记载，17～19世纪，两岸先后开辟有多
个对渡港口，如台湾鹿口港、淡水港、海
丰港与闽南厦门港、石狮蚶江港，1824年
时的蚶江港更成为大陆与台湾通商贸易的
中心码头。清代福建缺粮，也经常从台湾
调运，航运规模巨大，史称"台运"❶。闽
南的西南面与广东省梅州市、潮州市毗邻，
陆上交通也较方便，因此与广东的文化交
流也较便利，潮汕人与闽南人就有较多的
渊源关联，甚至很多闽南人前往潮汕定居；
在唐代，闽粤古道就已辟为驿道。如此的
地理位置，使得闽南成为一处容易受到南
洋文化、中原文化、广东、台湾文化等多
方影响的区域（图2-1）。

图2-1　近代闽南侨乡对外交通联系的示意图

2.1.2　湿热气候

闽南气候温暖多雨，这为近代外廊文化景观在此地兴起提供了潜在的自然环境
条件。

（1）闽南亚热带气候的区划特性

在当代的中国建筑气候区划中，闽南处于"夏热冬暖地带"。这里冬无严寒，夏无
酷暑，全年雨量充沛。明隆庆《泉州府志》载，"气候由山岚蒸郁，故春温烦燠，夏暑
不清，秋鲜凉风，冬无冰雪。田土恒温而禾稻两收，桃李冬华而木叶鲜脱"❷。唐欧阳詹
在《二公亭记》中亦云"川逼溪渤，山连苍梧，炎气时迴，湿云多来"。唐韩偓诗云："四
序有花长见雨，一冬无雪却闻雷"。作为闽南重要组成区域的泉州，在历史上还有"温陵"
的雅号，至今仍存"温陵路"。"刺桐"作为一种原产于南洋，性喜高温的植物，在泉州
也曾得到大量的生长，历史上泉州还曾被称为"刺桐城"❸。

（2）闽南亚热带气候特征的量化分析

其一，日照强烈的指标性分析。福建省2004年日照时数在1740～2456小时之间，
与岭南地区全年日照的平均值2000小时差不多❹。但是，闽南地区日照较充足，大部分

❶　久忆.海峡两岸的古代对渡 [J].政府法制，2009（9）：42.摘自《中国交通报》2009年2月17日。

❷　泉州历史文化中心编.泉州科技史话 [M].第1版.厦门：厦门大学出版社，1995：7。

❸　刺桐向北传播到北纬25°（我国冬季的冰冻线）以下的南方，大约西至昆明，东达泉州，越过这个区域便很难生长茂盛。

❹　中南地区建筑标准设计协作组办公室，国家气象局北京气象中心气候资料室主编.中华人民共和国城乡建设环境保护
　　部标准.建筑气象参数标准（JGJ35-87）.北京：中国建筑工业出版社，1988：268～285。

在 2000 小时以上，其中晋江在 2200 小时以上，漳州的东山县达 2456 小时，厦门年平均日照时数 2030.7 小时。将这一指标同国内其他许多南方城市相比较发现，闽南的日照条件优越，甚至不会低于更低纬度地区的广州和珠海。据统计，广州市全年日照时数在 1770 ～ 1940 小时之间 [1]，珠海市的年平均日照时数为 1947.3 小时，而湖南长沙市的年平均日照时数为 1677.1 小时 [2]。

其二，闽南湿度大的指标性分析。以泉州为例，比较其与广州、北京的湿度变化年线。从波形曲线可看出泉州的湿度不亚于广州市，较北京的湿度远远高出许多，差距最大时竟达 33% 之多，属于高湿地区。泉州的年平均湿度在 76%。

其三，常年高温的指标性分析。2004 年福建省平均气温在 15.3 ～ 21.9℃之间，闽南地区大部分县（市）平均气温在 21℃以上，其中最高漳州市区达 21.9℃。相比而言，福建的寿宁、泰宁、浦城、邵武 4 县（市）平均气温在 18℃以下，其中最低寿宁县为 15.3℃。可见闽南气温在福建省最高。而相比邻域的岭南地区的年平均气温在 21 ～ 24℃，闽南的气温并不算低。相比长沙市的 17.2℃的年均气温来说就高出了许多。

其四，降水量大的指标性分析。同样以泉州为例，将泉州的年降水量同广州等南方城市比较，可以看出泉州的年降水量并不突出，但日最大降水量 296.lmm（出现于 1973 年）[3] 数值不低，可见年降雨量之充沛。闽南的降水很多时候同台风的影响分不开。

通过上述的量化数据说明，闽南气候有着"高温、高湿、多雨、多阳"的显著特点，这样的气候条件一定会对建筑的营造提出"降温，除湿，防风，遮阳"的要求。针对闽南夏热冬暖的气候特点，根据林其标等编著的《住宅人居环境设计》中的建议，其建筑设计主要应考虑的是要充分满足夏季防热的要求，一般可不考虑冬季保温（表 2-1）。

林其标所建议的针对不同气候分区的建筑设计要求 [4]　　表 2-1

分区名称	分区指标		设计要求
	主要指标	辅助指标	
严寒地区	最冷月平均温度 ≤ -10℃	日平均温度 ≤ 5℃的天数 ≥ 145 天	必须充分满足冬季保温要求，一般可不考虑夏季防热
寒冷地区	最冷月平均温度 0 ～ -10℃	日平均温度 ≤ 5℃的天数 90 ～ 145 天	应满足冬季保温要求，部分地区兼顾夏季防热
夏热冬冷地区	最冷月平均温度 0 ～ 10℃ 最热月平均温度 25 ～ 30℃	日平均温度 ≤ 5℃的天数 0 ～ 90 天，日平均温度 ≥ 25℃天数 40 ～ 110 天	必须满足夏季防热要求，适当兼顾冬季保温

[1] 资料来源：广州地区的太阳辐射与日照 [EB/OL].http: //gd.southcn.com/fdc/gzdl/gzqh/gzdl_20050531150139.html。

[2] 资料来源：长沙市天心区大托镇国民经济和社会发展"十一五"规划。

[3] 泉州市地方志编纂委员会．泉州市志 [M]．第 1 版．北京：中国社会科学出版社，2000：275。

[4] 林其标，林燕，赵维稚编．住宅人居环境设计 [M]．第 1 版．广州：华南理工大学出版社，2000：56。

续表

分区名称	分区指标		设计要求
	主要指标	辅助指标	
夏热冬暖地区	最冷月平均温度 >10℃，最热月平均温度 25 ~ 29℃	日平均温度≥ 25℃天数 100 ~ 200 天	必须充分满足夏季防热要求，一般可不考虑冬季保温
温和地区	最冷月平均温度 0 ~ 13℃，最热月平均温度 18 ~ 25℃	日平均温度≤ 5℃天数 0 ~ 90 天	部分地区应考虑冬季保温，一般可不考虑夏季防热

（3）温暖多雨气候所造就的闽南人生活习性特点

温暖多雨的环境下，闽南人形成特有的生活习性。有学者提到，"厦门的夏季漫长而炎热，每逢夏天黄昏，顶屋晒台、门前、海边，人们往往铺上凉席，打上竹批，乘凉聊天。夜深后，很多人就在外面露宿，称之'冻露'。这种习俗不但消暑，而且为人们的交往提供了一个好机会。"[1] 此外，在树冠如盖的榕树下乘凉、品尝闽南功夫茶也是闽南人常行之事（图 2-2）。当你穿越古民宅群落的时候，在民宅之间的巷道处，也常能发现闽南人藏在巷道的阴影处享受着冷巷的凉风，或小睡或聊天。然而这些地方一旦下起雨来，就行之不便了，于是在闽南传统建筑中你还可以看到一些"不见天"的做法，即在街道或者巷道顶部搭建顶棚形成灰空间（图 2-3 ~ 图 2-5）。对于"不见天"的做法，台湾人进行过深入研究，据有关学者考证[2]，"不见天"做法在"鹿港"甚至还曾经演化成"亘二三里"连接成片的景象（图 2-6）[3]，为的是让行人或休憩者免受烈日和风雨的侵扰。总的说来，建设可以遮阳避雨又能保证通风的半室内外灰空间的做法一直是闽南人所热衷的事情。这也为近代时期全面兴起外廊空间的建设浪潮埋下了伏笔。

图 2-2　闽南人喜爱在榕树下乘凉、品尝功夫茶的习俗至今犹存

图 2-3　晋江陈埭镇传统街道的"不见天"空间，可供行人通行和休憩

图 2-4　金井丙洲村传统巷道的"不见天"空间

❶ 陈志宏.厦门骑楼建筑初论 [D].华侨大学建筑系硕士学位论文，1998：37。

❷ 洪弃生.鹿港沈桴记 [A]，寄鹤斋古文集 [C].台湾省文献会出版社，1993：211。

❸ 曹春平.闽南传统建筑 [M].第 1 版.厦门：厦门大学出版社，.2006：26。

图 2-5　闽南晋江金井镇丙洲村　　　　图 2-6　台湾鹿港的"不见天" ❶
　　　传统巷道的"不见天"空间

2.2　移民社会与多元文化

　　近代闽南侨乡是一个移民社会，这里的人们有着开放、包容的性格。这使他们在接触外来文化的时候经常会保持一份积极吸纳的心态。外廊作为当时与闽南侨乡有紧密交流的外域地区（南洋、广东、台湾等，其中以南洋为主）中已然盛行的生活空间形式，比较容易影响到近代闽南侨乡社会。另一方面，近代闽南侨乡社会经历了古代多元文化的积淀、近代各种异国文化的汇聚，已经形成了社会文化构成的多元性特点。在这样的环境下，人们对生活空间的表现往往会有多样化的诠释。这也为近代闽南侨乡产生出丰富多姿的外廊空间文化景象奠定了潜在的人文环境基础。

2.2.1　移民社会与开放性格

（1）近代闽南侨乡移民社会的历史形成

　　闽南古代社会就是由多民族移民加盟而成的。最早在闽南出现的是古闽越族人 ❷。对闽越人的界定，目前学术界有多种看法 ❸。闽越人是从外地移民而来还是当地土著，关于

---

❶　尤增辉,林彰三.鹿港三百年[M].台北:台北户外生活图书股份有限公司,1981:28。同时参考:曹春平.闽南传统建筑[M].第 1 版.厦门:厦门大学出版社,.2006:25。

❷　学者何绵山认为,闽越人是生活在春秋战国至汉武帝时代的福建土著先民。参见:何绵山.闽文化概论[M].第 1 版.北京:北京大学出版社,1998:1-7。

❸　有的学者认为闽和越不是同一民族,闽是福建的土著,越则是由会稽南来的客族（参见:朱维干,陈元煦.闽越的建国及北迁[A].百越民族史论集[C].北京:中国社会科学出版社,1982）。有的学者认为闽越是一个民族,而不是由闽和越两种民族合成（陈国强,周立方.闽越族的历史发展及文化特点[A].闽文化渊源与近代福建文化变迁[C].福州:海峡文艺出版社,1999）。也有人认为闽越是古代越人的一支,主要分布在浙江南部和福建的大部分地区（卢兆荫.关于闽越历史的若干问题[A].《冶城历史与福州城市考古》论文选[C].福州:海风出版社.1999.）。还有学者认为闽越是南方少数民族总称,"百越"是秦汉时对闽南地方的称呼（郑学檬,袁冰棱.福建文化传统的形成与特色[J].东南文化,1990）。

这一点也有待进一步的考证。继闽越人之后，中原汉族在古代曾四次大规模进入闽南❶。几次都和战乱有关，有的是逃避战争的平民百姓，有的是奉命平乱剿寇的官兵将帅，乱平了就留在原地发展❷。在闽南传统建筑甚至当代建筑中常可在门面处看到门匾，如"延陵衍派"，"温陵衍派"，"历山衍派"，"锦绣传芳"，"敦煌衍派"，"河南衍派"等，均证明中原汉族人在闽南的繁衍。除了中原汉族移民外，还有来自海外的异国移民。以泉州为例，五代王审知统治时期，与海外的商贸就已很发达。在宋朝，泉州更被认为是与埃及亚历山大港齐名的东方第一大港，享有"涨海声中万国商"的美誉，与36个海外国家有着贸易联系。海外的商贸联系使得很多外族移民进入泉州，包括阿拉伯人、波斯人、土耳其人、犹太人、印度人、日本人、高丽人等纷纷来到闽南从事经商、游学、传教等活动。泉州成了多种族混居的城市。到了明朝，政府下令海禁，实行锁国政策，外国人进不来，已在泉州的外国人也出不去，于是外国人定居下来并与汉族通婚，改汉人姓氏，在如今的闽南，仍不难找到这些外族人的后裔❸，❹。

古代闽南社会的"移民本性"，在特定的历史机缘下，很容易被再次激发出来，只是移民形式会有不同。这一点在近代时期的闽南社会中有特殊的表现。鸦片战争后，西方列强的炮口打开了清朝的封闭国门，清政府对海外移民开禁以及通商口岸"契约华工"贸易的盛行，引发了闽南地区华侨出境移民的兴起。据厦门海关资料统计，仅1879至1889年的十年间，从厦门口岸运出的"契约华工"就多达415074人❺。在这些出国华侨中很多都是第一代移民。他们在海外拼搏奋斗，发家致富。很多在旅居地成为有名的企业家和知名人士。特别要指出的是，这些移民海外的出国华侨并不完全与闽南故乡切断联系，他们的家眷往往留在故乡。据1930年代末福建南安等13县的侨乡调查资料，在

❶ 第一次，晋代永嘉二年（公元308年）的"永嘉之乱，五胡乱华"，中原仕族衣冠南渡，林、陈、黄、郑、詹、邱、何、胡八姓率先入闽。此八姓多为中州世胄贵族，文化素养较高。第二次是唐初"陈政入漳"，河南光州固始人陈政、陈元光父子率部平定畲乱，开发漳州，部分随军驻扎泉州等地。第三次，唐朝末年，河南光州固始县的王潮、王审邦、王审知兄弟于885年从汀州进入闽南，次年八月取得泉州，闽中各地纷纷降服。王潮死后，其弟审知继位。唐末五代乱离和王潮、王审知率兵据闽，形成了中原士民迁居闽南的又一个高潮。第四次，南北宋之交，金兵南下，宋室南迁，中原士庶无不携老扶幼南渡，中原精华，萃于东南。从晋朝到明清，除了这几次大规模的汉族人士迁入闽南以外，后来陆续也有小规模的中原人进入闽南定居。如姜公辅、常衮与秦系等。姜公辅官至宰相，遭贬后在泉州生活十几年，常衮官至宰相，后任福建观察使。参考：关瑞明.泉州多元文化与泉州传统民居[D].天津：天津大学博士学位论文，2002：17；并参考：何绵山.闽越文化初探[J].漳州师范学院学报（哲学社会科学版），2002（2）：2-9.
❷ 何绵山.闽文化概论[M].第1版.北京：北京大学出版社，1998：3.
❸ 如，晋江陈棣回族聚居地丁姓居民，其祖先为元朝拜陕西、四川平章政事、行省云南的赛典赤.瞻思丁的后裔。惠安百崎回族聚居地郭姓居民，其为波斯人伊本·库斯·德广贵的后代。泉州的阿拉伯穆斯林后裔主要有金、丁、马、郭、铁、黄、夏、蒲、闪、米等，他们仍然保持伊斯兰习俗。邻省的广东等地也有移民迁入闽南，如泉州蒲氏回族先祖的蒲开宗、蒲寿庚，则是宋末举家自广州北上迁徙泉州的。
❹ 1996年12月，泉州城北清源山东南麓的东岳山（射击场），发现世氏家庭的墓葬地，计发现"世家坑"崖刻、"文黄世嘉坑石桥"，以及"锡兰故教为□□□、孺人变官□□"、"锡兰宗什、敦岸世公祖坟"、"锡兰何公祖坟"、"清世母翁氏坟"、"清植轩世公茔"、"世府君、黎孺人祖坟"和"缙甫世公祖坟"等墓碑。这个重大发现表明了锡兰巴来后裔在闽南也存在。
❺ 郑振满.国际化与地方化：近代闽南侨乡的社会变迁[J].近代史研究，2010（2）：62-76.

37744 户华侨家庭中，全家出国的仅占 29%，而侨眷留在原籍的占 71%❶。尤其是到了 19 世纪末以后，清朝亡，民国兴，华侨们返乡热情剧增，有的华侨回到故乡颐养天年，有的华侨携带海外钱财回国投资、捐资，有的华侨则来往于两地奔波生意，等等。于是形成了往来两地的华侨移民"双向流动"景象。据研究，1930 年代初期，由于东南亚地区受到世界经济危机的冲击，市场萧条，谋生不易，每年自海外归国回到闽南的人数甚至超过了出国人数❷。

在近代闽南侨乡，除了存在双向的海外华侨移民外，还有一些来自广东、台湾等地的移民，如，陈炯明在护法运动期间进驻漳州，随从就有很多广东人。日据台湾的日本浪人也有不少来到闽南侨乡。当然，不少外国殖民者也在闽南侨乡工作和生活。因此，近代闽南侨乡社会可以认为是由古代移民后裔、近代华侨移民、广东移民、台湾移民、外国殖民者等所构成的"移民社会"（图 2-7）。

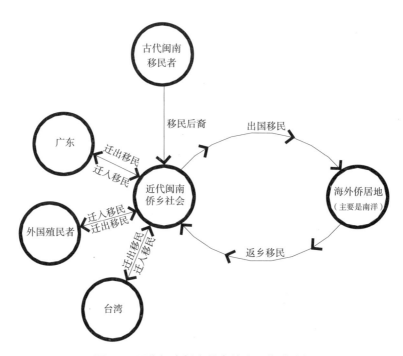

图 2-7　近代闽南侨乡社会的移民构成分析

（2）近代闽南侨乡移民社会的开放性和包容性

近代闽南侨乡作为移民社会，拥有开放和包容的文化特性。

其一，开放性方面。随着移民者迁入、迁出闽南侨乡，或者频繁来往于闽南侨乡和海外侨居地，闽南侨乡社会文化圈的封闭性也逐步被打破。它与外界的各种经济、政治、

❶ 郑振满．国际化与地方化：近代闽南侨乡的社会变迁 [J]．近代史研究，2010（2）：62-76。

❷ 福建省地方志编纂委员会编．福建省志·华侨志 [M]．福州：福建人民出版社出版，1992：183。

物质等的文化交流日益密切。

从经济角度看。很多海外人士来到闽南侨乡进行投资、捐资。据庄为玑、林金枝《福建华侨企业调查报告》的不完全统计：1949 年以前，华侨投资泉州各地总户数竟达到 1244 户，投资总额折合人民币 2212 万多元 **❶**。除此之外，华侨兴办侨汇业，并努力建立两地的侨汇联系，据《泉州华侨志》记载，"在 1938 年以前的 10 多年间泉属各县侨汇除由厦门转汇外，由其他埠转汇或直汇的年可达 1000 万元左右"，在闽南故乡的华侨家庭收入中，侨汇有时竟达十之七八的比重 **❷**。除了侨汇数额很大以外，与海外之间的侨汇联系的速度也已经较快捷。《泉州华侨志》中记载，鸦片战争以前的侨汇速度，往往在两三年"一张批"，"鸦片战争后，厦门有轮船来往南洋各埠，水客年收批款三四次至五六次。" **❸** 这已经提高了 6 至 18 倍的速度。到了清末以后，随着国外华侨人数的增长，侨汇数量迅速增长，出现了经营侨批业的民信局，在泉州专营侨批局最多时竟达到 40 余家 **❹**。这说明与海外的金融联系已经较为便利了。

从政治的角度看。近代闽南侨乡社会与外界保持着紧密的联动性。在辛亥革命、讨袁战争、北伐战争、土地革命、抗日战争等政治运动中，闽南侨乡人们积极响应并且有不少人士成为这些政治运动的领军人物。特别要提到的是，广东民主革命的影响对闽南侨乡起着重要的作用，很多民主革命人士将革命思想、革命队伍传播到闽南侨乡。如，广东人陈炯明参加护法运动，曾率粤军夺取了闽南 26 县，建立以漳州为中心的闽南护法区，并与不少随从人员苦心经营，终于使其在漳州实施的新政取得了巨大成功，漳州也名声大震，俨然成为国民党政治、军事的一方中心。可见，在政治上闽南侨乡已经与我国其他地方形成紧密联动。

城墙的拆除，似乎是近代闽南侨乡社会加速其"开放性"转变的一个重要事件。虽然城墙是"物质性"的，但是它的拆除却有着超越"物质性"层面的意义，表征的是闽南侨乡社会文化圈对外界展现更强的"开放性"追求。

其二，包容性方面。各种移民者之所以能够同处在一个社会当中，往往是因为这个社会具有特殊的"凝聚力"或"吸引力"。对于近代闽南侨乡社会而言，"吸引力"在很大程度上就是"包容性"。应该说，在古代的闽南社会就有"包容性"的文化传统，否则古闽越族文化、中原汉文化以及各种海外异国文化就难以在历史发展过程中得到交融、累积。近代辛亥革命以后，资产阶级自由思想的兴起更使得闽南侨乡社会的"包容性"力量越发强大。孙中山的《同盟会革命方略》中突出了自由平等权利 **❺❻**："所谓国民革命

---

❶ 泉州市华侨志编撰委员会编．泉州华侨志 [M]．第 1 版．北京：中国社会出版社，1996：185。

❷ 泉州市华侨志编撰委员会编．泉州华侨志 [M]．第 1 版．北京：中国社会出版社，1996：11。

❸ 泉州市华侨志编撰委员会编．泉州华侨志 [M]．第 1 版．北京：中国社会出版社，1996：179。

❹ 泉州市华侨志编撰委员会编．泉州华侨志 [M]．第 1 版．北京：中国社会出版社，1996：180。

❺ 广东社会科学院历史研究所编．孙中山全集（第 9 卷）[M]．第 1 版．北京：中华书局 1986：296–310。

❻ 严复、梁启超等人也广泛宣传自由主义。

者... 一国之人皆有自由平等博爱之精神, 即皆负革命之责任";"平均地权, 文明之福祉, 国民平等以享之";"我国民循序以进, 养成自由平等之资格, 中华民国之根本胥于是乎在焉";"国人相视皆伯叔兄弟诸姑姐妹, 一切平等, 无有贵贱之差、贫富之别"。从历史资料看来, 近代闽南侨乡不少华侨领袖十分支持孙中山的理想和事业, 如林文庆、黄中流、陈楚楠、陈嘉庚❶等。这其中很重要的一个原因是他们很多都是"海外商人", 也向往西方资产阶级所提出的自由包容的理想境界。

（3）近代闽南侨乡社会的开放性和包容性是外域的"外廊空间文化形式"得以传入的潜在基础

试想, 在一个封闭的、充满排斥异类的社会中, 外来文化要传入是有相当障碍的。这也是为什么我国内陆许多偏远地方在近代时期受外来文化影响较少的原因之一。那里的不少社群缺乏与外界的沟通, 生活在其中的人们甚至还沿袭着"老死不相往来"的传统作风, 因循守旧的思想使他们缺乏冒险进取的动力, 很多人一辈子甚至都未离开过自己所在的乡镇。一旦有异类文化试图接触他们或稍许侵入他们的领地, 便会引起他们的敌意。

近代闽南侨乡社会的开放性和包容性特点, 使其面对外来文化的时候, 抱有的是积极交流的态度, 甚至部分人会主动去寻求新的异类文化。社会的开放性使得外来文化要素侵入闽南侨乡障碍减少, 而社会的包容性充满吸引力, 一旦有机会就将外来文化要素纳入自身领域（图 2-8）。巧合的是, 在与近代闽南侨乡有着移民联系的主要外域地区,

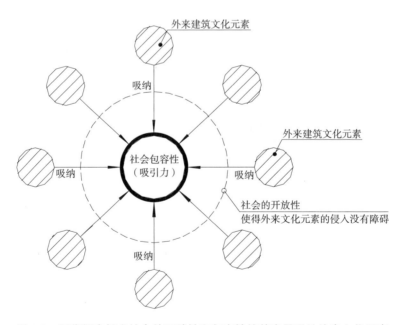

图 2-8　近代闽南侨乡社会的开放性和包容性使其容易吸纳外来文化元素

❶ 同安籍著名华侨领袖陈嘉庚赞同孙中山的自由精神, 福建辛亥光复时, 在他的号召下, 仅 1911 年 10 月至 1912 年 2 月, 新、马华侨为福建革命活动捐款达 27 万叻币。1911 年底, 孙中山自欧洲回上海途经新加坡, 曾问陈嘉庚, 到国内后如果需要款项可否帮助, 陈嘉庚答应筹款 5 万叻币。后来孙中山到上海后电告陈嘉庚"将赴南京需费", 陈嘉庚即如数汇交。

如，南洋、广东、台湾、国内许多殖民据点等地，外廊空间文化形式已经得到了大量应用。再加上外廊空间文化形式正好契合了近代闽南侨乡社会的开放性心理需求，它们是很容易被闽南侨乡社会所吸纳，并最终产生出地方性的繁荣发展景象的。由此看来，外廊文化景观能在近代闽南侨乡突然得到大规模发展并非没有人文环境基础。

2.2.2　社会文化的多元构成

近代闽南侨乡作为移民社会，其文化构成是复杂的，呈现多元耦合的特点。在这样的环境下，容易孕生丰富的建筑表现。近代闽南侨乡社会文化的多元构成体现在以下三个方面。

其一，传承历史上的海陆多元文化。闽南古代的移民社会造就了古越族文化、中原文化、海外文化的多元交融，而这些历史文化在近代闽南侨乡社会中得以传承。如，古闽越人崇拜蛇，因为祖先生活在温湿的丘陵山区，溪谷河流纵横交错，许多蛇类繁衍滋生其中，于是为了祈福常有建蛇王庙的传统。漳州南门外至今仍有蛇王庙遗存。近代闽南靠近山区的干栏式建筑散发着古越族遗风。来自中原的汉文化传统在近代闽南侨乡社会中也得到较大程度的继承，中华儒家思想、传统汉族礼制、宗族伦理等均得到很好的传扬；从中原传来的佛教文化至今仍然兴盛，各地佛教寺庙甚多，泉州开元寺、承天寺、崇福寺、海印寺、铜佛寺、雪峰寺等寺庙的香火甚旺；从中原传来的道教文化也对近代闽南社会影响很深，闽南泉州的安溪清水岩、通淮关岳庙、东岳行宫、花桥慈济宫、天后宫、法石真武行宫以及晋江的大道宫、石狮的城隍庙、永宁的龙兴宫、惠安的崇真观、安溪的通元观、南安的徐道庵等文化设施仍然承担着传承道教文化的功能 ❶。除了中原文化外，古代曾经受到的海外文化影响也在近代闽南侨乡社会中得到存现。各种海外宗教的物质或非物质文化遗产甚至存留到今天。伊斯兰文化可以从至今尚存的位于泉州市区涂门街的清净寺（又名艾苏哈卜清）、灵山圣墓、大量的伊斯兰教石刻以及存留的回民文化习俗中看到。摩尼教文化的痕迹可以在闽南泉州的摩尼教草庵中找到。

其二，吸纳近代时期的各种外域文化。来自东南亚华侨主要旅居地如马来西亚、新加坡、菲律宾、泰国等的文化成为影响近代闽南侨乡社会文化构成的另一股重要力量，很多东南亚华侨直接将旅居地文化带到家乡，改变了家眷和乡民的传统文化结构。欧美各国、日本等殖民者所带来的文化更是直接或间接地渗入近代闽南侨乡社会。如，厦门鼓浪屿就有万国博物馆之称，鸦片战争后，西方列强蜂拥来到鼓浪屿，抢占风景最美的地方建造别墅公馆。20世纪二三十年代，许多华侨也回乡创业，在鼓浪屿建造别墅住宅，短短15年内就达1000多幢。各国的建筑文化汇集在闽南侨乡，改变了当地人的生活。来自广东的文化也曾影响了近代闽南侨乡社会，陈炯明驻扎漳州期间，聘请广东惠阳人

❶　关瑞明.泉州多元文化与泉州传统民居[D].天津：天津大学博士学位论文，2002：29。

周醒南来护法区任工务局局长，广东文化名人梁冰弦到漳州担任教育局长等，促进了广东近代文化对闽南侨乡社会的渗透影响。

其三，近代闽南侨乡人自己创造的新文化。在传承古代的多元文化、吸纳近代外域文化的基础上，近代闽南侨乡人并非无所作为，他们积极创造着新文化。通过融合多元异质文化而产生新的文化要素。如，经常可看到一些中西合璧、土洋结合的建筑，体现了当地人的新创造。

总的看来，近代闽南侨乡社会文化的多元成分，使其形成了一个较为复杂的人文环境，这必然对其中的城乡空间景观产生重要影响。当外廊空间在近代闽南侨乡得到发展时，单一的表现景象显然无法适应如此丰富的环境。

2.3 城乡建设的近代变革

辛亥革命后，明清时期遗留下来的旧式建筑体系和城乡景观突然受到了侨乡人们的革命性批判。为了迎接新时代的到来，近代闽南侨乡建设全面展开。外廊作为一种在当时侨乡人们看来较为新颖的景观要素，受到人们的青睐，这与城乡风貌全面革新的社会行动需求是契合的。

2.3.1 传统城乡风貌的全面改造

19 世纪末至 20 世纪初，中国发生政治剧变，清王朝解体。1911 年辛亥革命后，闽南也随之脱离清廷独立，进入民国时期。从思想史角度看，那时经历的是一场深刻的思想启蒙运动。自汉代董仲舒以来的中国思想，皇帝不仅是政治上的权威，也是诸多价值观念的重要依据与合法性来源。随着封建帝制被推翻，帝制政治的价值观和政治思想也随之被砸碎，中国传统以儒家为主的价值观的权威性受到强烈冲击，权威的消失也造成无政府主义、自由主义等新价值体系的形成。生活的一切似乎都发生了改变。"新礼服兴，旧礼服灭；剪发兴，辫子灭；爱国帽兴，瓜皮帽灭；天足兴，纤足灭；阳历兴，阴历灭；鞠躬礼兴，跪拜礼灭……" ❶。

在此背景下，明清时期的城乡风貌突然间在人们心目中变成了落后事物的象征。海外华侨们纷纷感慨家乡之落后，并竭力改变既有现状。他们从海外汇款到家乡，努力促进当地的经济发展。当地掌局政府也以营造新社会之名鼓励并推进城乡建设。由此，近代闽南侨乡各项规划建设事业全面展开。

（1）城镇之间、城乡之间交通的改善

区际道路建设方面，侨乡人努力改善城镇之间、城乡之间的交通联系，投资修路、

---

❶ 出处：1912 年 3 月 5 日《时报》上发表的以《新陈代谢》为题的文章。

筑桥。如，1917 年，在海外华侨的支持下，漳州城地方商贾募股筹设漳码汽车始兴公司，着手修建漳码公路（漳州城区到石码镇）。1920 年，漳州城至石码通车，同时又将通车路线延伸到海澄、浮宫。1926 年，印尼华侨杨纯美投资漳嵩公路；1932 年，菲律宾华侨陈炳三等人投资创办利行汽车公司，兴建漳州至浦嘴口的路线❶。再如，泉州方面，泉安公路成了福建最早筹建的近代公路之一。"1919 年，陈清机发起倡办闽南泉安民办汽车路股份有限公司"，"当年 6 月，开始了泉州至安海公路的测量及购地筑路工作"❷。1921 年 1 月安海至

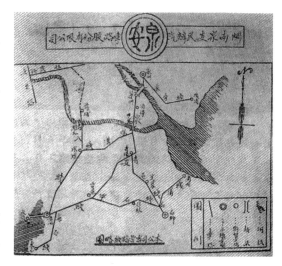

图 2-9　闽南泉安民办汽车路股份有限公司专营线路略图（1920 年代）❹

灵水路段通车，2 月 13 日通车至青阳，1922 年 6 月 1 日全线完工通车，总长达 27 公里（图 2-9）。"以泉安公路为主干，泉安公司先后又开通了青阳至石狮、水头至小盈岭、安海至东石、安海至八尺岭、石狮至浦内等各支线。永、德、安、南四县警备司令部司令，南安人陈耀臣从 1920 年 1 月至 1932 年止，在永春、德化、安溪、南安、惠安、晋江等地组织修建了众多的公路和桥梁。形成四通八达的公路运输网"❸。

（2）城区改造与建设

城区规划与建设方面，厦门、漳州、泉州三个中心城区一方面积极进行旧城区的全面改造，另一方面，努力拓展新区。

在旧城区改造方面。人们拆除了旧城区的古城墙。漳州、厦门、泉州三个城区的城墙先后被拆除（图 2-10、图 2-11）。漳州城于民国 7 年（1918 年），在陈炯明进驻漳州期间，拆除了古城墙，以古城墙石板铺砌街道路面和城南之九龙江岸，仅存古城东城门一段（即今新华南路与新华西路交叉路口一段）❺。厦门在 1919 年到 1926 年，由华侨与当地的精英人士合作组成委员会，致力重建厦门城市工作，并组织当地工人拆除城墙，以利于拓宽街道❻。据《鲤城区志》记载，泉州"民国 12 ~ 18 年（1923 ~ 1929 年），为发展交通，拆城辟路，先后拆德济门、通津门、南鼓楼及南城垣。民国 26 年，省政府下令拆城，

❶ 福建省漳州市芗城区地方志编纂委员会编. 芗城县志. 卷三十四. [M]. 第 1 版. 北京：方志出版社，1999。
❷ 陈永成主编，福建省档案馆供稿. 老福建 [M]. 第 1 版. 福州：海峡文艺出版社，1999：57。
❸ 陈永成主编，福建省档案馆供稿. 老福建 [M]. 第 1 版. 福州：海峡文艺出版社，1999：58。
❹ 陈永成主编，福建省档案馆供稿. 老福建 [M]. 第 1 版. 福州：海峡文艺出版社，1999：58。
❺ 福建省漳州市芗城区地方志编纂委员会编. 芗城县志. 卷三十四. [M]. 第 1 版. 北京：方志出版社，1999。
❻ 梅青. 变幻的坐标与漂浮的历史——厦门华侨的聚落研究 [EB/OL].《二十一世纪》网络版第六期，http://www.cuhk.edu.hk/ics/21c/supplem/essay/0110016g.htm，2002。

泉州城余下的城垣及鼓楼历 10 余年全部拆除。"❶ 应该说,拆除城墙对于闽南城市建设来说是一大革命性的举动。坚固的城墙围蔽是中国古代城池的象征,它的拆除也标志着人们变革过去的决心。

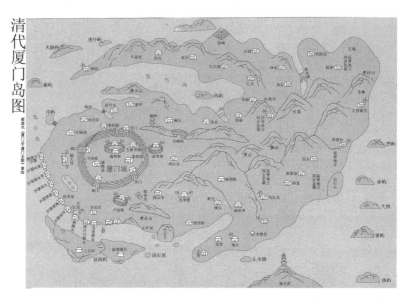

图 2-10 清道光年间厦门城全图,可见城墙 ❷

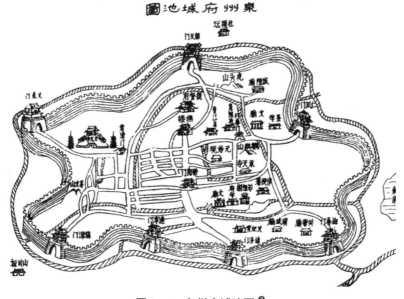

图 2-11 泉州府城池图 ❸

❶ 鲤城区志编纂委员会编 . 鲤城区志(卷四 . 城乡建设)[M]. 第 1 版 . 北京:中国社会科学出版社,1999。
❷ 厦门市地方志编纂委员会 . 厦门市志 [M]. 第 1 版 . 北京:方志出版社,2004。
❸ 吴庆洲 . 建筑哲理、意匠与文化 [M]. 第 1 版 . 北京:中国建筑工业出版社,2005:426。

旧城区街道和街区改造轰轰烈烈地开展起
来。以厦门城区为例，"从 1905 年到 1920 年，
民主政治家激发的民族热情，使得厦门城市经
历了发展改革和城市复兴的阶段以迎接新世纪
的到来。这些华侨从国外输入了建造材料以进
行城市的翻新。他们投资建设城区内的街道，
建立公共服务设施并投资房地产"❶。从 1908 年、
1920 年的厦门城市图中可以看出，街道基本维
持明清时的小街小巷模式❷（图 2-12、图 2-13 ）。
但是，从 1931 年的城区道路规划图中，却看到
城区的道路骨架、路网等级已经发生了较为明
显的调整❸（图 2-14 ），其背后有着大量的街区改
造工作是可想而知的。华侨们从海外汇入大量
款项，在街区改造中寻找各种房地产开发的契
机。民国 16 ～ 21 年，厦门首次出现土地开发
高潮，总计开发土地面积达 116.22 万平方米，

图 2-12　1908 年厦门城市全图，可见街道
和民宅"自然"布局状态❺

至此，加上原有土地面积 276.33 万平方米，市区土地面积扩展为 409.55 万平方米❹。

城区建设中，除了旧区改造以外，政府和华侨们也积极拓展新区。展现了闽南历史
上前所未有的魄力。据李百浩博士考证❻，在厦门海沧，1911 年就有华侨提出建设海沧嵩
屿商埠新区的建议❼，到 1930 年该提案在国民党四中全会上通过，并在《嵩屿商埠计划
书》中提出"区域之划分"、"建设之程序"和"经济之筹画"几部分，并绘制了相关规

❶ 梅青 . 变幻的坐标与漂浮的历史——厦门华侨的聚落研究 [EB/OL].《二十一世纪》网络版第六期，http：//www.cuhk.
　　edu.hk/ics/21c/supplem/essay/0110016g.htm，2002。

❷ 1910 年外国人腓力普.威尔逊曾说道："除鼓浪屿外——找不到我们可以称为路的路"。鼓浪屿布道教士约翰.麦高思也说
　　道："过去十年里（指 1882 年至 1891 年）……中国人不以筑路为业，结果是尽可能多地把这一职业留给自然。"

❸ 当时的厦门城区，由于人口密集，住宿拥挤，且传统房屋多为砖木结构，经常发生大火。这也为城区改造带来了契机，
　　如，1902 年 10 月 3 日，一场大火竟然烧去了 13 条街的房屋，为厦门历史上最为严重的一次火灾。大火烧了一天一夜，
　　总共烧毁 13 条街的房子共千余间，即今包括大同路、大元路、横竹路、人和路、镇邦路、大中路、升平路等在内的
　　这一大片市区。详：上海市历史博物馆编，哲夫、翁如泉、张宇编著 . 厦门旧影 [M]. 第 1 版 . 上海：上海古籍出版社，
　　2007：162。

❹ 厦门市地方志编纂委员会 . 厦门市志 [M]. 第 1 版 . 北京：方志出版社，2004。

❺ 厦门城市建设志编委会 . 厦门城市建设志 [M]. 第 1 版 . 厦门：鹭江出版社，1992。

❻ 李百浩，严昕 . 近代厦门城市规划的发展及其外来影响 [A]. 张复合主编 . 中国近代建筑研究与保护（六）[C]. 北京：清
　　华大学出版社，2008：177-181。

❼ 在思明市政筹备处会刊中，将嵩屿对于厦门的重要性与九龙对于香港的重要性相比："盖鉴于厦门政治与经济之建设，
　　既受国际条约所拘束，不获自动伸展，自应另辟市场，以裕民生，用意至为深远……。目今欧西各国工厂，因都市
　　中心——地价、劳力均极高昂，多谋向外迁移。傥以嵩屿与工业区域，尤适合于此种趋势也。"详见：梅青 . 变幻的
　　坐标与漂浮的历史——厦门华侨的聚落研究 [EB/OL].《二十一世纪》网络版第六期，http：//www.cuhk.edu.hk/ics/21c/
　　supplem/essay/0110016g.htm，2002。

划图纸❶（图 2-15）。新区建设拟分
成 6 区，工业、商业、住宅、行政、
教育和农林。此外还有公园、公墓、
飞机场等用地，并有"预备区"作
为后续发展用地。这个规划受到欧
洲早期功能主义思想影响，规划手
法如广场中心、轴线贯穿、集合布
局、放射路网等也体现了"欧美"
特点。这和厦门古代以礼制、皇权
政治为中心的规划思想有着革命性

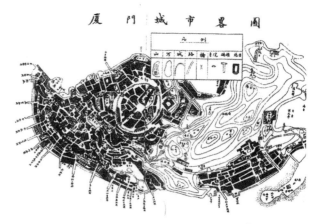

图 2-13　1920 年代的厦门城市略图 ❸

的变化❷。虽然它最终没能实现，但是也充分显示了当时人们改革传统城市风貌的决心。

图 2-14　厦门 1931 年规划图，
可见城区道路网的结构性调整 ❹

图 2-15　厦门海沧嵩屿商埠新区规划图
（1911 年筹划、1930 年左右制定规划，但未实施）❺

---

❶ 孙中山先生于建国方略中曾提到此规划，谓："吾意须于此港面之西方，建新式商埠，以为江西福建南部丰富矿区之
　 一出口，此港施以新式设备，使能联陆海两面之运输以为一气。"所谓港面之西方，即嵩屿也。详见：梅青.变幻的
　 坐标与漂浮的历史——厦门华侨的聚落研究 [EB/OL].《二十一世纪》网络版第六期，http：//www.cuhk.edu.hk/ics/21c/
　 supplem/essay/0110016g.htm，2002。

❷ 李百浩，严昕.近代厦门城市规划的发展及其外来影响 [A].张复合主编.中国近代建筑研究与保护（六）[C].北京：清
　 华大学出版社，2008：177-181。

❸ 图片扫描自：李百浩.近代厦门城市规划的发展及其外来影响 [A].张复合主编.中国近代建筑研究与保护（六）[C].北京：
　 清华大学出版社，2008：178。另详，厦门方志办.民国厦门市志 [M].北京：方志出版社，1999（洪卜仁提供）。

❹ 李百浩，严昕.近代厦门城市规划的发展及其外来影响 [A].张复合主编.中国近代建筑研究与保护（六）[C].北京：清
　 华大学出版社，2008：177-181。

❺ 厦门市城市建设志编幕委员会编.厦门城市建设志 [M].第 1 版.北京：中国统计出版社，2000。

（3）乡族聚落传统布局规制的变革

近代闽南侨乡区域景观风貌的剧烈变革，从城市漫延到乡村。台湾学者江柏炜先生在研究闽南金门聚落时曾认为，金门近代以前传统聚落呈现的是有序的、受到传统宗法伦理力量制约的布局规则，遵守的是"以宗祠为中心，房份甲头为基本单位，以五方或五营界定范围之梳式布局的空间结构，是中国华南地区惯用的配置方式，……其特色是整个聚落立基于前低后高，坐山观水的缓坡之上，民宅建筑群遵循宗族社会的秩序排列着，相同房份的民宅有着一致的朝向，鳞次栉比，结构清晰"❶。但是到了近代，特别是清王朝被推翻后，这些约定的规则被打破。一些华侨回乡建民宅，其高度往往高出宗祠建筑，打破了传统民宅一般不超过祖厝高度的布局禁忌。新建筑在村中的建设位置也不完全遵守旧规，宗祠的中心地位在这种无序建设中丧失。突破传统村落布局规则的束缚在当地村民们看来也变得习以为常了。

2.3.2　旧式建筑体系的变革需求

近代闽南侨乡从城区到乡村的景观变革十分剧烈。在这样的一种背景下，传统建筑体系显然难以独善其身。人们普遍呼唤和追求新建筑的到来。

19世纪末20世纪初以前，除了鼓浪屿以外，闽南传统建筑基本是以官式大厝建筑为主。据《惠安县志》载，清末"富户或官绅人家多建宅门府第，其规制是被称作'皇宫起脊'或'双燕归脊'的（有的还有'护厝'厢房）大厝。多为大柱（有的用石柱）架梁组成复杂的木构架建筑（俗称'木栋'结构），由二进或多进连同天井、大埕组成封闭式宅院。为闽南一带的代表性民居"❷。作为习以为常的传统建筑样式，围绕它也形成了固定的、较为成熟的建筑营造思想、规则、法式甚至技艺，或者说形成了一套定型化的建筑营建体系（图2-16）。在清末以前，如果有业主要突破传统"官式大厝"建筑体系的规制是需要有极大魄力的，甚至要冒着被视为"异端"的风险。

到了近代，特别是辛亥革命后，人们思想上获得了极大解放，海外华侨归国也强化了人们对资产阶级自由思想的追求。在这种情况下，闽南侨乡社会从建筑思想上渴望砸

图2-16　厦门释仔街99号"三王府"的"下王府"民居（清代）❸

---

❶ [台湾]江柏炜.闽南建筑文化的基因库：金门历史建筑概述[EB/OL]。http://163.13.226.19/art/inport/doc/eye-art/9202history.doc。

❷ 惠安县地方志编纂委员会编.惠安县志（第十一篇，城乡建设）[M].第1版.北京：方志出版社出版，1998。

❸ 厦门市地方志编纂委员会.厦门市志[M].第1版.北京：方志出版社，2004。

碎旧的建筑体系权威以体现对新时代革命精神的追求，营造传统官式大厝的标准做法一下子成了落后于时代象征之行径而被人们所抛弃。很多侨乡人故意选择不同于传统官式大厝建筑做法的行为以表达思想上的进步。这种建筑革命思想与孙中山当时在全国的号召是一致的。1921 年，孙中山为现代中国发展著书提出若干主张，其中就提到 ❶，"四万万同胞中，穷人还住在茅屋及窑洞之中；中等或富人住在庙宇中。旧中国房屋往往首要考虑的是祖先的位置，它必须放在房屋的中央，而其他部分必须居于从属的地位。房屋的建造似乎不是为居住的舒适而是为了仪式要求。房屋在民族的文明进程中是一个很重要的因素，比食物和衣着更能带给人欣喜和快乐。"❷ 他认为对封建社会时代的房屋建设体系进行革命十分必要。

其次，从满足建筑功能要求来看，传统官式大厝建筑体系显然已经不能适应新时代需求。新式教育的兴办、新式家居内容的安排、新的商业模式之容纳等，都无法再像明清时代那样被装入一个标准的官式大厝建筑中了。于是，变革闽南传统官式大厝建筑体系，迎接新建筑到来成为时代所趋。外廊景观形式和生活空间，不仅具有开放性的时代象征意义，而且也能够被灵活应用于不同功能需求、不同尺度大小、不同风格表现的建筑类型当中。对于近代闽南侨乡人们来说，是一个值得在新建筑缔造过程中加以大量推广的景观要素。

2.4　本章小结

本章主要分析了近代闽南侨乡环境的地域特征。研究结果表明，在自然环境、人文环境、建设环境三个方面具有特殊性，而这些环境的特殊性也为近代外廊文化景观在当地的繁荣兴盛和复杂演绎埋下了伏笔。

自然环境方面。闽南独特的地理区位特点使其容易接受南洋文化的影响，而且有条件保持着与广东、台湾的文化交流，这也为闽南在近代时期能够接受这些地方的外廊文化景观形式的影响提供了条件。闽南属于夏热冬暖地带，从相关指标数据来看，具有日照强烈、湿度大、气温高、降雨多、易受台风影响等特性。这样的气候使当地人们较为喜爱在半室内外的灰空间活动，这也为外廊空间文化形式在当地兴起提供了潜在条件。

人文环境方面。近代闽南侨乡社会具有移民特征。在古代，闽越族、中原南迁汉族、海外阿拉伯人、波斯人等杂融于此，到了近代由于华侨们出国和归国移民潮的兴起使得侨乡社会的移民化特点更显突出。移民社会往往具有对外来文化加以兼容并蓄的性格，

❶ 梅青. 变幻的坐标与漂浮的历史——厦门华侨的聚落研究 [EB/OL].《二十一世纪》网络版第六期，http://www.cuhk.edu.hk/ics/21c/supplem/essay/0110016g.htm，2002

❷ Yat-sen Sun. The International Development of China[M]. Chungking：Ministry of Information of the Republic of China，1943：22

因而近代外廊空间文化形式从外域移植并影响到闽南侨乡是有其潜在条件的。作为移民社会，近代闽南侨乡环境呈现多元文化构成的特点，不仅传承了历史上的海陆多元文化，而且吸纳近代时期的各种外域文化，并且还拥有自己创造的新时期文化。这种丰富多元的人文环境势必影响到建筑表现的多样化。外廊空间文化形式在近代闽南侨乡建筑中的应用，最终会呈现丰富多彩的多元表现景象，是有其特殊背景的。

　　城乡建设方面。清王朝解体后，近代闽南侨乡社会为了迎接新时代到来，期盼城乡风貌的全面深刻变革，并且努力付诸实施。与此同时，明清时期遗留下来的定型化的传统官式大厝建筑体系，也已经不适应新时代革命需求了，人们普遍呼唤新建筑的诞生。外廊空间文化形式的开放性和灵活适应性特点，对于人们缔造出新建筑有着特别的作用和意义。

第三章　近代闽南侨乡外廊式建筑的群体繁生

3.1　群体繁生景观在侨乡区域的空间衍现

从某种程度上说，近代闽南侨乡建筑的区域发展史，是一部"外廊式建筑"在近代闽南侨乡的繁荣演变史。由四幅区域空间发展的历史景象所组成：外廊式建筑景观在鼓浪屿及海后滩的群集；在嘉庚校园内的成组出现；在各城镇街道建设中的连接出现；在各城乡居民点的散布发展。

3.1.1　在鼓浪屿及海后滩的群集

近代闽南的区域建设最早发生在厦门鼓浪屿及海后滩，由洋人发起。在 19 世纪中叶厦门鼓浪屿及海后滩均被外国人占领，成为殖民区。19 世纪末以后（海后滩则是在 20 世纪 30 年代以后），陆续有华人华侨精英进入鼓浪屿和海后滩生活居住，改变了其殖民环境性质，并使之发生了侨乡化的人文环境的转变。这两地在随后也成为整个近代闽南侨乡区域最繁荣的核心地之一。而在这两地从殖民环境转向侨乡环境的同时，原本在殖民环境下衍生的"殖民地外廊式建筑"❶ 实物遗存也有很大部分被闽南华侨们认购，转而成为"侨乡外廊式建筑"的组成部分，后来进入这两地的华侨们也不断增建外廊式建筑，最终形成了厦门鼓浪屿和海后滩在 20 世纪上半叶的群集的外廊式建筑景观。下面进行详述。

（1）殖民者占据时期，厦门鼓浪屿及海后滩的外廊式建筑萌现

19 世纪中叶至 20 世纪初的厦门鼓浪屿外国人居留地以及 19 世纪中叶至 20 世纪 30 年代以前的厦门海后滩殖民租界，各国殖民者相继建造了不少外廊式建筑。经研究有下面几个发展阶段。

首先，是英国殖民者的肇始。英国人是近代时期最早侵入闽南的外国殖民者。早在 1844 年 11 月，英国第二任驻厦门领事阿礼国到任后，就在鼓浪屿外国人居留地的鹿礁顶和漳州路临海崖上同时建一办公楼和公馆，人称"大领事"。据载，此二楼均为单层建筑，拼木地板，四坡四落水。其中公馆属于外廊式建筑类型，拱券连廊，大厅、居室颇西欧化 ❷（图 3-1、图 3-2）。这幢建筑或许是闽南最早的近代建筑。在厦门海后滩租界，英国

---

❶　有时也被称为"外廊式殖民地建筑"。

❷　龚洁.到鼓浪屿看老别墅 [M].第 1 版.武汉：湖北美术出版社，2002：2。

人最早兴建的建筑也是外廊式建筑，这一点从英人于 1845 年建设的英商德记洋行的历史照片中也可以得到证实：德记洋行建筑，两层高，外廊式，底层拱券，立面竖向呈三段，中间二层有柱梁式的特别处理（图 3-3）。

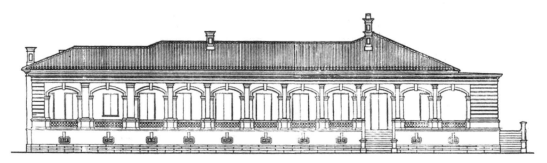

图 3-1 鼓浪屿漳州路 5 号的原英国领事公馆（1844 年建）❶

图 3-2 鼓浪屿英国领事馆
历史照片（1844 年建）❷

图 3-3 1890 年至 1920 年间，厦门海后滩殖民地外廊式
建筑景象（图中左边一幢为德记洋行）❸

随后，伴随着其他国家殖民者的相继到来，外廊式建筑在厦门鼓浪屿外国人居留地和海后滩租界得到进一步的发展。1852 年西班牙人挤入鼓浪屿鹿礁，在靠近英国领事馆的东面兴建领事馆（现鹿礁路 36 号）；1865 年美国在和记洋行的北面盖起领事馆办公楼（美国领事馆在 1930 年代重建）；法国于 1859 年建起领事馆（原为观海园 14 号楼）；1897 年日本在现鹿礁路 26 号建起日本领事馆（图 3-4），19 世纪末德国殖民者在鼓浪屿上建设领事馆（图 3-5）等，一时间 13 个西方国家在鼓浪屿都设立了领事馆，比上海还多 5 个。这些领事馆建筑竟然默契地大都采用"殖民地外廊式建筑"的基本样式——简

❶ 吴瑞炳、林荫新、钟哲聪主编.鼓浪屿建筑艺术 [M]. 第 1 版 . 天津：天津大学出版社，1997：139。

❷ 上海市历史博物馆编，哲夫、翁如泉、张宇编著.厦门旧影 [M]. 第 1 版 . 上海：上海古籍出版社，2007：127。

❸ 原址在今鹭江道厦门海关前。图片出处：2007 厦门城建档案馆展出百年历史图片。说明：厦门海后滩在殖民者占据时期，外廊式建筑沿海面平齐排列的风貌与中国其他殖民者占据点如上海、汉口等地的情况十分类似。

陋方盒子式的外廊式建筑形式。

除了领事馆以外，各国洋人们于厦门鼓浪屿和海后滩所建设的其他功能建筑中，也都采用外廊式建筑形式。如，1869 年建于现田尾路 17 号的大北电报局（图 3-6），1883 年建于鼓浪屿鼓新路 60 号的理船厅公所（图 3-7），1860 年建的厦门海关税务司公馆，1865 年建于鼓浪屿漳州路 5 号的副税务司公馆，1870 年建的厦门海关大楼，1880 年美国东正教会在鼓浪屿田尾路 14 号建的毓德女学堂（图 3-8），1898 年建的救世医院（图 3-9），建于海后路的日本三井洋行厦门分行（图 3-10），等等。

图 3-4　厦门日本领事馆（1897 年建）

图 3-5　鼓浪屿德国领事馆(19 世纪末以前建)❶

图 3-6　田尾路 17 号的大北电报局
（1869 年建）❷

图 3-7　鼓浪屿鼓新路 60 号的理船厅
公所（1883 年建）

图 3-8　鼓浪屿田尾女学堂（1880 年）❸

图 3-9　厦门救世医院（1898 年建）

❶ 上海市历史博物馆编，哲夫、翁如泉、张宇编著 . 厦门旧影 [M]. 第 1 版 . 上海：上海古籍出版社，2007：126。
❷ 龚洁 . 到鼓浪屿看老别墅 [M]. 第 1 版 . 武汉：湖北美术出版社，2002：6。
❸ 龚洁 . 鼓浪屿建筑 [M]. 第 1 版 . 厦门：鹭江出版社，1997：49。

从空间分布的角度看，19 世纪末至 20 世纪初，殖民者在闽南的活动主要被限制在厦门鼓浪屿和厦门本岛沿岸的海后滩租界，当然他们所建设的外廊式建筑也就自然集中分布在这两个地方。虽然外国殖民者也曾试图将建筑活动向华界地带进一步拓展，但到 19 世纪末以前都不甚成功❶。厦门海后滩由于用地紧张，殖民地外廊式建筑常常沿着临海道路连续布置，外廊形成整齐的临街界面❷，这种景象和我国上海、广州等开埠城市的情况很类似。相比海后滩，鼓浪屿上的殖民地外廊式建筑却常常因势就利，呈现较为灵活自由的分布景象，这和鼓浪屿具有起伏变化的地形有关（图 3-11）。

图 3-10　海后路的日本三井洋行
厦门分行旧影❸

从建筑的形式特征来看，这时期的殖民地外廊式建筑很大部分都是简单的方盒子，外廊的连续感较强，变化相对较少。这也验证了藤森照信先生所认为的 19 世纪末以前的中国近代建筑大部分是"简单方盒子式"的殖民地外廊式建筑的基本结论（图 3-12）。近代殖民者普遍应用这样的建筑形式，可能也和它具有殖民者身份的政治象征意义有关。19 世纪末以前的鼓浪屿和海后滩外廊式建筑景观的萌生与同期华界地区的传统官式大厝建筑景观形成了鲜明对比，带给当地人以新奇感。

图 3-11　鼓浪屿上殖民地外廊式
建筑顺应地形的分布❹

图 3-12　"殖民地外廊式建筑"基本
形式：简陋方盒子、外围连续外廊❺

---

❶ 洋人们的活动一般在华人城外，靠近海上交通和海岛的地方，这有利于他们进出闽南，一旦有战火发生，他们便可以迅离至海面，而且在经济贸易上也较方便对海外的联系。虽然英国殖民者也曾经一度想将自己的建筑设置于华人城内，但最终却不能如愿。

❷ 这对于日后的厦门骑楼街屋的建设有着一定的影响（在本书第五章中会有论证）。

❸ 资料来源：厦门晚报电子报 [EB/OL].http://www.xmnn.cn/dzbk/xmwb/20090412/200904/t20090412_963432.htm，2009。

❹ 资料来源：高振碧藏．厦门.百年影像.厦门记忆 [EB/OL].http://laiba.tianya.cn/laiba，2008。

❺ 礼荷莲（Lilias Graham）是一名英国基督教长老公会的女传教士，1888 年受派来到鼓浪屿传教，初上鼓浪屿她就把居住的女传教士住所拍成照片寄给英国的亲友。

（2）近代厦门鼓浪屿和海后滩侨乡化时期，外廊式建筑的进一步聚现

19 世纪后期，以林本源家族为首的爱国台胞因不愿在台湾当亡国奴，愤而内渡来鼓浪屿定居。与此同时，那些早年出洋而后又衣锦还乡的华侨，也陆续在岛上求田问舍。1891 年厦门海关税务司许妥玛在《海关报告书（1882 – 1891 年）》中写道 ❶，"到处可以见到一些成功者的华丽住宅，这些人或凭借不正常的好运气，或凭借杰出的才智，设法在爪哇或海峡殖民地积累大笔财产，然后安全地把它们带回自己的家乡"。"成千上万贫困阶层的人移民国外，他们中有一定比例的人又回来。……在本口岸（指厦门）的邻近地区，到处可以见到一些成功者的华丽住宅"。辛盛在《海关报告书（1892 – 1901 年）》中写道："富有的中国人从马尼拉和台湾返回，随之建起了外国风格的楼房以作他们的住宅"，甚至连中国地方官员也喜欢西洋建筑，他在报告中写道："现任道台按往常的习惯住在城内他的衙门里。但是去年，他在鼓浪屿中心区弄到了一幢欧洲式楼房，现在每天乘坐六桨的外国轻便小艇，来往于他的衙门和住宅间。"而巴尔在《海关报告书（1902 – 1911 年）》中说 ❷："在鼓浪屿，最好的大厦是属于那些有幸在西贡、海峡殖民地、马尼拉和台湾等地发迹的商人的后裔所有。"虽然在 19 世纪末以前鼓浪屿上"中国人拥有的洋房可能比例极小，但足以说明西洋建筑的优点正在被住惯传统民居大厝的人们所接受"。

到了 20 世纪初，在原本洋人占据的厦门鼓浪屿居留地，华侨们的入住潮与日俱增，并在 20 世纪 20 ~ 30 年代达到了归国华侨入住的高潮。据《厦门市房地产志》记载，"这段时期厦门鼓浪屿的房屋建筑，资金的 75% 属于华侨和侨眷，按照华侨的数量，鼓浪屿的资金比例应该会更高一些。以目前鼓浪屿的房屋数量分析，当时华侨、侨眷所建造的别墅住宅约占六七成之多。" ❸ 另据厦门郑成功纪念馆原副馆长何丙仲说："经过调查，目前鼓浪屿尚存的 1027 幢近代建筑物中，有 70% 左右是华侨（侨眷）在鼓浪屿（1902 年）沦为公共租界 ❹ 的前后建造的。" ❺ 从外文史料和现存风貌建筑状况来看，当时华侨和台胞在鼓浪屿岛上所建房子，在数量或外观上已开始超过外国人了。厦门海后滩租界在 1930 年由国民政府收回，也打破了殖民者环境与华界的隔阂，融入闽南侨乡整体环境中。总的看来，到了 20 世纪以后，厦门鼓浪屿外国人居留地和海后滩租界先后实现了侨乡化的转变。

殖民者在 19 世纪末以前于厦门鼓浪屿和海后滩大量建设的外廊式建筑，很多都被华侨和侨眷们认购。如，建于 19 世纪末或更早些时候的位于现鼓浪屿福州路的 199 号宅——英国伦敦公会牧师梅逊·山雅各的别墅（或称"红楼"），原是一座典型的殖民地

---

❶ 吴瑞炳、林荫新、钟哲聪主编. 鼓浪屿建筑艺术 [M]. 天津：天津大学出版社，1997：18。

❷ 吴瑞炳、林荫新、钟哲聪主编. 鼓浪屿建筑艺术 [M]. 天津：天津大学出版社，1997：19。

❸ 吴瑞炳、林荫新、钟哲聪主编. 鼓浪屿建筑艺术 [M]. 天津：天津大学出版社，1997：20。

❹ 鼓浪屿沦为公共租界是在 1902 年，各国洋人均可在此活动，海外华侨亦可进入。

❺ 引自：厦门郑成功纪念馆原副馆长何丙仲接受的记者采访. 厦门晚报电子版 [EB/OL].http：//www.xmnn.cn/dzbk/xmwb/20090510/200905/t20090510_989340.htm，2009。

外廊式建筑，二层，面积 1000 多平方米，红墙，宽大的拱券式外廊（图 3-13）。山雅各离去后，产权转入林文庆夫人殷碧霞名下。1922 年，殷又将别墅转给印尼华侨（祖籍闽南南安）李丕树。再如，位于现鼓浪屿安海路的西欧小筑（图 3-14），建于 1897 年，原属于"三公会"（美国归正教会、英国伦敦公会、长老会），1909 年由漳州龙海港尾卓岐村人王子恒购得此屋 ❶。再如，鼓浪屿鹿礁

图 3-13　英国伦敦公会的牧师梅逊·山雅各别墅，后产权转为林文庆夫人殷碧霞名下，19 世纪末以前建

路 113 号的外廊式别墅，就是由林尔嘉从外国人手中购得（图 3-15）。田尾路 17 号的观海别墅，四面外廊，原是丹麦大北电报局，后为华侨黄奕住买下，更名为"观海别墅"。类似的例子还有很多。

图 3-14　鼓浪屿安海路的西欧小筑，后产权由外国三公会转入王子恒名下，建于 1897 年

图 3-15　鼓浪屿鹿礁路 113 号外廊式别墅（19 世纪末建）

　　在中国北魏时期，曾出现"舍宅为寺"之风。其时"朝士死者，其家多舍居宅，以施僧尼，京邑第宅，略为寺矣" ❷。富有的信徒多在家中立精舍、佛屋奉佛与供养僧徒，在获得"立寺权"后，信徒们纷纷"舍宅为寺"。这对于推进中国传统建筑汉文化特征对外来佛教建筑文化的同化有着重要的作用。与此例有异曲同工之处的是，当近代时期的闽南华侨大量购买洋人们在 19 世纪末以前所建设的殖民地外廊式建筑的时候，殖民地外廊式建筑也发生了侨乡化的转变。

　　19 世纪末以后，闽南华侨们除了在鼓浪屿大量认购殖民者在较早时候所建设的殖民地外廊式建筑以外，自己新建的外廊式建筑数量也不少（表 3-1）。以至于到了 20 世纪 30 年代，鼓浪屿上的外廊式建筑的聚集度已大大增加（图 3-16）。不仅如此，还出现了许多华侨进行成组的外廊式建筑建设，如，晋江旅菲华侨黄秀烺，于 20 世纪 20 年代与

❶　龚洁. 鼓浪屿建筑 [M]. 第 1 版. 厦门：鹭江出版社，2006：66。
❷　引自《魏书·释老志》。

同乡黄念忆在福建路盖起一组 5 幢的外廊式别墅（图 3-17）。楼群正门门楼上书"海天堂构"四字（现福建路 42 号）。这 5 幢外廊式别墅形成了对称格局的组合，以中楼为主，向两侧展开，中心建一广场。另外，由于 20 世纪初以后，华侨们在鼓浪屿的建设越发繁盛，以至于各楼幢之间的空隙日益缩小，外廊式建筑个体逐渐聚集，形成了成片景象（图 3-18）。

19 世纪末至 20 世纪中叶，华侨们在鼓浪屿所建设的外廊式建筑样本　　　表 3-1

白宅（20 世纪上半叶建）	鼓浪屿鼓新路 18 号许家园（1933 年建）	鼓浪屿鼓新路 28 号（20 世纪上半叶建）

鼓浪屿鼓新路 27 号忠权楼（1913 年建）	瞰青别墅（1918 年建）	林巧稚故居，20 世纪初建

鼓浪屿泉州路 99 号金瓜楼，1922 年建	黄家花园中楼，1925 年建成 ❶	春草堂（1933 年建）

鼓浪屿林屋（1927 年建）	鼓浪屿漳州路 64 号别墅（20 世纪初建）	中华路 5 号住宅，20 世纪初建 ❷

❶ 黄祯国 . 遗落在别墅里的隐蔽心事 [EB/OL]. http://qkzz.net/article/b83ffc60-8552-4ace-a9da-f9d351c98927_3.htm。
❷ 吴瑞炳、林荫新、钟哲聪主编 . 鼓浪屿建筑艺术 [M]. 第 1 版 . 天津：天津大学出版社，1997：彩图页。

鼓浪屿在侨乡时代新建的外廊式建筑相比殖民时代兴建的外廊式建筑而言有着较大程度的乡土化特点，体现了更多的土洋结合特色。如，建于 1927 年位于安海路 36 号

的番婆楼，旅菲华侨许经权所建。建筑周围设置外廊，外廊上的所有方柱顶端均有装饰着各种花卉的柱头，"实际上是中西合璧、土洋结合的产物，也是工匠吸收西洋建筑上的柱式加以中国化而制作出来的。檐下廊楣上还有沉鱼落雁、金猴献桃、古典人物、吉祥标志等多种浮雕" ❶，乡土化特色浓郁。

图 3-16　厦门鼓浪屿 20 世纪 30 年代的彩色明信片 ❷

图 3-17　鼓浪屿海天堂构外廊式建筑群
（20 世纪 20 年代建）❸

图 3-18　鼓浪屿上不少外廊式建筑个体
形成了成片聚集景象

3.1.2　在嘉庚校园内的成组出现

近代嘉庚校园是闽南侨乡区域建设的又一重要片区，包括集美学村和厦门大学。外廊式建筑在近代嘉庚校园中常以成组的方式出现。

（1）在近代集美学村的组团式聚集

首先是 1913 年至 1926 年期间，集美学村"中心人工岛屿"的外廊式建筑组团的形成。陈嘉庚从 1913 年起先后在集美创办幼儿园、男女小学、男女师范、中学以及航海、水产、商业、农林等各类中等学校，另设国学专门部和图书馆、医院、体育馆、电灯厂、自来水塔及教育推广部等设施与机构，统称集美学村。集美学村建设始于 1913 年成立

❶　龚洁 . 鼓浪屿建筑 [M]. 第 1 版 . 厦门：鹭江出版社，1997：131。

❷　资料出处：http: //blog.xnmn.cn/batch.download.php?aid=245530。

❸　图片出处：http: //www.hwyd.org/huwaizhishi/905/。

的"乡立集美两等小学校",校址在村外西边的一口大鱼塘位置,鱼塘面积数十亩,由海滩围筑而成。"该校舍四周圈以绿水,为一个人造的岛屿,……自然的环境,堪称优美,实为理想上的教育胜地,……亦是集美学校在教育发展光辉的圣地。"❶ 建校初期,陈嘉庚将这块基地填筑成高出水面五六尺的岛屿作为建筑的基面❷。

1918 年,居仁楼、尚勇楼、立功楼、大礼堂、西风雨操场落成,1919 年后又陆续建成立德楼、立言楼、消费公社、博文楼、瀹智楼。由此,一个较为完整的人工岛屿中心组团楼群得以形成(图3-19),这也是集美学村整体布局的中心。从组团格局来看,强调古典秩序。

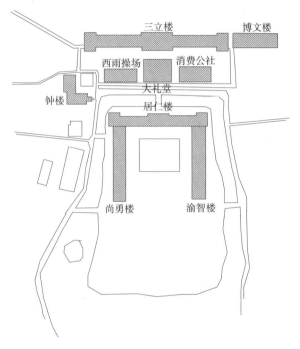

图 3-19　集美学村人工岛屿中心组团

南面前排正中为居仁楼,东侧建瀹智楼,西侧建尚勇楼,组成对称的三合院,或被称为"仁智勇"楼群。在居仁楼的正后方建设大礼堂,强调中轴秩序。大礼堂左右则对称建置西风雨操场和消费公社,后方一字形展开布置有立言楼、立德楼、立功楼,或合称"三立"楼群,它们也被结合进组团的整体秩序中❸。

在三合院格局的仁智勇楼群中,外廊的设置经过了一番周折。陈延庭《集美学校的前三十年史》油印本中写道:"1917 年台风的袭击使得已建到三层楼窗过梁处的居仁楼遭到破坏,墙壁被摧毁至二层楼底。考虑到孤墙危立,中间失去了联络的三面砖墙不能胜任永久的任务,于是在居仁楼的中部和西端再打桩添建外廊,而尚勇楼则改为四面硬墙三面外廊加以固定。"❹ 周折过后的仁智勇楼群的每一幢建筑都应用了外廊。外廊的设置原则是面向中央广场和海面,形成较有气势的外廊式连续界面(图3-20)。在广场上观看建筑的外廊,会有连续不断的感受。仁智勇楼群正后方的大礼堂建筑群,形成了一主两从的外廊式建筑组群特点(图3-21)。大礼堂建筑以山墙为正面,在正面底层入口处设置连续的长的外廊突出主入口,在二层处则有一个小型的外廊增加了山墙的虚透感。大礼堂旁边两座建筑,西风雨操场(图3-21 中左侧建筑)

❶ 陈志宏.闽南侨乡近代地域建筑[D].天津:天津大学博士学位论文,2007:200。并部分参考:陈延庭,《集美学校的前三十年史》油印本第 5 页。

❷ 余阳.厦门近代建筑之嘉庚风格[D].泉州:华侨大学硕士学位论文,2002:9-10。

❸ 陈志宏.闽南侨乡近代地域建筑[D].天津:天津大学博士学位论文,2007:200-201。

❹ 陈延庭.集美学校的前三十年史[M].油印本,第 5 页。

和消费公社（图 3-21 中右侧建筑）也均属于外廊式建筑类型，在风格表现上相对较为朴素，四坡顶覆盖整个建筑，颇像英国人早期在印度兴建的单层简陋的 Bungalow 样式，外廊作为建筑门面的感觉相对大礼堂较为弱化。可以说，这三幢建筑的外廊处理方式的差异与建设者突出中心礼堂的一主两从的组群意图是契合的。大礼堂建筑群的后方是立言楼、立德楼、立功楼的一字形展开布局（图 3-22），伴随着外廊的连续对接，与前面的大礼堂外廊式建筑群的一主两从的处理颇为不同，形成了超长平直的连续效果。由于这种连续性外廊的构图方式气势宏大，具有强大的氛围感染力，因而受到了陈嘉庚先生的特别青睐，在他后来所营造的许多校舍建筑中经常得到应用，如尚忠楼、允恭楼等。

图 3-20　仁智勇楼群，面向海面可看到连续的外廊立面 ❶

图 3-21　仁智勇楼群正后方的大礼堂
外廊式建筑组群 ❷

图 3-22　立言楼、立德楼、立功楼外廊式
建筑的一字形组合 ❸

❶　资料来源：陈嘉庚故居档案室。
❷　资料来源：同上。
❸　资料来源：同上。

　　1916 ～ 1933 年，随着集美学村其他分散组团规划建设的开展，外廊式建筑进一步得到成组衍生。这段时期，陈嘉庚企业蒸蒸日上，海外资产收益剧增，他认为这是进一步发展集美学村的难得机会，于是一再函促集美学校负责人加速校舍建设和增添设备，扩大规模，大量招生。嘉庚先生提出在早期的以人工岛屿组团为中心的基础上，延续原有校舍的轴线，并向四周扩展，由此也定下现在集美学村中间低，北、西、东三面高，南面环海的基调，由早先低地向棋杆山、交巷山、烟墩山、后岑山、二房山及国姓寨发展。嘉庚先生关于学村规划的发展思路在其给集美学校校长叶渊的信中表露无遗："论集美山势，凡大操场以前之地不宜建筑，宜分建两边近山之处。俾从海口看入，直达内头社边之礼堂，而从大礼堂看出，面海无塞。大操场、大游泳池居中，教室数十座左右立，方不失此美丽秀雅之山水"[1]。在向中心岛屿周边发展的过程中，采用了分散组团式的空间布局模式，以达到与所在山势的和谐，在各组团建设中分别塑造一些较为独立的楼群片区以承担不同的学村功能。这时期所建设的组团有：中心岛屿东北面二房山的"女子中学及附属小学校舍"组团（图 3-23 中 B 组团）；二房山上的"幼儿园建筑"组团（图 3-23 中 C 组团）；西面烟墩山沿山势规划建设的允恭楼群组团（图 3-23 中 E 组团）；校园西北兴建四排教职员工宿舍组团，第一排肃雍楼，第二排由命名为"天"、"地"、"人"的三大院落联排组成，第三、四排各四座，名为金、石、丝、竹、匏、土、革、木；此外，还在中心岛屿的东南国姓寨山冈位置建设了男子小学校舍延平楼等建筑。

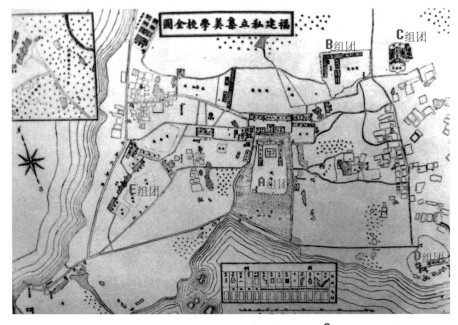

图 3-23　集美学村人工岛屿中心组团[2]

---

[1]　校史编写组编 . 集美学校七十年 [M]. 第 1 版 . 福州：福建人民出版社，1983：31。

[2]　资料来源：陈嘉庚故居纪念馆。

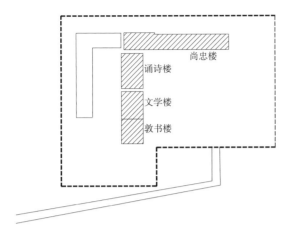

图 3-24　B 组团总平面示意图

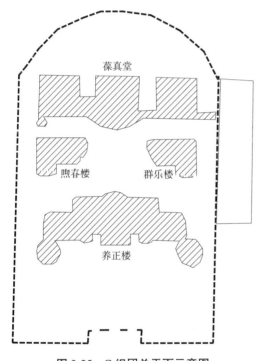

图 3-25　C 组团总平面示意图

与这段时期集美学村规划组团的发展相对应的是，外廊式建筑继续得到成组衍生，大部分的规划组团都形成了各具特色的外廊式建筑组群。如，中心岛屿东北面二房山的"女子中学及附属小学校舍"组团（图 3-23 中 B 组团、图 3-24），建有尚忠楼、诵诗楼、文学楼、敦书楼，整体布局呈 L 形，围合前运动场。各建筑在朝向运动场一面均设置有外廊，形成了不对称、半围合的连续外廊空间界面，拱券式外廊的构筑特点强化了外廊的连续性，外廊景观面的尺度较大，促成了中小学校纪念性景观的形成。再如，在二房山上的"幼儿园建筑"组团中（图 3-23 中 C 组团、图 3-25），葆真堂的南面、煦春室和群乐室朝向中央场地的一面、养正楼朝北面向中央场地的一面均设置有外廊。有趣的是，这四幢外廊式建筑在成组布局中实现了相互之间的有机配合，均出现了弧形的造型母题，相互呼应，塑造了活泼、柔和、有一定流动感的外廊式建筑群体氛围，打破了对称的礼仪格局的严肃性，增添了幼儿园组团空间的活跃性。还有西面烟墩山沿山势规划建设的允恭楼外廊式建筑组群（图 3-23 中的组团 E、图 3-26、图 3-27），以允恭楼为中心，左右分列即温楼、明良楼、崇俭楼。虽然各楼在正面设置的外廊在形态和风格上较为不同，如允恭楼采用梁柱式外廊，崇俭楼、明良楼等则采用券廊式，但是外廊都占满各相应楼幢的正面而且沿着一字形排开的特点，使得外廊式建筑组团的景观印象十分凸显。在各楼正面的外廊处理上，也存在着相互间的主从配合，古典主义的协调原则控制着外廊在各栋楼中的表现。允恭楼作为主楼，外廊的层数有四层，高于周边楼幢，外廊中央突出形成弧形门廊。而两侧的崇俭楼、明良楼在设置外廊的时候，则显然考虑到了凸显允恭楼中心地位的作用，正面外廊中央突出部分以平直形态处理。这种古典主义的外廊式建筑组群关系模式对于嘉庚先生后来在厦门大学的建设模式也有重要影响。

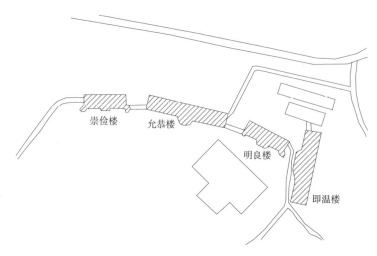

图 3-26　集美学村允恭楼外廊式建筑组团示意图（E 组团）

　　1950 年以后的集美学村滨海建设的一个结果是，又产生了沿海排列的外廊式建筑群。1950 年以后，集美学村的发展就主要集中在沿海岸线一带，这和陈嘉庚先生后期校园规划思想的改变有关。新中国成立后，"陈嘉庚先生回国定居集美学村，制定了'重建集美学村计划'，1953 年集美学校校董会成立了建筑部，不仅负责修复战争时期被敌

图 3-27　集美学村允恭楼外廊式建筑组团历史照片 ❶

机轰炸破坏的校舍，还进行了大规模建设。这些建设主要包括：西面以'南侨'命名的华侨补习学校建筑群；东南面的南薰楼、黎明楼、道南楼等沿海建筑群"。❷ 这时期，外廊式建筑群体的发展特点与"争取沿海景观面"的目标密切相关。如，华侨补习学校主建筑群共四排 16 座，坐北朝南，命名为南侨第一至南侨十六。每座建筑的沿海面都有外廊，整体校舍作退台式布局，顺池畔坡地而筑，首排平屋，二排两层，三排三层，末排四层，逐排加层拔高（图 3-28）。这种设置模式显然是要让每幢外廊式建筑都能拥有一定的朝海景观面。这 16 幢行列式建筑的外廊都采用拱券形的开口形式，风格简洁统一，可谓是朴素的外廊式建筑行列组群。再如，由南薰楼、黎明楼（图 3-29）、道南楼组成的建筑群沿海排列，在朝海面也都设有宽大的外廊，这组外廊式建筑组群的特点是建筑单体追求超大的临海面或者超高的高度。南薰楼 1959 年落成时是福建省当时的第一高楼，而道南楼全长 174 米，由 9 座连体建筑一字排列，长而高的临海外廊在当时也让人惊叹。

❶　出处：集美陈嘉庚故居档案室。

❷　余阳 . 厦门近代建筑之嘉庚风格 [M]. 泉州：华侨大学建筑系硕士学位论文，2002：16。

图 3-28　华侨补习学校外廊式建筑群共四排 ❶

图 3-29　黎明楼外廊式建筑
（1950 年代建）

（2）近代厦门大学校园内的外廊式建筑组群发展

1920 年，茂旦洋行承揽了厦门大学总体规划。由美国建筑师墨菲主持设计。墨菲提出的规划方案带有明显的西方古典色彩（图 3-30），将厦大的总体布局分为四区。"第一区，在演武场偏西北的位置，布置了五座两层楼的建筑，其中主要三座围合成一个三合院，另两座对称分列三合院两边。主楼在自五老峰尖沿南普陀寺中轴线而下的位置。第二区，在今上弦场的位置。第一组建筑为六座宿舍楼房，分两列立于中部大礼堂之侧，中间夹有一个四百米圆跑道的运动场。第二组建筑仍以中部大礼堂为中心点，沿山势呈半月形环列，俯瞰山脚下的乌空圆（现称上弦场）。第三区，白白城东面沿五老峰南麓至胡里山炮台。呈半月形布置两排校舍，中央主楼为全校大礼堂。第四区为第三区和第二区的过渡性区域。"❷ 在每一区中通过运用几何式构图强化人工秩序，规整的广场、严谨的轴线，充分体现了西方文化中追求人对自然进行控制和征服的思想内涵。嘉庚先生虽然对墨菲方案作了一定的修改 ❸。然而从调整实施的情况看来，墨菲的规划思想还是有很大的遗留影响。"厦门大学第一阶段的建设在 1921 年至 1925 年，所建校舍有演武场一列，沿东边溪的博文楼等建筑，以及白城一带的教授住楼等。第二阶段的建设发生在新中国成立后，主要代表是位于演武场东南方的以建南大礼堂为主的五幢大楼，以及围绕校园中心芙蓉园的 4 幢芙蓉楼。"❹

❶　资料来源：陈嘉庚故居档案室。

❷　余阳 . 厦门近代建筑之嘉庚风格 [D]. 泉州：华侨大学建筑学院硕士学位论文，2002：18。

❸　陈嘉庚在《南侨回忆录》中谈道："其图式每三座做品字形，谓必须如此方不失美观，极力如是主张。然余则不赞成品字形校舍，以其多占演武场地位，妨碍将来运动会或纪念日大会之用，故将图中品字形改为一字形，中座背依五老山，南向南太武高峰。" 参考：陈嘉庚著 . 南侨回忆录 [M]. 第 1 版 .. 长沙：岳麓书社，1998：15。

❹　同 ❷。

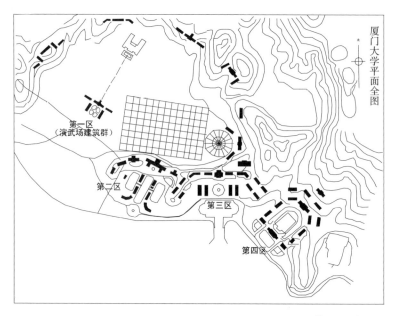

图 3-30　1920 年墨菲设计的厦门大学总体规划 ❶

图 3-31　厦门大学群贤楼群：成组的外廊式建筑 ❷

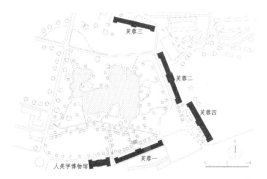

图 3-32　厦门大学"芙蓉楼"外廊式建筑群 ❸

外廊式建筑在厦门大学的建设过程中，同样多以组团的形式出现。在演武场群贤楼外廊式建筑群中（图 3-31），五幢外廊式建筑一字排开，形成"一主四从"的古典主义关系，外廊在各楼的设置方式讲究相互间的艺术性配合以实现与"一主四从"古典主义建筑群体关系的和谐。东尽端的映雪楼和西尽端的囊萤楼的外廊均仅设置于顶层并且内退出一个平台，这使得两楼的正面的光影感较弱。主楼群贤楼以及左右两边同安楼、集美楼，其正面底层和二层均设有外廊，底层为券廊，二层外廊开口为方形洞口且中间设一小柱，光影效果强烈。主楼群贤楼的正面外廊相比同安楼、集美楼较长，并且在中部加以变化，突出了主体。群贤楼群各幢单体的外廊之间除了差异性的变化以外，还通过连续对接强

---

❶ 来源：根据集美校委会资料室档案描绘。

❷ 来源：2007 厦门城建档案馆展出百年历史图片。

❸ 来源：厦门大学 94 级本科测绘图，作者参与制图。

化了统一性，在主楼群贤楼和同安楼、集美楼的底层外廊之间就设置了一个两坡顶的连接廊道。这也让行人在这些楼幢之间行走不会受雨天和烈日的侵扰。

近代厦门大学代表性的外廊式建筑组群除了有群贤楼群外，还有芙蓉楼群以及厦大教工宿舍组群。芙蓉楼四幢外廊式建筑沿着芙蓉湖形成 U 形组团格局，隔湖相望（图 3-32 ～图 3-36）。厦大教工宿舍外廊式建筑组群则顺应山势形成跌落的重复单体，每个单体建筑有两层外廊（图 3-37）。

嘉庚校园的建设活动对近代闽南侨乡其他学校的发展有着重要的影响。很多华侨在陈嘉庚先生的感染下倾资兴建学校。如，泉州金门县金沙镇华侨陈能显先生在新加坡和陈清吉拆伙后曾到侨领陈嘉庚公司当总巡，由于个性谦厚，深受陈嘉庚的影响，虽然财力有限，仍于民国 15 ～ 16 年间聘蔡石德先生任校长，创办碧山学校，独力支持七年。而环看近代闽南侨乡各校园的建设，很多建筑也都应用了外廊空间形式，如泉州金门县金沙镇的"睿友学校"（1925 年完工）（图 3-38），为单层外廊式建筑。再如，主要由海外华侨捐助兴建的泉州鲤城区培元中学校园，其中有郑成快楼（原称伦敦楼，1913 年建）、菲律宾楼（1919 年）、泗水楼（1921 年）、黄仲涵楼（1922 年）、吴记霍堂（1921 年），等等，这些大多也是外廊式建筑。

图 3-33　厦门大学芙蓉第二

图 3-34　厦门大学芙蓉第一

图 3-35　厦门大学芙蓉第四

图 3-36　厦门大学人类学博物馆

图 3-37 厦门大学外廊式的教工宿舍楼群 ❶

图 3-38 泉州金门县金沙镇的
"睿友学校" ❷

3.1.3 在各城镇街道建设中的连接出现

20 世纪 10 ～ 50 年代，近代闽南侨乡人在商业街道的改造和建设过程中，普遍采用了一种特殊的外廊式建筑集联体模式——骑楼街屋。关于"骑楼街屋"与"外廊式建筑"的基本概念的不同及其在近代闽南侨乡的适应性衍生原因、地域特色演变，本书将在第五章中做更深入的探讨。这里先要阐述的是，骑楼街屋这种特殊的外廊式建筑集联体在闽南侨乡城镇街道中的空间衍生历程。

随着大规模城市建设的开始，近代闽南侨乡开始了街道改造。最早是从漳州、厦门、泉州三地的城区开始，而后逐渐出现于沿海各级乡镇。骑楼街屋随着近代闽南侨乡各级街道建设的推进得以大量发展。下面进行详述。

（1）漳、厦、泉三地主城区街道建设中的骑楼街屋衍生

近代闽南侨乡的骑楼街屋最早出现在漳州城区。民国 7 年（1918 年）陈炯明率援闽粤军从汕头出发讨伐福建军阀并占领漳州，至民国 9 年（公元 1920 年）8 月间班师回粤，前后两年在漳主政期间，以漳州城为中心创立闽南护法区，提倡新文化，建设新社会。陈炯明以建设新社会为己任，热心于旧城改造工作，一时间轰轰烈烈，国民党要员林森、邹鲁、廖仲恺等先后访问，漳州被誉为"南方革命中心" ❸。这时期，陈炯明任命周醒南为工务局局长，改善市政设施，推进城市建设。将漳州古城垣予以拆除，城市发展人为突破千年古城围域的束缚，促成主城区向东及向北、西发展格局。除了改造或建造堤岸、码头、桥梁、公园绿地、机场、公路等城市基础设施外，对漳州城区内街道的改造是另一项重要的工作，而且街道的改造往往是成片进行。"1920 年周醒南所撰的《漳州市政征信录初编》记载，拓宽取直主要街道 35 条，并都有重新命名。" ❹ 在漳州城内的街屋建

❶ 资料来源：2007 厦门城建档案馆展出百年历史图片。

❷ 图片出处：中国记忆论坛 [EB/OL].http：//www.memoryofchina.org/bbs/read.php?tid=43103，2009。

❸ 方拥 . 泉州鲤城中山路及其骑楼的调查研究 [J]. 建筑学报，1997（8）：17-20。

❹ 陈志宏 . 闽南侨乡近代地域性建筑研究 [D]. 天津：天津大学博士学位论文，2007：38。

设中，许多都采用"骑楼"形式。

　　漳州城内最早的骑楼出现于原府衙前的空地，拆除了府堤南侧居中的照壁，然后在东、西两侧统一建成二层新式的连续外廊建筑或称骑楼，一楼柱廊采用梁柱式，二楼为券柱外廊[1]（图 3-39）。漳州城后来的旧街拓宽中，政府要求拓宽后的街道两侧店铺按府堤的骑楼模式推行。漳州城内采用骑楼形式的商业街道还有中山路（现新华东、西路）、厦门路、北京路、青年路、延安南路、香港路（图 3-40）、台湾路、修文西路等 10 余条。关于这一点，在《芗城县志》中也有诸多记载（表 3-2）。它们塑造了具有民国特色的具有标志性的漳州城内骑楼街屋景观。漳州城内推行的骑楼街屋建设形式，也成为近代闽南侨乡最早的骑楼建设实践。

图 3-39　近代漳州城区内最早的沿街外廊式建筑实践[2]

图 3-40　漳州香港路骑楼

　　漳州城区的市政建设和骑楼街屋建设影响了厦门城区。1920 年，厦门开始城市改造，至 1925 年林国赓任漳厦海军司令，铁腕拆迁民房及坟墓后，乃邀周醒南主持工程，大力引进华侨资本，全面规划厦门海堤、码头、街道、市场、公园、道路、社区和卫生设施建设，到抗战爆发前，厦门城大体完成从传统城市到现代都市的转变[3]。道路是厦门市区改造的重要入手点，市政会在成立之初，对整个市区路网分析后，决定先从两条马路入手——市区内的开元路和市区对外通道厦禾路。1927 年林国赓接任厦门市政督办，进行"四纵一横"五大道路干线的实测与建设。"四纵一横"的纵线为东西走向的厦禾路、大同路、思明东路接思明西路和中山路，由市区内延至海口，连接鹭江道。横线为南北走向，由思明北路接思明南路贯通四纵线过镇南关往厦港区，为厦门市区和厦港区之间的主要交通连线。同年着手旧城拆迁改造，开辟新市街并在旧城周围建设通路。"佑福

❶　陈志宏 . 闽南侨乡近代地域性建筑研究 [D]. 天津：天津大学博士学位论文，2007：141。

❷　陈永成主编，福建省档案馆供稿 . 老福建 [M]. 第 1 版 . 福州：海峡文艺出版社，1999：174。

❸　参考：[漳州历史] 周醒南与闽南骑楼 . 漳州论坛 [EB/OL].http：//bbs.0596.net/thread-42068-1-1.html，2010。

路（今幸福路）、北门外街、故宫路、民国路（今新华路）、古城东路、古城西路、石路街、玉屏路、公园南路、公园西路等道路便是在这时期开辟的。从 1927 年至 1932 年间为近代厦门城区建设道路的高潮，共建造市区主干道 46 条 720 公里，支路 13 公里，游兴路 2 公里，住宅区巷道 15 公里，工业区路 2 公里"❶。

《芗城县志》中关于"骑楼街屋"建设的相关记载 ❷   表 3-2

街道名称	《芗城县志》中记载的内容
新华西路	民国 7 年，拓宽东段并取直，改土沙路为石砖路面，中间车马路宽 1 丈许，两旁人行道（即俗称"五脚距"）3 尺 ~ 4 尺。
台湾路	东接北京路，西至青年路，自东向西旧名依次为雨伞街、崇仁庙、府口街、卫口街。民国时期为石砖路面，旧称雨伞街段为始兴东路，府口街称始兴东街，卫口街段称始兴西街（府埕称始兴北路，今仍称始兴北路，新府路称始兴南，今仍称始兴南路）。雨伞街段是"骑楼"式路段，清末民初因雨伞店云集而得名。
北京路	民国时期为石砖路面，名永靖路。北伐胜利后改名中正路。北京路从南段至北段都是具有闽南特色的"骑楼"式的建筑，家店合一。沿街建二层楼房，一般楼上作民居，楼下敞开门面作商店，门前留有数尺宽且上面是楼顶的人行道，人行道闽南话叫"五脚距"，是因为闽南雨水偏多，夏季骄阳当空"骑楼"可供行人避雨遮日。
香港路	民国 7 年铺设石砖路，香港路两侧都是"骑楼"式的建筑，全砖木结构，沿街店商招牌字号都雕造在"骑楼"外上方。
延安南路	自台湾路口起至断蛙池，是"骑楼"式的建筑，民国期间至解放初期漳州长途汽车站设在这里。
青年路	民国 7 年（1918 年）拓建为石板路，南段洋老洲至东坂后称大通南路，北段东坂后街称大通中路。全路两侧为"骑楼"式的古建筑。
修文西路	东接延安南路，西至南台路，路全长 470 米，宽度 5.5 米，路中段为"骑楼"式的建筑，自东至西旧分段俗称府学前街、上苑（坂）街、西桥街，民国时期称修文路。
修文东路	东至新华南路跨北京路至延安南路，路全长 330 米，宽度 5.5 米，全路为"骑楼"式建筑，自东至西分段俗称霞薰里、东桥街，民国时期与修文西路合称修文路。
解放路	西南朝东北走向，西南接澄观道，东北端接元光南路，路长 1278 米、宽 6.1 米，两侧为"骑楼"式的建筑。

随着厦门城区内道路的建设，骑楼街屋随之大量衍生。1920 年开元路成为厦门第一条采用骑楼形式的马路，路宽 46 尺，两旁骑楼街屋的底层外廊宽度为 8 尺。据统计，从 1921 年开元路开始到抗战前，厦门共出现了近 30 条大大小小的骑楼街道❸。在众多的骑楼街屋中，"南北走向的两条"和"东西走向的 5 条"构成了厦门城区内骑楼街屋空间分布的主要结构。南北走向的两条：一是思明南、北路，二是开禾路、横竹路、镇邦路及水仙路等连接而成的骑楼街。东西向的 5 条为：厦禾路、开元路、大同路、思明西

---

❶ 林申 . 厦门近代城市与建筑初论 [D]. 泉州：华侨大学建筑系硕士学位论文，2001：15-16。

❷ 资料来源：《芗城县志》卷五，城乡建设。

❸ 陈志宏 . 厦门骑楼建筑初论 [D]. 泉州：华侨大学建筑系硕士学位论文 1998：45。

路及中山路（图 3-41）❶。

泉州城区骑楼街屋的始建，在闽南三地中最晚。虽然在 1922 年 3 月，泉州成立工务局，并由有着广州、漳州和厦门城市建设和骑楼建设经验的周醒南担任局长❷，但是时局不稳导致了泉州城区建设迟迟未能开始。1923 年春，部分南洋华侨归国，见此情形便力促政府兴办市政，发展交通，并聘曾在英国爱丁堡大学获土木工程硕士学位的雷文铨任工程师。至此泉州近代拆城辟路历程开始。在拆除城墙之际，市政局修建"一经二纬"（即南北向的中山路，东西向的涂门街—

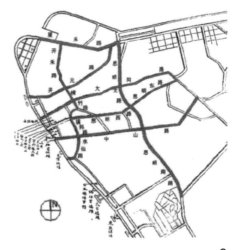

图 3-41　厦门城区主要骑楼分布示意图❸

新门街和东—西街两线），使市区的马路交叉成为"干"字形。这一计划，一方面是周醒南任职期吸取漳州经验的结果，一方面是雷文铨预见到泉州必将发展为中等城市，而为之染上了外国都市的色彩❹。1925 年，市政局长施韵珊任职期间，又相继修筑了数条城内马路。与漳州和厦门不同，在泉州城区内的所有马路中，应用骑楼形式的街道则只有中山路一条。据方拥先生考证，1922 年泉州中山路骑楼的建设始于城南马路，建造了"顺济桥至南门一段长约 200m，设计露天车道宽 9m，面铺水泥，两侧骑楼底公共人行道宽 2.7m"。"到 1925 年中，中山路往北拓至钟楼，工程大体完成"。"到 1929 年底，中山路全段路面水泥铺设完工"。而"中山路两侧骑楼则直至 40 年代末才大体建成"❺。

（2）闽南乡镇骑楼街屋景观的衍生

近代漳州、厦门、泉州三地城区的市政建设实践影响到相应的各下属乡镇。很多华侨出于社会公益的动机而在家乡捐资筑桥修路。如，《南安县志》中就有记载，"民国初期，吴记藿修筑诗坂至梧坂的翻山石坂路，黄深泸修筑罗东往六都的石阶路。20 年代码头（镇）华侨侯桂炳独资捐建码头大桥。南安华侨在家乡开公路、筑桥梁、建雨亭等善举不胜枚举。"❻更有华侨看到了当时闽南侨乡整个区域由于华侨侨汇的进入而导致经济消费需求爆发，他们看好区域交通业的发展前景，投资开辟各种连接城镇和乡镇的公路和街道。这引来了华侨投资商对道路两旁用地经济效益的注意，1930 年代旅菲华侨吴起顺在晋江龙湖镇中山街就沿着过境的泉围公路两旁进行了开发，升级了旧有马路。

这些乡镇街屋的改造，有很多都采用骑楼形式（图 3-42、图 3-43）。关于这一点，

❶ 李百浩，严昕 . 近代厦门旧城改造规划实践及思想 [J]. 城市规划学刊，2008（3）：104-110。

❷ 此时陈清机的泉安汽车公路公司已将泉安公路拓建至城南顺济桥。

❸ 李百浩，严昕 . 近代厦门旧城改造规划实践及思想 [J]. 城市规划学刊，2008（3）：104-110。

❹ 王珊 . 泉州近代和当代骑楼比较研究 [D]. 泉州：华侨大学建筑系硕士学位论文，2003：18。

❺ 方拥 . 泉州鲤城中山路及其骑楼的调查研究 [J]. 建筑学报，1997（8）：17-20。

❻ 福建省南安县地方志编纂委员会编 . 南安县志（卷十二，华侨篇）. [M]. 第 1 版 . 南昌：江西人民出版社，1993。

在闽南各地方县志中都有记载。如关于漳州市乡镇骑楼街屋的出现。《龙海县志》记载，龙海县白水镇区"房屋建筑，民国14年起，拆除简陋平屋，改建为砖木结构骑楼式2层楼房720座，建筑面积43290平方米"❶"民国8年，粤军陈炯明入漳，海澄县城（现为海澄镇）被拆毁，城石运往石码铺筑街道路面和锦江道，县署前辟为中山公园。修建溪头街、南后街、肇庆道3条水泥路面，改建溪头街、南后街、师公街、肇庆道、岐街两侧平屋为砖木结构2层骑楼式楼房，并出现数座3层楼房"❷漳州石码镇则发现有外市街、新行街等12条骑楼街屋。

图3-42　近代漳州浮宫镇骑楼

图3-43　近代泉州南安官桥镇骑楼

关于厦门市乡镇骑楼街屋的出现。《同安县志》记载，马巷镇"民国17年（1928年）曾扩建马巷街，宽一丈，长里余，由各户自建骑楼式店面和铺设路面"❸。

关于泉州市乡镇骑楼街屋的出现。《南安县志》记载，"华侨纷纷投资建街道。当时南安骑楼式街坊有30余处，其中规模较大的有诗山、码头、下店、罗溪、芸尾、后坑埔、千金庙、洪濑、溪美、官桥、水头等地"❹。《永春县志》记载，"（永春五里街）两侧建筑物为民国期间所建，多数为骑楼式二层或三层店屋，进深15～20米，土木结构"。❺"玉斗街始建于民国18年（1929）。店屋傍溪建筑，进深10～15米，骑楼式土木结构，大多为二层，外观尚整齐"。桂洋街"始建于民国20年（1931）。街道宽7米，两侧旧建筑物大多为土木结构，二层骑楼式，分二进，店口深2米"。"苏坑街道宽9米，两旁店屋，都是土木结构二层骑楼式店面"。"蓬壶三角街（原旧街叫董前街）……兴建于民国19年（1930），两侧为店铺式骑楼，全长350米，街道宽10米，分三叉，一名蓬锦路可通锦斗，一名蓬苏路可通苏坑，一名蓬达路可通达埔至县城"。《安溪县志》中记载，"民

❶ 福建省龙海县地方志编纂委员会，黄剑岚主编．龙海县志（城乡建设篇）[M]．第1版．北京：东方出版社，1993。

❷ 福建省龙海县地方志编纂委员会，黄剑岚主编．龙海县志（城乡建设篇）[M]．第1版．北京：东方出版社，1993。

❸ 同安县地方志编纂委员会编．同安县志（卷4，城乡建设志）[M]．第1版．北京：中华书局，2000。

❹ 福建省南安县地方志编纂委员会，南安县志，南昌：江西人民出版社，1993：332-333。

❺ 永春县志编纂委员会编．永春县志（卷5，城乡建设志）[EB/OL]．福建省情资料库，http://www.fjsq.gov.cn/DSXZ.ASP。

国 19 年（1930）省防军陈佩玉部进驻安溪县城，建成中山路，为县城最早的商业街。沿街两边多为 2 ～ 3 层的骑楼式建筑，具有闽南地方建筑特色。路全长 710 米，宽为 12.5 米，其中车行道宽 7.5 米，两边骑楼人行道各 2.5 米"。❶《惠安县志》记载，东园镇"民国 10 ～ 11 年（1921 ～ 1922 年），民军陈国辉所部着手拓改街道，沿街两侧多改为 2 层骑楼"。"洛阳镇洛阳街两侧多为 2 ～ 3 层骑楼建筑"❷。此外，在晋江青阳镇也有建于 20 世纪 30 ～ 40 年代的塘岸街及其十字街等骑楼❸，石狮龙湖中山街、德化赤水镇赤水街也有骑楼街屋的建设。近代闽南侨乡的乡镇骑楼街屋数量众多，具体数据尚待更进一步的普查统计。

3.1.4　在各城乡居民点的散布发展

在海外赚得钱财后回到故乡建设住宅，是多数近代闽南华侨们的梦想。除了进驻鼓浪屿综合社区以外，在广大城乡地区也出现了近代民居的大量建设。外廊式建筑类型随着华侨们在各地近代民居建设活动的开展而得到了广泛的散布衍生。在城区或者镇区，近代的外廊式民居散布于各街坊，其分布规律有着较大的随机性。这和华侨们常常见缝插针地收购土地并进行近代民居的建设行为有关。在乡下，几乎每个村庄都有几幢近代外廊式民居的出现（图 3-44、图 3-45）。作者调查 15 个村庄的近代外廊式民居的数目，其结果如列表 3-3。

图 3-44　近代闽南侨乡村落中的外廊式建筑❹

图 3-45　近代闽南侨乡村落中的外廊式建筑❺

❶　安溪县地方志编纂委员会编. 安溪县志（卷 22，城乡建设志）[EB/OL]. 福建省情资料库。http://www.fjsq.gov.cn/DSXZ.ASP。

❷　惠安县地方志编纂委员会编. 惠安县志（第 11 篇，城乡建设）[EB/OL]. 福建省情资料库，http://www.fjsq.gov.cn/DSXZ.ASP。

❸　晋江市地方志编纂委员会编. 晋江市志 [M]. 上海：三联书店上海分店，1994：489。

❹　资料来源：http://www.findart.com.cn/。

❺　图片出处：http://atong1978.blog.163.com/blog/static/2503558200791564342766/，2007。

近代闽南侨乡村庄中的外廊式民居数量调查表　　　　　　　　表 3-3

序号	乡村聚落名称	近代外廊式民居数目
1	深沪镇金屿村	3 幢
2	深沪镇东安村	5 幢
3	金井镇丙洲村	14 幢
4	深沪镇壁山村	4 幢
5	石狮镇龙穴村	6 幢
6	池店镇溜石村	8 幢
7	惠安东园镇埭庄	10 幢
8	晋江金井塘东村	7 幢
9	泉州洛江区桥南村	5 幢
10	泉州晋江金井镇埕边村	5 幢
11	泉州晋江金井镇坑口村	8 幢
12	深沪镇南春村	4 幢
13	晋江龙湖衙口村	8 幢
14	江南镇古店村	5 幢
15	厦门马巷镇某村	6 幢
16	漳州角美流传村	7 幢
17	角美镇东美村	8 幢
18	晋江东石镇檗谷村	8 幢
19	晋江陈埭镇涵口村	5 幢
20	厦门东郊许厝村	7 幢
21	南安市霞美镇霞美村	8 幢
22	惠安县山霞镇后洋村	6 幢
23	安溪金谷镇溪榜村	4 幢
24	石狮大仑	12 幢
25	鲤城区浮桥街道新步社区	6 幢
26	晋江金井石圳村	14 幢
27	晋江深沪镇科任村	5 幢
28	晋江金井镇围头村	10 幢
29	晋江青阳镇桂山社	9 幢
30	晋江深沪镇狮峰村	9 幢
31	晋江深沪镇内坑村	7 幢

根据统计学方法，可以推算出每个村庄拥有的近代外廊式民居数目的平均值范围，计算如下：

样本数 $n=31>30$，运用统计学方法中的大样本的 μ（母体变量的平均值）估计，可以估计近代外廊式民居在闽南各村庄中数量的母体的平均值范围。

首先，求得样本平均值 $\bar{x}$：

$$\bar{x}=\frac{\sum x}{n}=7.4 \tag{1}$$

（$\sum x$ 代表各样本中的近代外廊式民居数目的和，n 代表样本数）

然后，求出样本标准差 s：

$$s=\sqrt{\frac{\sum(x-\bar{x})^2}{n-1}}=2.75 \tag{2}$$

（$\sum(x-\bar{x})^2$ 代表各样本中"近代外廊式民居数"与样本的"近代外廊式民居数平均值"的差的平方的总和，n 为样本数，在运算中取 n-1 是为了去掉一些极端的数据）

当置信水平取 c=0.99 时（置信水平指的是某一结论属真的概率），查表得临界值 $Z_{0.99}$=2.58

计算出最大估计误差 $E=Z_{0.99}\frac{s}{\sqrt{n}}=\frac{2.58\times2.75}{\sqrt{31}}=1.27 \tag{3}$

母体变量的平均值 μ 的置信区间为：$\bar{x}-E < \mu < \bar{x}+E$，

即 7.4－1.27 $< \mu <$ 7.4+1.27，

6.13 $< \mu <$ 8.67

所以得出结论，在置信水平取 c=0.99 的情况下，近代闽南侨乡每个村庄拥有的近代外廊式民居的数目的平均值范围约在 6～8 幢之间。

在每个村庄中，近代外廊式民居一般分布在村落外围。以晋江金井镇丙洲村为例，村落的建筑景观呈现环状圈层发展特点。中心为最古老的大厝建筑，约建设于明代。第二圈层为清代传统官式大厝民居。民国时期出现的近代外廊式民居则位于村落最外围的第三圈层。这一点和广东近代开平侨乡碉楼在村落中的布局方式很类似。华南理工大学程建军教授在研究开平碉楼与村落的关系后认为，近代碉楼一般都布置在村落的外围，存在着"中轴后置型"、"左右护卫型"、"前后呼应型"、"分散型"、"独立型"等[1]。

3.2　群体繁生景观的基本特征

3.2.1　群体衍生的快速增长率

在 19 世纪末至 20 世纪中叶，外廊式建筑在近代闽南侨乡的发展，呈现的是爆发式的数量增长态势。以 1840 年至 1960 年为期界，随机抽取 200 幢外廊式建筑样本（骑楼街屋类的外廊式建筑不参与统计）进行相应的年代分布统计并绘制成增长曲线图（图3-46）。从图中可以看出，在鸦片战争以前，外廊式建筑的数目呈现趋于 0 的稳定状

❶　程建军.开平碉楼：中西合璧的侨乡文化景观 [M].第 1 版.北京：中国建筑工业出版社，2007：134-145。

态 **❶**。在 1840 年至 1900 年期间，外廊式建筑出现一定数量的缓慢波动上升，但是总体来说还是很少。到了 1900 年以后，外廊式建筑的数量逐年快速爬升，到 1920 至 1930 年代达到高潮。而后在 1930 年代中期至 1940 年代中期建设量上有些许衰退，1940 年代中期以后又开始上升。

将上述外廊式建筑数日增长变化曲线与华侨回乡投资的变动曲线（图 3-47、图 3-48）进行对照，可以发现它们呈现对应的正相关。封建王朝在 19 世纪末逐渐瓦解以后，华侨开始大规模回乡建设，这对近代闽南侨乡外廊式建筑群体数量的爆发式增长有着直接的刺激作用。在 1930 年代中期以后，外廊式建筑的衍生数量有所降低，这可能是受到第二次世界大战以及日本侵华战争的影响，华侨在家乡投资建设的力度下降。在二战结束后，随着华侨回乡投资建设潮的复兴，外廊式建筑数量又大幅增加。

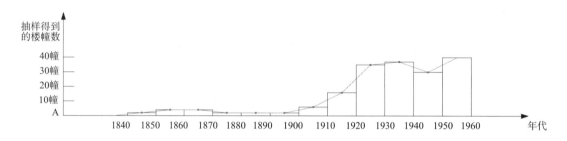

说明：A=鸦片战争以前闽南当地的外廊式建筑数量，抽样得到的数量趋近于0
（此表的统计不包括闽南边远山区的传统外廊式干栏建筑)

图 3-46　1840 至 1950 年期间的近代闽南侨乡外廊式建筑数量增长曲线，可以看出 19 世纪末至 1950 年期间呈现为爆发式增长状态

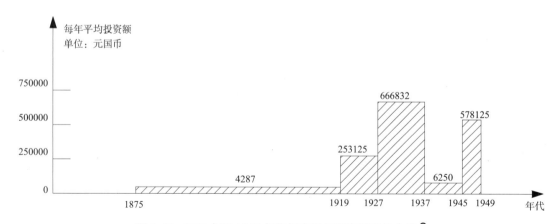

图 3-47　1875 年至 1949 年华侨在厦门投资量变化曲线 ❷

---

❶ 闽南边缘山区的某些外廊式干栏建筑不在统计之列。

❷ 作者根据《近代华侨在厦门投资概况及其作用》中相关资料绘制。

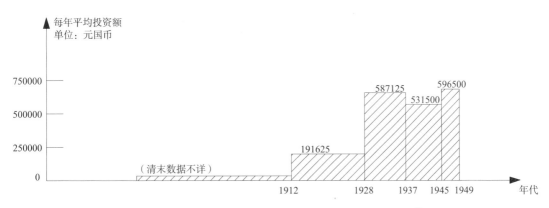

图 3-48　清末至 1949 年泉州地区华侨投资量变化曲线 ❶

总的看来，在 1900 年至 20 世纪中期，外廊式建筑群体数量在近代闽南侨乡呈现爆发式增长。

3.2.2　群体衍生的相对高密度

相对密度（relative density）是指在一定空间范围内，某一物种的个体数占全部物种个体数的百分比，它是衡量种群数量多少的相对指标，但是却能反映某生物种群在当地所有物种中的统治程度。本书引入生物学中的相对密度分析法，研究外廊式建筑在闽南侨乡的近代建筑 ❸ 中的占比值。经由统计学方法计算得知，闽南侨乡近代建筑母体中有九成以上都属于外廊式

图 3-49　1911 年鼓浪屿田尾一角，外廊式建筑的大量涌现 ❷

建筑类型，相对密度值极高。这也说明了外廊式建筑在当地近代建筑中占有相当高的主导地位（图 3-49）。具体计算如下：随机抽取 100 幢闽南侨乡近代建筑，发现仅有 3 例没有建设"外廊"。

首先，设立虚假设 H_0：所有的闽南侨乡近代建筑中有 90% 建设有外廊，即 $P=0.9$。

接着，设立替代性假设 H_1：所有的闽南侨乡近代建筑有 90% 以上建设有外廊，即 $p > 0.9$（采用右侧检验）；

同时，满足大样本的条件，$np=100 \times 0.90=90 > 5$，$nq=100 \times 0.01=10 > 5$（$n$ 为样本数）；

当取显著性水平 $\alpha=0.01$ 时（显著性水平 α 指的是犯舍真错误的概率，显著性水平越

---

❶　根据《泉州市华侨志》中的"清末 ~1949 泉州地区华侨投资分类调查统计表"绘制而成。详见：泉州市华侨志编撰委员会编 . 泉州华侨志 [M]. 第 1 版 . 北京：中国社会出版社，1996：185。

❷　来源：厦门市规划局。

❸　这里所谈的近代建筑，并不包括遗传到近代时期或者近代时期仍然在建的少数传统官式大厝建筑。

低，犯舍真错误的概率越小）：

$$临界值\ p_0 = p + 2.33\sqrt{\frac{pq}{n}} = 0.9699 \qquad （1）$$

因为，在随机调查的 100 个闽南侨乡近代建筑样本中，有"外廊"的成功次数为 $r=97$，所以，样本中成功概率为 $\overline{p} = r/n = 97/100 = 0.97$。

由于 0.97 > 0.9699，位于拒绝区域（图 3-50），所以得出结论：拒绝 H_0，接受 H_1，认为在 $\alpha=0.01$ 的水平下，

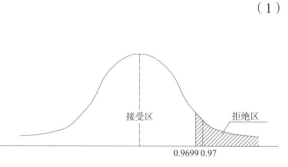

图 3-50　正态分析曲线

闽南侨乡近代建筑母体有九成以上都属于外廊式建筑类型。这一占比值是很高的。

3.2.3　群体衍生的统一性表现

近代闽南侨乡外廊式建筑群体中的各个体之间具有统一性的表现特点，体现在以下几点：

其一，"外廊"一般较为宽大且往往具有生活性功能（图 3-51）。抽取 30 个近代闽南侨乡外廊式建筑个体案例（以民居类为抽取对象）得到对应的"外廊"宽度值并列成表（表 3-4）。从表中看出，样本中外廊宽度大部分在 2 ～ 3 米之间。这个宽度显然不仅仅是为了通行的需要，而是可以容纳人们在外廊下摆上茶几，从事各种休憩活动。

图 3-51　近代闽南侨乡建筑的宽敞
外廊可容纳生活性功能

近代闽南侨乡外廊式民居的外廊宽度随机样本（计算轴线到轴线宽度，单位：m）　　表 3-4

样本编号	1	2	3	4	5	6	7	8	9	10
外廊宽度	2.4	4.5	2.6	3.3	3.0	2.8	3.7	3.5	3.55	3.5
样本编号	11	12	13	14	15	16	17	18	19	20
外廊宽度	3.3	4.65	2.65	2.89	2.9	2.8	2.2	2.3	2.5	2.3
样本编号	21	22	23	24	25	26	27	28	29	30
外廊宽度	2.7	2.2	2.1	2.0	2.8	1.74	2.0	2.54	2.0	2.3

外廊大部分具有一定宽度以满足生活性功能，这是近代闽南侨乡外廊式建筑一个重要的统一性特征。此外，外廊一般设置于显要位置，据统计，外廊设置于门面位置的建筑占所有外廊式建筑数量的比值大约可以达到九成左右（表 3-5）。在历史照片中，经常可以看到当时的人们以建筑正面的外廊为背景进行的合影（图 3-52、图 3-53）。外廊在当时的建筑中被作为门面形象的功能意义是重要的。设于近代闽南侨乡建筑正面位置的外廊常被用心营造以获取关注（图 3-54）。

抽象统计 97 幅近代闽南侨乡外廊式建筑的外廊位置分布情况　　　　　　表 3-5

建筑中的外廊位置	处于门庭位置	位于顶落位置	点缀于洋楼一角
数量	89	4	4
占所调查的洋楼的比例	91.8%	4.1%	4.1%

图 3-52　晋江安海养正中学（1924 年建）❶

图 3-53　厦门集美中学第四区师生在外廊前的留影（20 世纪上半叶建）❷

图 3-54　重视外廊门面的近代闽南侨乡外廊式建筑：泉州洛江区桥南村刘宅

❶　来源：泉州城建档案馆。
❷　上海市历史博物馆编，哲夫、翁如泉、张宇编著. 厦门旧影 [M]. 上海：上海古籍出版社，2007：136。

其二，近代闽南侨乡外廊式建筑一般表现为近代外来建筑文化因子、本土传统建筑文化因子以及华侨民俗建筑文化因子的耦合形式特点（图3-55）。以泉州洛江区桥南村"刘维添宅"外廊式民居为例（图3-56）。可以看到，"外廊"与"外廊后部"建筑的组织构成关系，一方面模仿殖民地外廊式建筑的典型模式——外廊设置于建筑外围并呈现连续性平直界面；另一方面又考虑了当地传统大厝式建筑的礼制逻辑——依托轴线布置，自觉结合进礼仪轴线中；与此同时，外廊又宛如一层皮一般附贴在后部建筑上，显然是建设者为了将外廊当作炫耀财富的门面而作的民俗化创造。不仅"外廊"与"外廊后部建筑"的构成方式具有近代外来建筑文化因子、本土传统地域建筑文化因子以及华侨民俗建筑文化因子的耦合特点，"外廊、外廊后部建筑"两部分的各自表现也是如此。从"外廊"的角度看，一方面柱梁开间有中国传统建筑立面的比例特点，另一方面外廊山花上的印度佛教火焰形装饰、柱梁采用钢筋混凝土技术等的表现则体现了外来建筑文化的影响；再者，华侨和工匠们独创的南瓜状柱头，则是一种民俗化的建筑创造（图3-57）。从"外廊后部"的建筑表现看，一方面，曲线形的坡屋顶、天井式布局、内部木构梁架等的表现基本就是沿承闽南传统大厝形式；另一方面，建筑向高度发展的楼化做法在以往闽南传统官式大厝建筑中是没有的，体现了外来建筑文化的影响；最后，建设者以民俗化的方式实现了二者的融合。

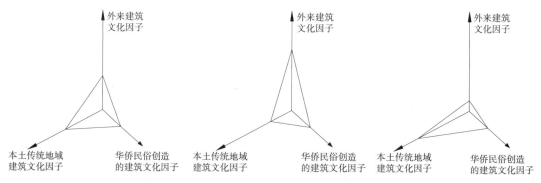

图3-55　近代闽南侨乡外廊式建筑一般均表现为近代外来建筑文化因子、本土传统建筑文化因子以及华侨民俗建筑文化因子的耦合形式特点，只是耦合的形式和成分有所差异

图3-56　刘维添宅（1930年代建）

图3-57　刘宅外廊白菜叶形状的柱头结点

　　为何近代闽南侨乡环境下衍生的外廊式建筑大都具有这三方面的建筑文化表现的耦合特征？原因大抵可以从以下背景阐述中得以理解。

　　首先，大多数闽南华侨和侨眷们在外廊式建筑的建设过程中都会积极融入象征时代变革的外来建筑文化表现。他们努力打破传统的建筑理念，追求革新，尝试新的建筑样式。这在清朝时代是难以想象的。清封建王权统治下，因循守旧和崇尚权威被认为是理所应当的，如果有人在建筑活动中提出过分的革新要求，将被认为是对权威统治的威胁而招致惩罚。到了近代，华侨们却时常试图通过建筑活动来表达对新时代社会变革的喜悦之情。他们积极引入外来建筑物质文化以摆脱原有传统建筑规则的束缚。在某种程度上，他们认为外来的文化就代表着新时代的文化。

　　其次，闽南华侨和侨眷们在建筑活动过程中，一般都带有浓厚的乡土情结。尽管他们在营建外廊式建筑的过程中有着很强的革新意识，然而在精神上却无法摆脱对故乡的依恋，甚至内心里具有弘扬故乡传统建筑文化的强烈动力。华侨们到国外后，虽然通过辛勤劳动可以获得更多的物质财富，但是始终不能完全融入外域文化之中，有时还会受到排挤，因此虽然他们认为当时国外侨居地的文化优于故乡，但是内心却希望祖国和故乡能够强大起来。当他们回到故乡从事外廊式建筑营建活动时，这种弘扬乡土建筑文化的意识就释放了出来。华侨们在建筑营造过程中往往遵循传统营建制度，他们依据一定的风水规则、伦理要求来进行建筑的布局。尊重当地自然风水环境并依照自然规则营造建筑的做法，被他们认为能够得到幸福和财富；中轴组织、左右对称、等级配置等礼制规则的应用被他们认为可以延续家族秩序、壮大宗族文化；红砖白石的材料应用被他们认为可以与当地的地质环境以及传统建筑景观相协调，从而体现乡土特色（图3-58）。

　　此外，近代闽南侨乡外廊式建筑的表现一般都具有民俗性特点。这一点与中国近代都市中的某些外廊式的"官方建筑"有所不同。中国近代都市中的华人精英们在营建"官方建筑"的时候常常抱着"追求专业理想"的信念，企图探索权威、永恒的建筑精神。如，近代南京政府所倡导的中国固有式建筑，目的就是要寻求中华民族建筑在近代的发展道路。它具有较高层次的理想追求。在这种精英意识和专业理想的指导下，近代官方建筑的营造制度往往较为严谨，建筑空间形式和结构方式的选择往往经过严格的推敲和取舍（图3-59）。相比之下，闽南华侨们在外廊式建筑的营造过程中，追求的是时尚和流行，头脑中没有专业权威和理想，自由而浪漫。在营建制度方面，华侨们没有被程式化的制度所束缚，建筑的营建规则灵活，有时

图3-58　晋江金井丙洲"海天堂构"

强化礼制的格局，有时则根据使用功能来进行安排，有时几套规则制度一并在同一建筑中使用。他们常常将各种各样的空间形式混杂在一起，形成具有拼凑感和绚丽色彩的样式。如，闽南晋江池店镇朱宅外廊式建筑，既有古代伊斯兰风味的构件形式，也有南洋风格的壁砖、欧洲古典的山花，山花上还可以发现来自当时欧洲时兴的 Art-Deco 装饰，各种风格的组合几乎无规律可循，有很强的拼凑感（图 3-60）。华侨们在建设过程中只要发现哪种建筑空间形式具有时尚感，就会将其搬用到建筑中来。在建筑过程中，华侨们对传统木结构技术、中西方古典砖拱券技术、现代钢筋混凝土技术等不同结构体系没有意识形态上的偏见，只要是实用并且能够满足建设目的的，都会加以采纳。常常在一幢外廊式建筑中能看到多种结构技术的混合使用。特别要指出的是，近代闽南侨乡外廊式建筑的民俗性特点的形成与华侨们常常直接参与建筑的营造决策和实施，并且没有雇佣较为专业的建筑师有关。他们往往和工匠们凭借经验和记忆从事营建活动。

图 3-59　近代广州的外廊式官方建筑
　　　　　——中山纪念堂

图 3-60　晋江池店镇溜石村 53 号朱宅的外廊

大多数近代闽南侨乡外廊式建筑个体都带有外来建筑文化、本土传统地域建筑文化以及华侨民俗建筑文化的耦合特点，这也是群体统一性的表现特征之一。需要指出的是，在不同的近代闽南侨乡外廊式建筑个体中，这三种文化因子的构成比例有所不同（图3-55），具体文化因子内容也有所差异，由此才会产生丰富多样的近代闽南侨乡外廊式建筑个体。关于这一点在本书第四章将会有深入阐述。

3.2.4　群体衍生的网络关联性

近代闽南侨乡外廊式建筑群体中各个体的衍生是存在网络关联的。通过形式的观察和实地的访谈可以发现，近代闽南侨乡外廊式建筑个体之间存在着建设事件上的渊源关系。这种渊源关系体现为下面几种情况：

其一，相互之间的模仿。同一村镇中的外廊式建筑之间的模仿是常见的现象。如，晋江池店镇溜石村 53 号朱宅（图 3-60）与同村的 27 号朱宅（图 3-61），外廊均附贴在建筑二层从而形成面具般表皮特点的奇异做法。再如，晋江金井镇塘东村的蔡宅（1950 年代）、金井镇埕边村的洪宅（1949 年）、金井镇丙洲村的王宅（1950 年代）均采用"塌岫型外廊建筑样式"❶（图 3-62），塌岫型外廊是华侨和工匠们在闽南传统大厝建筑的塌岫入口做法的基础上衍生出来的，它在晋江金井镇的各侨村中得到了传播。

图 3-61　晋江池店镇溜石村 27 号朱宅（1950 年代）

图 3-62　从左至右为：晋江金井镇的塘东村的蔡宅（1950 年代）、晋江金井镇埕边村的洪宅（1949 年）、晋江金井镇丙洲村的王宅（1950 年代）

　　其二，相互之间的竞争。华侨们往往乐于竞逐"外廊"的阔绰和华丽程度。如，晋江金井镇塘东村的蔡秀丽宅，其外廊的长度为 30 多米，为的是尽力展现家族的富裕。他们认为这可以将周围的外廊式建筑"比"下去（图 3-63）。惠安屿头村的杨宅，四幢建筑联排而建，外廊相互对接形成连续的壮观景象，为的是向外界展现兄弟的团结程度。华侨们相互之间的"外廊"竞争和攀比，从

图 3-63　晋江金井镇塘东村的蔡秀丽宅（1940 年代）

另一个角度展示了近代闽南侨乡外廊式建筑个体之间的关联性。

　　其三，业主和工匠们搭建的"桥联"。在近代厦门鼓浪屿建设"海天堂构"外廊式

---

❶ "塌岫"一词源自闽南语方言，原指闽南传统官式大厝下落中部入口处内凹一至两个椽架的空间。台湾学者常称其为"塌寿"，但据方拥先生推测，笔者实地考证，并访问闽南当地多个精通古方言的老人，兼查阅《闽南方言与古汉语词典》一书 P130 页，可以推断，"塌寿"一词应改为"塌岫"较为准确，"岫"汉语拼音 xiu，有"凹穴"之意。

建筑群的旅菲华侨黄秀烺，将外廊式建筑类型同样应用于泉州晋江东石镇檗谷村的古檗山庄内；越南华侨黄仲训除了于民国 7 ~ 17 年（1918 ~ 1928 年）在厦门鼓浪屿永春路73 号建设西林别墅、瞰青别墅（永春路 71 号）等外廊式建筑外，1925 年在泉州市区中山南路、中山中路、万寿路和新门街购置房地产 17 处，并在新门街兴建黄荣远堂大楼两幢，这些也多为外廊式建筑。此外，陈嘉庚先生一人在嘉庚校园中建设几十幢外廊式建筑，周醒南对漳、厦、泉三地骑楼街屋建设的推动作用以及其在鼓浪屿上建设的了闲别墅外廊式建筑等，均表明了近代闽南侨乡外廊式建筑个体之间在产生上的渊源。这也说明了近代闽南侨乡外廊式建筑群体衍生的网络关联性。

3.2.5 群体衍生的分布特征

近代闽南侨乡外廊式建筑群体的分布呈现"集群分布"和"随机分布"相并存的特征（图 3-64）。

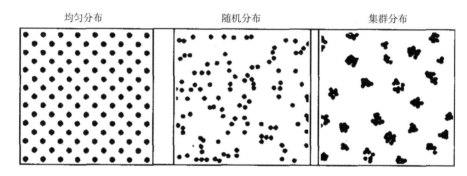

图 3-64　生物种群个体在空间中的三类分布格局

生物学研究中，生物群落的种群在空间中的分布有着以下三种分布格局：其一，集群分布。指的是生物种群内个体在空间上的分布极不均匀，常成群、成簇、成块或呈斑点状密集分布，这种分布格局即为集群分布（也叫成群分布和聚群分布）。形成集群分布的原因往往是由于环境资源分布不均匀，个体之间相互作用等原因促成的。其二，随机分布。指的是每一个个体在种群领域中各个点上出现的机会是相等的，并且某一个体的存在不影响其他个体的分布。在自然界，当环境均一，种群个体间没有彼此吸引或排斥的情况下，才能出现随机分布。用种子繁殖的植物，在初入侵到一个新的地点时，常呈随机分布。其三，均匀分布。种群内个体在空间上是等距离分布形式。均匀分布是由于种群内个体间的竞争所引起的。例如，森林中植物为竞争阳光和土壤中营养物、沙漠中植物为竞争水分而形成的均匀分布❶。三种分布格局，分别体现了生物种群的三类环境适应表现。"集群分布"体现的是种群个体之间的相互吸引以适应环境的不均匀性。"随

---

❶　参考网络文献：http://www.gxforestry.net/show.asp?id=2191。

机分布"体现的是种群个体之间相互不吸引也不排斥以适应环境的相对均一性。"均匀分布"体现的是个体之间相互排斥以应对环境资源的紧缺。

近代闽南侨乡各地的环境资源呈现不均匀的特点。调查显示，外廊式建筑在受华侨文化影响较集中的地方，其衍生呈现"集群分布"特点；而在受华侨文化影响相对较弱的边远乡村，则呈现随机分布特点。在厦门鼓浪屿和海后滩、厦门嘉庚校园、漳厦泉各级城镇骑楼街道，这些地方的近代外廊式建筑分布上较为集中，有的成群聚集，有的成组组合，有的则集联一体。在各城乡居住点的近代外廊式建筑的分布则呈现较为随机分布的特点。这种情况的出现显然和近代闽南侨乡建设环境的不平衡有关。华侨们常常集中在各种社会配套较为完备，生活设施便利，景观相对优美并且商业活动较为繁荣的地方进行大力度的投资建设。在广大的边远乡村的近代建设活动则相对较为平均。近代外廊式建筑在闽南侨乡区域的"集群分布"和"随机分布"相并存的特点是和地方环境发展的不平衡相适应的。

3.3　繁生原因之闽侨大众的外域移植

为何在近代闽南侨乡环境下会突然产生如此众多的外廊式建筑？在笔者看来，有三个主要原因。其一，闽南侨乡大众对外域的外廊式建筑做法的移植；其二，闽南侨乡大众对外廊式建筑类型的本土适用性的认识；其三，闽南侨乡大众的"群体疯狂"心理。下面的三节将逐一论述。

3.3.1　闽侨大众的域外见识

鸦片战争至 19 世纪末期间，殖民者在近代厦门鼓浪屿和海后滩租界的外廊式建筑活动，对 20 世纪上半叶闽南侨乡外廊式建筑的大量建设有着重要的催生作用。然而这里要指出的是，近代闽南侨乡外廊式建筑最终能够得到爆发式增长的原因还与闽南侨乡人们在以下这些地方的外廊式建筑见识有很大关系：其一为南洋（包括新加坡、印度尼西亚、菲律宾、印度尼西亚等地）各地；其二为广东；其三为台湾；其四为中国大陆其他租界城市及一些著名避暑地。

（1）在南洋的见识与经历

从 19 世纪末至 20 世纪中叶的闽南华侨移民情况来看，南洋是其主要的海外侨居地。据《厦门县志》记载，（近代）由厦门出国的移民多前往东南亚，其中又以菲律宾、新加坡、马来西亚、印度尼西亚为主要聚居地，次为越南、缅甸、泰国等地。其他国家和地区的移民去得不多 ❶。《泉州华侨志》记载的 1939 年泉州籍华侨海外分布情况显示，马来

---

❶　厦门市地方志编纂委员会. 厦门市志（卷 44，华侨篇）[M]. 第 1 版 . 北京：方志出版社，2004。

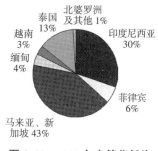

图 3-65　1939 年泉籍华侨海
外分布情况表 ❷

西亚和新加坡 ❶ 最多，其次为印度尼西亚、泰国、菲律宾、缅甸、越南、北婆罗洲等地（图 3-65）。

　　闽南华侨在近代南洋各国以各种方式接受着外廊式建筑文化景象的影响和熏陶。

　　其一，不少华侨在南洋长期接触当地外廊式建筑的过程中，逐步形成了对外廊式建筑类型的实用功能的理解。以闽南籍华侨陈嘉庚先生为例，他在南洋的生活、居住、工作、社会活动等都与外廊式建筑结下了不解之缘。他创建的公司建筑、倡办的学校建筑、自己的居住建筑中有很多都是外廊式建筑。如，位于新加坡峇峇利律 1 号的 1919 年改组的"陈嘉庚公司"总管理处旧址（图 3-66）、建设于 1910 至 1912 年的位于阿梅利亚（Armenian Street）街的道南学校（图 3-67）、在南洋创办的爱同中学（图 3-68）、马六甲培凤小学（图 3-69）、陈嘉庚橡胶成品制造厂（图 3-70）、陈嘉庚在新加坡长期居住和工作的地方——怡和轩俱乐部（图 3-71）、南侨女子中学（图 3-72）、南洋华侨中学 ❸，等等。陈嘉庚先生在南洋的外廊式建筑体验和经历过程中，逐渐形成了对"外廊"实用功能性的认识，这对其后来在近代闽南侨乡嘉庚校园内的建设产生了重要影响。他曾在厦门大学庆祝新校舍落成大会上动情地说道："学生宿舍为什么要建筑走廊？这是上海等地方所没有的，十年前我在新加坡有一幢房子有走廊，有时可以在那里看报吃茶，使房间更宽敞。所以宿舍增建走廊，多花钱为同学们住得更好，更卫生。" ❹

图 3-66　在新加坡的陈嘉庚
公司总管理处旧址 ❺

图 3-67　道南学校（1906）❻

图 3-68　爱同中学（1915）❼

❶　在新加坡的 300 万人口中，华裔约占 75％，在华裔中，闽南籍又占 75％。

❷　根据以下资料绘制：泉州市华侨志编撰委员会编 . 泉州华侨志 [M]. 第一版 . 北京：中国社会出版社，1996：11。

❸　王增炳、余纲等著 . 陈嘉庚兴学记 [M]. 福州：福建教育出版社，1981：59。

❹　厦大校史编委会 . 厦门大学校史资料（第三辑）[M]. 厦门：厦门大学出版社，1989：1-552。

❺　来源：集美陈嘉庚博物馆。

❻　出处：http：//en.wikipedia.org/wiki/File：Asian_Civilisations_Museum，_Armenian_Street_3，_Jan_06.JPG。

❼　出处：集美陈嘉庚纪念馆。

图 3-69 陈嘉庚在南洋创办的马六甲培风学校 ❶

图 3-70 陈嘉庚橡胶成品制造厂故址 ❷

图 3-71 新加坡怡和轩俱乐部 ❸

图 3-72 新加坡南侨女子中学 ❹

其二,近代闽南华侨移居南洋后,往往迅速认同了较早时期移民当地的"华人先辈们"的外廊式建筑做法,并自觉将其作为一种"传统惯例"或"约定规则"加以遵守。华人下南洋的活动很早就发生了。早在 15 世纪初中国明朝特使郑和就七次率船队到过南洋,多次经过马六甲等地,并曾护送明朝公主汉丽宝来与马六甲苏丹成婚。在后来的几个世纪里,华人又有多次"下南洋"风潮,越来越多的华人来到南洋。19 世纪以前,华人们在南洋的建筑模样仍有待进一步的考察以获取更多的史料证据,但有一点仍然是肯定的,那就是,华人们将中华传统建筑形式带到南洋的同时,也积极根据当地自然和人文环境进行了调整,在建筑的外围增加一个较为宽大的外廊的做法可能在 19 世纪以前就已经或多或少地开始出现了。

到了 19 世纪以后,重视设置"外廊"的做法已经在南洋华人建筑中广泛传播开来,很多地方甚至出现了华人们建设连续外廊街屋的景象 ❺。如,新加坡的厦门街(图 3-73 ~ 图

---

❶ 来源:集美陈嘉庚博物馆。

❷ 来源:同上。

❸ 来源:集美陈嘉庚博物馆。

❹ 来源:同上。

❺ 在中国大陆称为"骑楼街屋"景象。

3-75），马来西亚槟城的中国城（图 3-76），马六甲的华人街道等地。外国学者 Patricia Tusa Fels 在《Penang's shophouse culture》中写道"槟城的店屋是有钱的中国商人的居所……"。"骑楼店屋上的 variations 是中国人的家族居所"。此外，华人们在南洋的商会、会馆，甚至某些寺庙建筑中也都不约而同地应用了外廊式建筑原则，如图 3-77。就连一些清末驻南洋的官员住宅建筑，也不甘寂寞地添加或者强调了"外廊"的设置，其结果是显示了清王朝与海外华人社会的亲近❶（图 3-78）。

图 3-73　新加坡厦门街的街道景观　　　图 3-74　新加坡厦门街的外廊式　　　图 3-75　新加坡厦门
　　　　　　　　　　　　　　　　　　　　　　　街屋局部景观　　　　　　　　街的街屋底层外廊

图 3-76　马六甲槟城的　　　图 3-77　峇株中华商会　　　图 3-78　槟城华人张弼士的豪宅，
　　　　　骑楼街屋　　　　　　　　（1931 年落成）❷　　　　　俗称"蓝屋"（1897 年建）❸

　　进入 19 世纪以后，"外廊式建筑"逐步成为南洋华人社会中的习惯性的建筑规则，并对后来加入的华人移民产生了"约束性"的影响。当然，19 世纪末期的闽南华侨们来到南洋以后，自然也无法摆脱华人先辈们所养成的这一特殊的"不成文规则"的影响，甚至很快就自觉成为弘扬这一规矩的成员。从社会学的角度看，这是一种"群体习俗"或"群体规范"的生发现象❹。所谓群体习俗，指的是群体中"一种典型的一致性行动，

❶ 张裕葡萄酒创始人，广东人张弼士，19 世纪末任清朝驻马来槟城首任领事，后升任新加坡总领事，他在槟城的住宅被称为"蓝屋"。
❷ 资料来源：http://www.chinesechamber-bp.org/cccbp/profile.htm。
❸ 张弼士，清代驻槟城首任领事，后提拔为新加坡总领事。图片出处：http://travel.openrice.com/traveller/blogdetail.htm?blogid=1859
❹ 韦森.习俗的本质与生发机制探源 [J].第 1 版.北京：中国社会科学出版社，2000（5）：39-50。

这种行动之所以被不断重复，是因为人们出于不加思索的模仿而习惯了它。它是一种不经由任何人在任何意义上要求个人遵从之而驻存的一种集体行动的方式"❶。"群体习俗"作为一种自发的社会秩序，一旦生成，它就能对群体中的各成员的各自行为有一种非正式的规约或限定❷。当"群体习俗"进一步发展，也有可能发展成"群体规范"甚至"群体法令"。骑楼街屋作为外廊式建筑集联体在南洋的大面积出现，就与相关的"外廊式建筑"公共法令的推广有很大关系❸。

其三，近代南洋的上层阶级如西方殖民者、华人贵族、华人革命精英等对旅居南洋的普通闽南华侨们接受外廊式建筑文化的"精神"影响也是不容忽视的。

西方殖民者在南洋主导着社会的发展，可以说是顶级权贵。受到英国殖民者在印度发明的 Bungalow 的影响，他们的建筑多半是外廊建筑，如，新加坡总督莱佛士❹的官邸、新加坡的中央警察站建筑、一般的殖民者住宅，等等（图 3-79 ~ 图 3-81）。这些样式很容易就成了旅居当地的闽南华侨们的模仿对象。

南洋的华人贵族往往表现出对西方殖民文化的大力推崇，当他们看到西方殖民者对外廊式建筑的青睐后，"爱屋及乌"的行为表现了出来。华人"甲必丹"辜上达❺收购殖民者的外廊式宅邸并且进行仿建的例子很好地说明了这一点。马来西亚槟城莱特街中，有一幢著名的"辜上达豪宅——爱丁堡庐"（图 3-82），原为英国殖民者所有，附建有外廊，屋身非常高大，一楼的周围建有英印（Anglo-Indian）建筑风格特色的外廊，由壮硕的砖砌柱子绕屋身一圈，二楼是半砖木构造，有较多通风木百叶，装饰很少，较为朴素。英国公爵爱丁堡在 1869 年访问槟城的时候曾经下榻此处，故称"爱丁堡"庐。后来被当地华人甲必丹辜上达所购买，现又被称为"辜上达豪宅——爱丁堡庐"。另有一个说法是，辜上达购买"爱丁堡庐"后，又在马来西亚的"Balik Pulau"处按照原样进行了"复制"，并作为他的乡村居所❻。辜上达显然相信通过这种收购和仿建行为使他能够与西方殖民者的文化、权利、威望拉近距离。辜上达的这一行为并非孤例，同在莱特街上还有很多附建有外廊的"孟加楼(bungalow)华宅"，也多是当地华人领袖从西方殖民者那里传承来的。华人贵族们在当地有很大的社会影响，他们的这种行为显然也会对旅居此地的闽侨大众们有着广泛的精神影响。

---

❶　Weber，M. Economy and Society，2 vols[M]. Berkeley：The University of California Press，1978：315。

❷　North，D. Toward a Theory of Institutional Change，in W. Barnett et al (eds.)，Political Economy，1993：62。

❸　据许政先生研究，莱佛士在新加坡推行"五脚基"(five-foot-way) 政策，在很大程度上是受到华人社区中连续的外廊式街屋习俗的影响。

❹　汤玛士·史丹福·莱佛士，1819 年 1 月 28 日于新加坡登陆，是个地地道道的殖民者，却被新加坡人奉为"以其才智把淡锡马从一个默默无闻的小渔村变为今天的国际大海港和世界大都市"的开埠元勋。

❺　辜上达是槟榔屿第一任华人甲必丹辜礼欢的曾孙，为 19 世纪槟城极富有的商人，担任多届的工部局委员，平时乐善好施，热心捐献公益事业，在华人社会中有很大号召力。

❻　Jon S H Lim. House by Asian Architects In PRE-WAR Georgetown，PENANG[M]：58-59。

图 3-79　殖民者在新加坡的外廊式住屋（一）
（19 世纪）❶

图 3-80　殖民者在新加坡的外廊式住屋（二）
（19 世纪）❷

图 3-81　新加坡中央警察站（1869 年）❸

图 3-82　著名的辜上达豪宅——爱丁堡庐 ❹

　　奔走南洋的许多中华革命先辈的住所也是外廊式建筑，这对促进当地祖籍闽南的华侨建立对外廊式建筑类型文化的深厚感情也有促进作用。在南洋追随孙中山革命的闽南华侨很多都见识过孙中山的外廊式宅邸或革命基地。在辛亥革命以前，孙中山为了推翻清皇朝的专制腐朽统治，曾在海外四处奔走，鼓吹革命，作起义的准备，他曾 8 次抵达新加坡，其中 3 次就住在晚晴园里，1906 年孙中山先生正式在新加坡组织同盟会新加坡分会，社址就位于晚晴园（图 3-83、图 3-84），这也是中国同盟会南洋总支部。晚晴园内建筑是一座很典型的外廊式建筑，红色尖顶的两层楼房，正面呈"凸"字形，底层外廊为券廊式，二层为梁柱式，房檐饰以木制廊花。此外，孙中山先生在马来西亚槟城驻点基地也是外廊式建筑（图 3-85）。追随或者支持孙中山先生革命的有很多是闽南华侨，如，担任过新加坡中华总商会会长的祖籍闽南永春的华侨李俊承、祖籍闽南的华侨李光前，担任过新加坡同盟分会会长的闽南同安华侨陈延谦，等等。这些闽南华侨对孙中山

❶ 来源：John Thomson 拍摄。

❷ 同上。

❸ 来源：John Thomson 拍摄。

❹ 陈耀威. 莱特街的孟加楼华宅 [EB/OL]. 槟城媒体，http://penangmedia.com/penang/viewthread.php?tid=407&page=&page=1。

先生的外廊式建筑居所有着深厚的感情，1938 年李俊承、李光前、陈延谦与周献瑞、杨吉兆、李振殿等人就曾合资购下晚晴园内的那座外廊式建筑，并捐献给中华民国政府管理及保护。闽南华侨革命者对外廊式建筑有着深厚感情，甚至在某种程度上常将外廊式建筑当作"革命时代"的象征物。

　　旅居南洋的闽南华侨受到西方殖民者、华人贵族、华人革命精英的外廊式建筑营造行为的精神影响，其本质上是一种"爱屋及乌"的心理现象，即，喜欢或者崇拜上一个人（群）而连带地关爱与他（们）有关系的事物。在西方心理学中又被称为"晕轮效应"（图3-86）。所谓"晕轮效应"，最早由美国著名心理学家爱德华·桑戴克于 20 世纪 20 年代提出，说的是一个对象如果被标明是好的，它就会被一种积极肯定的光环笼罩，并被赋予一切都好的印象，这就好像刮风天气前夜月亮周围出现的圆环（月晕），其实呢，圆环不过是月亮光的扩大化而已。桑戴克为这一心理现象起了一个恰如其分的名称"晕轮效应"，也称作"光环作用"。旅居南洋的闽南华侨们对西方殖民者、华人贵族、华人革命精英们所拥有的"优势"的权政地位的仰视扩大到了宅邸文化，他们认为上述精英们

图 3-83　新加坡晚晴园，
中国同盟会南洋总支部 ❶

图 3-84　闽南华侨李光前、李俊承、
陈延谦等在晚晴园外廊式建筑前的留影 ❷

图 3-85　马来西亚槟城 Armenian 街立面，孙中山的槟城
基地就在其中一间外廊式建筑内 ❸

图 3-86　心理学中的
"晕轮效应"示意图

❶　资料来源：http://bigfish.blog.hexun.com/25171397_d.html。

❷　图片出处：怀念李光前先生组图（一）[EB/OL].http://www.fu-rong.cn/shtml/77/。

❸　图片出处：http://www.bbkz.com/forum/showthread.php?t=19112&page=10。

所建设的外廊式宅邸也是一种"优越"文化，并积极将其移植到近代闽南侨乡。这是一种典型的"晕轮效应"式的心理行为。

（2）受广东等地的影响

20世纪初，广东一度是我国南方民主革命的中心，推翻清政权的大本营。辛亥革命前，由孙中山领导的十次反清武装起义就有三次发生在广州。辛亥革命之后的一二十年间，孙中山在广州先后三次建立政权，继续领导革命，传播民主革命思想：1917年9月，孙中山在大元帅府宣誓就任中华民国军政府海陆军大元帅，在广州召开国会非常会议，组织护法军政府，领导护法运动；1921年4月，孙中山在广东咨议局宣誓就任中华民国非常大总统；1923年2月，孙中山在广州宣布成立陆海空军大元帅大本营，重建大元帅府，再度就任大元帅。在这期间，黄兴、胡汉民、朱执信、廖仲恺、陈炯明、邓仲元、汪精卫、蒋介石、李济深、陈独秀、李大钊、毛泽东、周恩来等一大批文韬武略、叱咤风云的革命者追随孙中山或在孙中山的感召下，也以广东作为主要基地开展革命活动。广东成为最重要的中国近代民主革命策源地之一。辛亥革命胜利后，广东革命者们常以改变旧社会风貌、推进各项建设事业的革新为己任。在他们的建设过程中，外廊式建筑类型得到了广泛应用。

作为革命元首的孙中山，在广东就有意或者无意地树立接纳外廊式建筑类型的榜样。早在辛亥革命以前，孙中山在位于广东省中山市翠亨村西南角的家中，就曾亲自设计并主持建设了一幢十分典型的外廊式建筑（1892年3月建）（图3-87）。这幢外廊式建筑在建设过程中，与当地传统民宅的朝向相反，孙中山在设计过程中也摆脱了传统风水术的束缚，考虑的是"空气流通"和"身体健康"❶。

图3-87　孙中山主持设计的广东省中山市翠亨村外廊式建筑（1892年建）

辛亥革命后，他在广州的办公地点——大元帅府则是一幢四面完全被外廊包围的建筑（图3-88、图3-89）。这幢建筑始建于1907年，先前是广东士敏土厂办公楼，为澳大利亚设计师亚瑟·帕内（Arthur W. Purnell）设计，外廊空间的进深宽大，可达3米，孙中山先生喜爱在外廊空间下会客和工作，更有摄影师记录下了当时的场景（图3-90）。

❶ 中山作家刘居上所著《青年孙中山》一书（28~34页）中曾记载，1892年早春，还在香港求学的孙中山收到母亲寄来的家书，上面写道："汝兄汇款筹建房舍，见书速归，共商家计，切切。"回到家中，全家围在餐桌边吃边聊，商量着建房事宜，母亲试探地问孙中山要不要请风水先生看一看，孙中山斩钉截铁地回答不必了。孙中山连夜绘制好新居的设计图，坐东朝西（当时翠亨村民宅的朝向恰恰相反，都是坐西朝东）让孙母有些担心破坏风水，孙中山哈哈大笑道："真要有'风水'，坐东朝西的'风水'就最好了，空气流通，身体健康，这难道不好？"

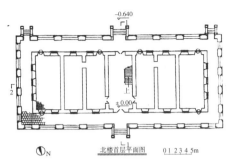

图 3-88　广州大元帅府北楼东立面❶　　　　图 3-89　广州大元帅府北楼首层平面❷

图 3-90　孙中山在广州大元帅府的外廊下工作❸

图 3-91　伯捷故居（1910 年代中期建成）❹

　　孙中山先生在广东生活和工作过程中对外廊空间文化形式的喜爱，其背后的原因是复杂的。在此作几种可能性分析。其一，孙中山在南洋、香港等地的生活经历中长期接触外廊空间文化，形成了复杂的感情。其二，19 世纪末至辛亥革命以前，孙中山在国内看到清朝改革派官员们对外廊空间文化形式的推崇❺，潜意识当中将外廊式建筑做法看成是延续革命的一项表征事象。其三，孙中山先生在广东与一些擅长设计"外廊式建筑"的专业技术人员有着特殊的渊源联系，特别是"治平洋行"（Purnell & Paget，后称"伯捷洋行"）的两名设计技术人员——亚瑟·帕内和伯捷。伯捷（Charles Souders Paget，1874 ~ 1933），美国建筑设计师，1902 年来华从事建筑设计工作，1910 年中期他设计并建成的白鹤洞山顶别墅是一幢典型的外廊式建筑（图 3-91）。辛亥革命后，伯捷与广东省军政府保持密切合作，曾受聘担任广州市政厅设计委员，与孙中山和广州市市长孙科保持了紧密的联系。伯捷夫人在 1945 年的回忆录中，曾论及伯捷家庭与孙中山的来往情况，并提到白鹤洞山顶别墅经常被用来接待孙中山、蒋介

---

❶　汤国华主持测绘。出处：汤国华 . 岭南湿热气候与传统建筑 [M]. 第 1 版 . 北京：中国建筑工业出版社，2005：130。

❷　同上。

❸　资料来源：http：//dream1013dream1013.spaces.live.com/。

❹　图片出处：http：//news.sina.com.cn/c/2009-05-26/040215684011s.shtml。

❺　清末许多改革派的官厅建筑采用外廊建筑形式，如陆军部大楼，各省的咨议局等。

石等人,也曾经作为他们的会议室,于是又常被称为"广州的白宫"❶。治平洋行的另一位重要设计师亚瑟·帕内是孙中山大元帅府的设计师。进一步追溯则不难发现帕内和伯捷的治平洋行在清末民初于广州曾设计了颇多的外廊式建筑(表3-6)。这些外廊式建筑在广州沙面早期殖民地风格的基础上有了进一步的发展,体现为"去殖民化"的演变特点。关于这一点,学者彭长歆曾在《新建筑》杂志中论及:"帕内对殖民地外廊式有着极强的控制力和再创造才能。广东士敏土厂南、北楼正是最典型的殖民地外廊式设计,具有连续券、四面环廊等特征,锁石、复杂的组合线脚、檐口等西方古典元素也自然地融入其中。帕内的才能还反映在对外廊式建筑的改造上。我们无法知道帕内对东亚洋行、时昌洋行和Nukha住宅等具体做了哪些改造,但有一点很明确,这些建筑在建成之初无疑都是沙面早期殖民地样式。帕内通过柱式的组合和装饰细节的运用改变了连续券廊的殖民地外廊式建筑形象,从而呈现出向西方正统样式过渡的趋势。"应该注意的是,帕内设计的建筑虽然经历了"去殖民化"的风格转变并向西方正统样式过渡,但是"外廊"元素的应用手法却始终保持连续。他对外廊的广州气候适应性以及景观开阔的视野功能显然有着深刻的认识,他也曾留下了许多在外廊下休憩的生活记录(图3-92、图3-93)。

19世纪末至20世纪初亚瑟·帕内在广州设计的诸多外廊式建筑		表3-6
 大清邮局(帕内拍摄)	 广东士敏土厂南北楼❷	 广州沙面粤海关俱乐部
 沙面瑞记洋行(1905)❸	 岭南学堂东堂(马丁堂)(1905)❹	 N. Nukha住宅(1905)❺

❶ 广州日报[EB/OL]. http://collection.cnfol.com/110301/478,2118,9406135,00.shtml,2011。
❷ 孙中山大元帅府纪念馆[EBOL].http://club.zxip.com/simple/?t448560.html,2009。
❸ 彭长歆.20世纪初澳大利亚建筑师帕内在广州[J].新建筑,2009(6):71。
❹ 辛亥中华魂论坛[EB/OL]. http://bbs.xinhai.org/viewthread.php?tid=3287。
❺ 黄伟霞.羊城晚报[EB/OL].http://news.163.com/09/0515/17/59CEURB2000120GR.html。

礼和洋行（1906）❶

华南浸信传道会教堂（20 世纪初）❷

沙面花旗银行（1908）❸

在广东，辛亥革命后追随孙中山先生的精英人士和作为"革命之母"的华侨，也在其建筑营造和选用过程中表现出对"外廊空间"的较大热情。以广州东山洋房住宅区为例。那里居住着当时海外归来的知名华侨、高官显贵、军政要员❹，其中多数宅邸就应用了外廊式建筑形式（图 3-94）。如，广州梅花村陈济棠公馆（20 世纪 20 年代）（图3-95），正面一二层设置有三开间的宽大的外廊空间；1927 年曾作为汪精卫临时公馆的葵园（图 3-96），由华侨所建，正面的外廊通过入口的小门廊与街道相接续，十分独特；20 世纪初由美国华侨所建的位于东山新河浦路 22、24、26 号的春园（图 3-97），由三幢并列的小楼组成，每一幢的前部也都设置外廊，这里曾是中共"三大"代表居住的地方。1923 年 6 月，中共"三大"召开前夕，中共中央机关迁到广州，共产国际代表马林和出席会议的党领导人陈独秀、李大钊、毛泽东、瞿秋白、张太雷、蔡和森、向警予等，就住在春园 24 号。

再以广州市政公共建筑的建设为例。外廊式建筑类型的应用得到各任政府官员们的青睐。如黄埔军校建筑、国立广东大学法科校舍等。特别要提到的是，广州近代时期所出现的大量外廊式连续街屋（骑楼街屋）现象。早在广州军政府工务部时期（1911-1917年），1912 年警察厅就颁布《广东省城警察厅现行取缔建筑章程施行细则》，提出了建设有脚骑楼的法规内容❺，并建设了几条骑楼街道；在市政公所时期（1918-1920 年），又颁布了多项骑楼规范，如《临时取缔建筑章程》《建筑骑楼简章》等❻，推进了骑楼街屋的进一步发展，骑楼更被视为当时推行市政建设成功与否的标志❼；在市政厅时期（1921-1929 年），陆续颁布一些更为明确的骑楼办法，如《新订取缔建筑章程》《崔迫业户建

❶ 彭长歆.20 世纪初澳大利亚建筑师帕内在广州 [J]. 新建筑，2009（6）：70。

❷ 彭长歆.20 世纪初澳大利亚建筑师帕内在广州 [J]. 新建筑，2009（6）：70。

❸ 图片出处：http://news.163.com/special/0001jt/error_news.html。

❹ 1915 年，美国归侨资本家黄葵石组织了大业堂，向政府征得龟岗荒地 1.2 万多平方米，并且将地掘平，划分为龟岗一、二、三、四马路，经营地皮买卖。随后，一班原籍开平的美国华侨先后到这里购地建房。不久，美国华侨杨远荣、杨廷蔼两兄弟掘平龟岗附近的江岭小丘，修筑江岭东西街。这是归侨在东山置业的前奏。尤是从海外归来的侨胞，在昔日的郊野建起一批西式住宅；接着，高官显贵、军政要员，也纷纷来这里大兴土木，结庐营宅。一时间，"东山洋房"如雨后春笋般矗立，形成与"西关大屋"迥异的独特景观。

❺ 彭长歆.岭南建筑的近代化历程研究 [D]. 广州：华南理工大学博士学位论文，2004：70。

❻ 林冲.骑楼型街屋的发展与形态的研究 [D]. 广州：华南理工大学博士学位论文，2000：119。

❼ 同上，第 120 页。

图 3-92　帕内与治平洋行职员在外廊下合影 ❶　　图 3-93　帕内夫妇在沙面花旗银行的凉廊下 ❷

图 3-94　广州东山洋房住宅区多为外廊式建筑 ❸

图 3-95　广州梅　　　　图 3-96　逵园外廊式别墅 ❺　　　　图 3-97　春园 ❻
花村陈济棠公馆
（1920 年代）❹

❶　中国记忆论坛 [EB/OL].http：//www.memoryofchina.org/bbs/read.php?tid=43118&page=1。
❷　同上。
❸　羊城晚报 [EB/OL]. http://www.ycwb.com/epaper/ycwb/html/2010-06/06/content_845995.htm，2010。
❹　广州越秀区文联编 . 广州越秀古街巷第二集 [M]. 广州：广东人民出版社，2010。
❺　资料来源：广州：东山洋房，岁月如歌 [EB/OL].http：//sz.bendibao.com/tour/2007612/ly25101.asp。
❻　资料来源：http：//news.dayoo.com/finance/gb/content/2005-11/11/content_2296546.htm。

筑骑楼办法》、《崔领骑楼地办法》等❶，以行政命令加快推动骑楼建筑的建设；在 1930 年至 1937 年期间，广州近代市政建设达到高峰期的时候，却因为建设骑楼动力的强劲，反而出现了限制骑楼建设的法规❷。

除广州外，20 世纪初广东省域其他地区对外廊式建筑类型也是喜爱有加。如，五邑侨乡人对外廊式建筑的狂热、潮汕侨乡人对外廊式建筑的推崇，等等，一些广东民主革命人士在其偏远的传统家乡聚落中，往往也打破传统的内向合院式建筑形制，建设"开放"、"明朗"的外廊式建筑。

20 世纪初广东人对外廊式建筑的狂热行为对中国大陆其他各省产生了辐射影响。华南理工大学吴庆洲教授认为，这种影响的力量主要是基于民主革命运动的蔓延以及军阀的传播❸。向北影响到了上海、南京等地；向南影响到了海南的海口、文昌等地；向西影响到了广西的梧州、南宁等地；向东影响到了福建，特别是闽南地区。20 世纪 10 年代，陈炯明、周醒南等人从广东来到闽南的漳州，就对当地外廊式建筑的大量涌现起了重要的作用。

（3）来自台湾的影响

甲午战争后，根据马关条约规定，在台湾居住的中国人被编入日本国籍，称日籍台民（或者台湾籍民）。因为只有一峡之隔且海上交通便利，许多台湾籍民来到闽南居住。1900 年在厦的台湾籍民就有 3000 人❹。据日本人调查，1918 年在厦门的外籍人总数为 4023 人，其中日籍台民 2833 人，占在厦门外籍人总人数的 70.4%❺。另外，根据福建省政府秘书处统计，到抗战前夕的 1936 年，在厦门的外籍人有 10641 人，日本籍人就有 9702 人，其中台湾籍民为 8874 人，占到了外籍人总数的 83.4%❻。这些台湾籍民在厦门设立洋行、开办工厂、创办银行、兴建学校和医院等❼。

来到闽南的日籍台民，许多都受到日本政府的幕后操控。根据卞凤奎博士的研究，日本占领台湾后，很快就有向中国大陆华南地区进拓的打算。在第二任总督桂太郎时期曾起草意见："台湾的设施经营，非仅限制于台湾之境内，应该有更恢宏的对外拓展策略。以往仅是着重于维持日本海之安全，因而使国威无法抬头，将来应更进一步向中国海域拓展，和清国华南沿岸密接，和南洋列岛相互联通，利用台（湾）澎（湖岛）地利之便，

❶ 同上，第 130 至 132 页。

❷ 林冲. 骑楼型街屋的发展与形态的研究 [D]. 广州：华南理工大学博士学位论文，2000：140-145。

❸ 吴庆洲. 广州近代的骑楼纵横谈——敞廊式商业建筑的产生、发展、演变及其对建筑创作的启示. 建筑哲理、意匠与文化 [M]. 北京：中国建筑工业出版社，2005：340-342。

❹ 戴一峰等译编. 近代厦门社会经济概况 [M]. 第 1 版. 厦门：鹭江出版社，1990。

❺ [日] 外务省通商局监理福建省事情 [M]. 第 1 版. 东京：东京商业会议所发行，1921。

❻ 福建省政府秘书处统计室编. 福建省统计年鉴（第一回）[M]. 1937。

❼ 林星. 近代厦门城市人口变迁与城市现代化 [J]. 南方人口，2007，22（3）：38-45。

采用延伸国势之政策"❶。在非战争阶段,日本人在闽南的经济、教育、文化等各项扩张活动,往往由日籍台民着手进行,自己则退居幕后,为的是避免激起地方的民族反抗情绪。

在建筑方面,日籍台民在闽南侨乡的活动就需要协调各方矛盾,既要渗入日据台湾的建筑文化要素,又不能过分张扬日本民族特征以引起闽南人的敌意。外廊式建筑形式的大量应用似乎是一项颇为"折中"的不错选择(图 3-98、图 3-99)。一方面,在日据台湾(1895 至 1945 年期间),"外廊式建筑原则的应用"已经成为一项日据台湾当局在城市以及建筑景观层面实现台湾去"中国化"的一项工具。日据台湾当局不仅大力推行市区改正计划,建设成片的外廊式街屋,而且在单幢建筑中也积极推行"外廊"计划❷,其目的是为了尽快创造所谓"卫生"、"美观"、"崭新"的台湾形象,以有别于清政府统治下的旧风貌,并有利于其进行殖民统治。因此,来到闽南的日籍台民,在建筑中沿用外廊式建筑原则,显然与日本殖民台湾的有关政策是相符合的。另一方面,进入 20 世纪初,随着辛亥革命的胜利,在归国华侨们的推动下,外廊式建筑形式也已经被闽南人选中并成为变革旧城市和建筑风貌的一项有力工具,因此日籍台民来到闽南后,在建筑中继续应用"外廊"形式显然是一项不错的选择,不仅可以融入闽南新社会,还可以将日本在台湾的政策渗透到闽南。

图 3-98　台湾银行厦门支店 ❸

图 3-99　厦门旭瀛书院 ❹

(4)来自其他地方的影响

近代各地之间的信息联系已经不像古代那样封闭,铁路的修建、公路的建设,甚至飞机航道的开辟,都加快了各地之间的信息流通。因此,各地近代建筑文化之间的相互交流也变得复杂化、网络化。虽然来自南洋、广东、台湾三地的外廊式建筑活动对近代闽南侨乡外廊式建筑群体繁生的影响是决定性的,但却不能简单化地认为导致近代闽南

❶　转引自:后藤文书,R,2717,台湾 8 号.参见:卞凤奎.台湾总督府的华南与南洋拓进政策——以籍民为中心的探讨 [D].厦门:厦门大学博士学位论文,2001:5.

❷　关于这一点,在本章的第四节中将有详述。

❸　卞凤奎.台湾总督府的华南与南洋拓进政策——以籍民为中心的探讨 [D].厦门:厦门大学博士学位论文,2002:6.

❹　卞凤奎.台湾总督府的华南与南洋拓进政策——以籍民为中心的探讨 [D].厦门:厦门大学博士学位论文,2002:58.

侨乡外廊式建筑群体繁生的外域影响渠道仅仅限于这三个地区。事实上，我国近代许多著名的避暑地、各开放城市的殖民租界地的外廊式建筑建设实践，甚至遥远的欧美国家的外廊式建筑实践也有可能通过各种渠道影响到近代闽南侨乡。然而需要特别指出的是，在所有这些外域影响中，来自南洋侨居地的力量最为强大。

3.3.2　文化势差与移植动机

（1）文化势差的基本原理

季羡林认为，"文化一旦产生，立即向外扩散"❶。人类文化的多元原发性和文化间封闭的相对性，使得流动成为文化的基本生存形式，这已经成为不争的事实。文化流动的可能性和基本原因是文化间的势差，即"文化势差"。任继愈先生也曾对此现象进行了解释，他认为，不同文化接触后，高层次的、先进的文化必然影响低层次的、落后的文化。这种现象如水之趋下，是不可逆转的，故称之为"文化势差"❷。

文化势差如何形成，可以从纵向的文化历史进化论和横向的文化相对论来加以解释。文化历史进化论认为，人类社会由低级向高级依次更替，有原始社会、奴隶社会、封建主义社会、资本主义社会以及社会主义社会等文化形态。文化与其所附着的社会形态同"势"，社会形态的差异造成了文化差异。社会形态"势"优则相应的文化"势"则优，反之亦然。也就是说，高级社会在"文化势位"上高于低级社会。文化的相对论则认为，文化势位差的形成并不是由于先进和落后产生的差异，而是由于文化内容的强弱和有无所产生的能量差而生成的。主要表现在 3 种情况：其一，与地域有关的不同文化之间由文化元素的"真空"或"缺位"而引起的势差。其二，不同文化的某内容、精神或元素与人类利益、历史正义和潮流方向的吻合程度的差异形成的势差。其三，由文化生态环境和文化传统作用形成的不同文化在活跃性、开放性、实践性等方面的个体差异而造成的势差。从文化相对论的角度看，基于某种特定文化内容的相对强与弱产生了"文化势差"，强势文化因而具有向弱势文化流动的动能。❸

（2）闽侨大众对外域的"外廊式建筑类型"文化元素的移植动机

运用上述"文化势差"原理，不难解释"外廊式建筑类型"作为一种文化心理元素，在南洋、广东等外域与"近代闽南侨乡"区域之间基于"文化势差"而产生的流动（图3-100）。具体阐释如下：

基于文化的历史进化论观点，作为文化元素的"外廊式建筑类型"在近代南洋、广东等外域地，由于所属的文化母体相对"近代闽南侨乡"而言呈现较为"先进"的"优势"，

❶　季羡林.东方文化集成.总序 [M].第 1 版.经济日报出版社，1997：5。

❷　栗洪武.西学东渐与中国近代教育思潮 [M].第 1 版.北京：高等教育出版社，2002。并参考：何一，青萍.文化势差、质差与文化流动的历史诠释 [J].西南民族学院学报（哲学社会科学版），2003（2）：156-159。

❸　何一，青萍.文化势差、质差与文化流动的历史诠释 [J].西南民族学院学报（哲学社会科学版），2003（2）：156-159。

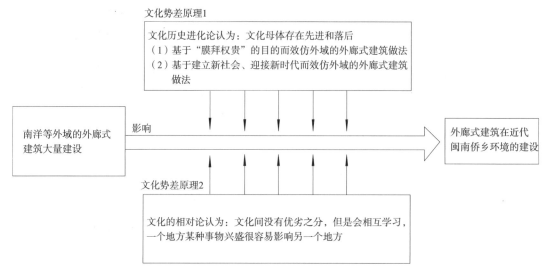

图 3-100 分析图：基于文化势差原理而产生的近代外域外廊式建筑兴盛对闽南侨乡的影响

因此处于相对高的文化势位，具有向近代闽南侨乡区域发生文化流动的势能。近代南洋某些地方率先受到西方文化的影响，其西方化的进程也比同期的闽南为早，如，新加坡早在 19 世纪初就受到英国人的开发，这比近代西方人侵入闽南的时间早了将近半个世纪。广东近代的西方化历程的全面开始时间在鸦片战争之前便已发生；相比之下，闽南真正的近代化进程的全面展开是在 19 世纪末以后。从文化的历史进化论的角度看，在文化梯度上，近代南洋、广东（部分地区）等外域是高于同期的闽南的。

在近代闽南侨乡人看来，"外廊式建筑类型"是南洋、广东等外域地的"先进"的代表性建筑文化元素。在辛亥革命后的近代闽南侨乡，要求进步的思想甚嚣尘上。于是基于缩减"文化势差"的进取要求使得闽南侨乡大众大力推崇、借鉴了南洋、广东等外域的外廊式建筑原则并应用于当地的各种建设中。从推崇和借鉴的具体动机上看，有以下两种情况：

其一，基于"膜拜权贵"的目的而效仿外域的外廊式建筑做法。旅居南洋的众多普通华侨就是近代闽南侨乡人的"衣食父母"。这一点从闽南侨乡人在经济上主要是依赖侨汇可以看出。1930 年代初，社会学家陈达在闽粤侨乡开展社会调查，在他调查的 100 户华侨家庭中，平均每家 6.26 人，年收入侨汇 646.8 元，占全家总收入的 81.4%。他还指出，据当时的一位外国领事估计，"厦门的邻近有 80% 的家庭依赖华侨汇款来维持生活"❶。可见闽南侨乡人对南洋华侨经济的依赖程度。广东革命者是推翻清朝的重要力量，他们对整个中国社会乃至闽南的政局有着重要的影响，在当时的闽南人看来，革命者显然是"尊贵"人物。这些"尊贵"人物们大量应用外廊式建筑类型的现象，也容易被解读为是"先进"文化的表征。由此出现近代闽南侨乡大众全面效仿的现象就不难理解了。

❶ 郑振满. 国际化与地方化：近代闽南侨乡的社会变迁 [J]. 近代史研究，2010（2）: 62-77.

其二，立足"建设新社会"的目的而借鉴外域外廊式建筑的做法。"外廊式"是一个外向开放性的建筑形式，相对闽南传统内向封闭的合院式建筑而言，能够很好地适应建设新社会的要求。从社会政治的角度看，外廊式建筑类型的应用有一定的革命意义。清末，在全国内忧外患，革命运动风起云涌的背景下，闽南酝酿着社会的急剧变革。有识之士特别是海外华侨积极参与革命而终于使闽南得以光复。在此巨变下，闽南侨乡人的建筑观念也发生了重大改变，体现在迫切需要找到象征新时代的建筑样式来一改封建社会的"落后"风貌。他们选择了具有"外向开放性"特点的外廊式建筑，可以实现对传统内向封闭的合院式建筑的景观革命。闽南传统的封闭内向的大厝式合院民居曾被认为是显示社会政治地位的标志，其建设规模越大，装饰越华丽，越能显出其地位。而在封建社会被推翻后，这种观念也发生了改变，华侨或侨眷们认为建造大厝式民居已落后于时代，不具备"新时代"的文化象征意义。像近代南洋、广东等地的建筑那样追求外向开放的空间，才是新时代应该具有的景象，因此，有资本的华侨在回到闽南建造住宅时，常以"文化进步的心态"大量应用了外廊式建筑类型。基于"建设新社会"的目的而借鉴外域的外廊式建筑做法，在陈炯明的漳州城市建设中表现得最为突出，他借鉴了广州城市建设的经验建设大量沿街外廊式建筑，使得城市风貌有了崭新的改观，并在国内产生重要影响。

"文化的相对论者"否定文化的进化发展以及文化间的优劣之分，但并不反对变化、差异以及文化之间存在互相学习和补充的空间，由此也会产生文化势位差。近代闽南的许多华侨也基于这种理念认为，外廊式建筑类型作为一种文化元素在"近代南洋、广东"等外域呈现的活跃强势表现，不管是否代表着先进文化，只要有值得学习的地方就可以借鉴。陈嘉庚先生在建设集美学村和厦门大学建筑的过程中，对外廊的应用很多时候是超越文化优劣的考虑的。他曾提到，在闽南建筑中增设外廊，可以让生活更舒适、空气更好[1]。他还认为利用外廊可以适应台风气候，增加建筑的稳定性。嘉庚先生在借鉴南洋的外廊式建筑做法的过程中，很多时候是秉着超越文化偏见的实用理性的学习态度[2]。应该说，持有嘉庚先生这种实用主义心态而提倡借鉴外域的外廊式建筑做法的闽南华侨也不在少数。

3.3.3　外域移植的方式和媒介

外廊式建筑类型从外域传入近代闽南侨乡的媒介主要有以下三种。

（1）专业设计师的引入

来往于闽南、南洋和广东等外域地的专业设计师对外廊式建筑影响闽南侨乡起着重要的桥梁作用。近代闽南侨乡外廊式建筑很多都是由这些建筑师设计的。较为著名的设

---

[1]　转引自《陈嘉庚研究》1990 年总第七期 P28 页。
[2]　余阳. 厦门近代建筑之嘉庚风格 [D]，泉州：华侨大学建筑系硕士学位论文，2002：5-50。

计师有来自广东的周醒南，美国建筑师郁约翰，旅居南洋的陈嘉庚，等等。

周醒南吸收了广东的外廊式建筑建设经验并应用于近代闽南侨乡建筑中，厦门的了闲别墅外廊式建筑以及厦门、漳州等地的许多外廊式连续街屋的建设，都是由他主持设计的。周醒南本是广东惠阳人，以教师身份移居新加坡之前，曾负责广东省的公路建设。1916 年，他自新加坡回到广州培训当地的建筑工匠。1917 年，应陈炯明之命，他负责广东城市建设，参与了许多外廊式街屋的建设实践。1918 ~ 1920 年在漳州担任市政局长期间，他主持完成了拆城墙、拓道路、辟公园等工程，推进了商业街两侧骑楼建筑的大发展 **❶**。1920 年后期，应厦门海军司令林国赓之邀，周醒南担任厦门市政局长期间也大力推进了许多街道两侧的骑楼建设。作为专业设计师的周醒南在南洋、广东、闽南三地的先后经历和实践，对外廊式建筑形式从南洋、广东传入闽南起着重要的媒介作用。

美籍荷兰人郁约翰，学习土木工程出身，在鼓浪屿很多重要的华侨住宅设计中植入了外廊式建筑原则。他曾为林本源家族的第三房林鹤寿设计了鼓浪屿八卦楼。1907 年动工的八卦楼，从外观上看，其灵感的来源显然是西方古典建筑。四周 82 根外廊柱与古希腊神庙建筑中的廊柱十分类似，廊柱间平托的花岗石梁，也可以从希腊雅典广场的赫夫依斯神庙上看到。由此可知，来自遥远的西方古典建筑中的外廊式建筑原则也曾通过曲折的途径影响到这里，其中的传播途径或许比我们想象的要复杂得多。郁约翰还曾为业主黄大辟设计了"鼓浪屿船屋"，建于 1920 年，造型如海轮甲板上的船舱，层层跌落，登三楼俯视，宛如一艘正待远航的海轮。整幢楼以清水红砖为基调，辅以百叶窗，有着较为宽大的外廊，廊下的装饰和女儿墙均简练明快，有着南洋风情特点。设计师在借鉴域外的外廊式建筑原则做法的同时也融入了自己独特的理解和创造。

陈嘉庚先生也是一名著名建筑设计师（图 3-101）。1994 年 12 月底，美国后现代主义建筑大师迈克尔·格雷夫斯来到厦门大学时就感叹地说道："我在厦大转悠了一圈，我要说的是，你们的陈嘉庚先生首先是一位伟大的建筑师。" **❷** 在建设嘉庚校园建筑的过程中，作为捐资人的陈嘉庚先生亲自在建筑营造中，借鉴南洋地区所见识的外廊式建筑原则，并自己动手完成诸多设计作品。这对推进外廊式建筑原则从南洋植入近代闽南侨乡也起了十分重要的桥接作用。

（2）专业图纸媒介

外廊式建筑从外域传播进入近代闽南侨乡的途径中，还有一条是通过图纸媒介。那就是，有的华侨在南洋、广东等外域地聘请专业建筑师画好外廊式建筑图纸后再带到故乡进行建设。

据华侨大学建筑学院陈志宏先生调查发现，位于泉州鲤城区镇抚巷的外廊式近代民居，由印度尼西亚华侨叶贻根和旅菲胞弟叶贻住共同建造。主体在 1937 年至 1938 年建成，

---

❶ 方拥. 泉州鲤城中山路及其骑楼建筑的调查研究与保护性规划 [J]. 建筑学报；1997（8）：17-20。

❷ 这是格雷夫斯 1994 年在厦门大学化学报告厅演讲时的开场白。

1948 年加建后落，这幢外廊式近代民居的蓝图
设计时间为 1937 年 4 月，包括底层、二层平面图、
剖视图等建筑设计图和相关的结构设计图，蓝图
右下角有手写体字母"LF"，可能是设计者的签
名，右上角有一图案，可能是设计图章。从叶贻
根外廊式近代民居的设计图纸基本上用英尺标注
看来，设计图纸可能是由南洋侨居地带回的。陈
先生在查阅泉州晋江市档案馆、厦门市档案馆后，
还发现这些地方藏有大量的海外专业设计师设计
的外廊式近代民居和外廊式近代商住骑楼建筑的
设计图纸，因此可以认为，近代闽南华侨聘请专
业建筑师在海外设计好外廊式建筑图样后再带到
闽南的现象已十分普遍。图纸成了外廊式建筑类
型从外域传播到近代闽南侨乡的又一重要媒介 [2]。

图 3-101　陈嘉庚（图中左边人物）在视察
由自己亲自设计的外廊式建筑 [1]

（3）华侨与工匠们的模仿

华侨和工匠们的模仿，是外廊式建筑类型从外域影响到近代闽南侨乡的又一条重要
媒介。许多闽南华侨回乡建屋并没有带来图纸，而是凭借着自己出门在外的游历和见识
与闽南本地工匠们一起讨论成形，最终付诸实现。建于 1949 年的位于石狮永宁镇龙穴
杆头村的景胜别墅，周围的外廊由菲律宾华侨高祖景出资建造。据当时掌管外廊式别墅
建设的财务工作负责人高聪明回忆，此幢外廊式别墅的设计并未有图纸，而是由高祖景
之妻杨阿妹根据对南洋的外廊式建筑的回忆，"摆设火柴棒"确定平面布局和建筑样式，
并在建设过程中不断与工匠们协商，整个过程并无专业设计师参与 [3]。

工匠们的吸收和模仿对外廊式建筑从外域传入闽南的作用也不可小视。他们从外国
设计师那里吸收外廊式建筑形式做法，并在闽南侨乡广泛传播。如泉州近代著名工匠傅
维早，11 岁时便到建筑工地当小工，后曾拜一个外国建筑师为师，由于秉性聪颖，加上
刻苦钻研，很快学会看图施工，进而学会测绘设计。后来，洋师傅对其十分赏识与重用，
放手让他单独带班施工，并推荐他参与厦门鼓浪屿英美领事馆、英华书院的建设工程。
这些建筑都是典型的外廊式建筑。傅维早不负师望，在这两个工程中初露头角，施展了
建筑才华。后来回到泉州，承担并完成了多项外廊式建筑工程实践，如，泉州惠世医院
（图 3-102）、培元中学 1919 年建的"菲律宾楼"外廊式建筑（图 3-103）[4]、新门街黄仲训

---

❶ 资料来源：集美陈嘉庚故居档案室。

❷ 陈志宏 . 闽南侨乡近代地域性建筑研究 [D]. 天津：天津大学博士学位论文，2005：129-130。

❸ 访谈地点：石狮市永宁镇龙穴村老人会。

❹ 清宣统二年（1910 年），英国基督教长老会传教士安礼逊返英筹募经费回中国，准备扩大泉州惠世医院和培元学校的
规模，经罗励仁介绍，聘请维早到泉州，将惠世、培元的全部工程委托给他设计和施工。

的外廊式洋楼 ❶，还参与泉州中山路街道（1923～1928年建成）两侧骑楼式商住楼建筑群的建设，等等。他对外廊式建筑类型在近代泉州侨乡的传播起了重要作用。实际上，傅维早只是近代闽南侨乡诸多工匠的一个缩影。

图 3-102　泉州惠世医院（1935 年建）❷　　　图 3-103　泉州培元中学菲律宾楼（1919 年建）

3.4　繁生原因之闽侨大众的本土认识

3.4.1　外廊的亚热带气候适应性认知

外廊式建筑能够在近代闽南侨乡得到大量建设，除了文化因素外，闽南华侨们对"外廊式建筑类型适应闽南当地亚热带气候环境特点"的经验认知也是一个不容忽视的因素。在某种程度上，正是基于外廊空间的亚热带气候适应性特点，外廊式建筑才具备根植于闽南土壤的条件。当然要指出的是，他们的认识很多时候是基于模糊的"乡土经验"感知或直觉，缺乏系统化、知识性的"科学研究"行为。这一点与近代西方殖民者、日本殖民者于印度、东南亚、台湾等地所作的科学性研究有很大不同。尽管如此，若运用当代建筑物理学方法来加以重新分析，同样也能证明近代闽南侨乡人在当时的经验应用是颇为合理的。

（1）近代西方殖民者和日本人对外廊的亚热带气候适应性的科学研究

据台湾学者林思玲、傅朝卿在台湾建筑学报发表的文章"气候环境调适的推手——

---

❶　位于中共泉州市委大院原临新门街南门两侧，现已被拆除。

❷　来源：泉州城建档案馆。

日本殖民台湾热带建筑知识体系"，认为，近代欧洲高纬度地区的殖民者来到亚洲热带以后，曾经专门做了关于殖民建筑与当地热带气候关系的科学研究，而"外廊"的热带气候适用性的发现是其中的一项重要研究突破。文章中写道：

"英国学者尼尔森（Sten Nilsson）在研究西方的热带殖民建筑过程中，以年代学的方式研究 1750 年到 1850 年欧洲人在印度的殖民建筑，他就已经提出热带环境特征形塑殖民建筑外观的看法。他提到丹麦人、英国人与荷兰人将自身在欧洲的新古典主义建筑带入热带殖民地，却遭遇到许多困难，迫使他们重新设计建筑物以适应环境。"❶

林思玲、傅朝卿的文章中还阐述了尼尔森对外廊适应印度当地气候的研究："广大的印度同时具有湿热与干热两种气候形态，湿热气候如加尔各答等地，干热气候如德里等地，对应气候下所发展的建筑会有所差异。例如湿热地区宽松的建筑构造与疏散的配置形式可形成较多空气流通的空间。在建筑形式上，尼尔森指出许多欧洲新古典主义建筑所使用的元素，如门廊（portico）、凉廊（loggia），却因为具特殊功能而大量出现于印度。门廊通常设置于建筑北向，凉廊配置于建筑南向，用以抵挡印度的大雨与烈阳，并可作为休憩乘凉之所。"❷

20 世纪上半叶，与闽南一衣带水的台湾正处于日据时期。在台湾的日本人也对建筑的热带气候适应性方法进行了科学研究，他们一方面借鉴欧美热带殖民地建筑的知识成果，另一方面自己也进行实地考察及专业研究。林思玲、傅朝卿的文章中认为 ❸，他们这样做的目的是基于下面两点：其一，让人在建筑内能够有舒适的温度和湿度并且健康卫生。其二，建筑物本身也能够在热带环境中经济地对抗气候的破坏。日本人的研究结果使他们对"外廊"的热带适应性功用给予了相当程度的关注，并在台湾的军事和民用建筑中大量鼓励和推广外廊式建筑原则。

林思玲、傅朝卿的文章进一步提到，日本陆军为在台湾兴建适应热带气候的永久兵营费尽心力，多次派遣石黑忠悳、石本新六、小池正直、泷大吉等专业人员前往欧美热带殖民地考察。从出访地点来看，一是与台湾纬度相近的中国大陆南部沿海、越南北部、印度、缅甸等地，二是南洋各地。考察后的一个重要结果，是认为建设带有宽大外廊的兵营是适合热带气候的。石黑忠悳在其台湾驻军卫生报告中认为，日本驻军在台湾居住的各类卫生事项皆可参考英国人墨利（John Murray）所写手册《如何居住于热带非洲》（How to Live in Tropical Africa，1895 版），以解决热带殖民地适应的

❶ 引自：林思玲，傅朝卿.气候环境调适的推手——日本殖民台湾热带建筑知识体系 [J].（中国台湾）建筑学会建筑学报，2007（59）：1~24。

❷ 林思玲，傅朝卿.气候环境调适的推手——日本殖民台湾热带建筑知识体系 [J].（中国台湾）建筑学会建筑学报，2007（59）：1 ~ 24 。转引自，Sten Nilsson. European Architecture in India 1750-1850[M]. London：Faber and Faber，1968：176-178。

❸ 林思玲，傅朝卿.气候环境调适的推手——日本殖民台湾热带建筑知识体系 [J].（中国台湾）建筑学会建筑学报，2007（59）：4。

问题❶。

石黑忠悳参考德国、荷兰、英国、法国等国家在热带殖民地的卫生报告,提出这些殖民地防暑兵营的做法,石黑忠悳指出,台湾的气候类型类似爪哇、印度与越南等地,参考荷兰、英国、法国等国在这些殖民地所采取的方式是合理的选择。其中,石黑忠悳特别提到了英国在印度兵营中于建筑物的四周设置广阔的外廊空间形式的做法。❷1897 年春夏之际,日本派遣陆军省筑城部长石本新六、军医小池正直、技师泷大吉等人,前往法属殖民地越南北部、荷属爪哇、英属印度等热带殖民地考察。考察的结果,石本新六认为在台湾的兵营可参考越南北部与印度的做法,在建筑四周设置宽大的外廊空间。同行的日本军医小池正直则观察到印度、缅甸、新加坡等热带殖民地的兵营四周均设置宽广的外廊空间,而且一楼地板距离地面非常高,可通风以保持干燥。他认为这种带有外廊空间形式的兵营设计可保护士兵健康,也可值得台湾兵营建筑的借鉴❸。

林思玲、傅朝卿的研究文献中,对日本在台湾的驻军如何实践外廊式兵营建筑有着深入细致的阐述,这些都是十分宝贵的研究成果。他们提到,日本人在每一期的兵营建筑中,都十分关注对外廊的气候适用性的使用评估,以期得到对下一期的建造设计的修正❹。"第一期的兵营建筑因为考虑到防暑,以英属印度的殖民兵营为学习的对象。在经过使用之后发现,无设置外廊的外墙部分容易产生漏水的现象。风雨亦使得日本传统白色漆墙壁容易污损及腐蚀渗水,造成建筑外观的污损。因此为了解决风雨的问题,浅井新一提到在规划第二期兵营建筑之时,特地派遣专家到气候形态与台湾较相近的越南,学习热带兵营的做法。并且在经费较充裕的情形下,在第二期以后台湾永久兵营改采红砖外墙并在四周配置外廊。"❺

林思玲和傅朝卿的研究文献,并不局限于关注日本在台驻军的外廊式兵营建设实践,还详细追踪了日本人对外廊空间的热带气候适用性的科学知识建构及其在民用建筑中进

❶ 参考文献同上,第6页。另参考:石黑忠悳,1896年台湾ヲ巡视シ成兵ノ卫生ニ付キ意见。

❷ 石黑忠悳.台湾ヲ巡视シ成兵ノ卫生ニ付キ意见.台湾卫生石黑会,东京,1896。并参考:林思玲,傅朝卿.气候环境调适的推手——日本殖民台湾热带建筑知识体系 [J].(中国台湾)建筑学会建筑学报,2007(59):1~24。

❸ 参考文献:林思玲,傅朝卿.气候环境调适的推手—日本殖民台湾热带建筑知识体系 [J].(中国台湾)建筑学会建筑学报,2007(59):1~24。另参考:日本建筑学会."台湾之兵营建筑"[J].建筑杂志,1897,第 11 辑第 132 号:379-380;日本建筑学会."小池军医正之之谈片"[J].建筑杂志,1898,第 12 辑第 135 号:110-111;日本建筑学会."故工学士泷大吉氏之传"[J].1902,第 16 辑第 192 号:362-365。另参考:日本建筑学会."小池军医正の谈片"[J].建筑杂志,1898。

❹ 参考文献:林思玲,傅朝卿.气候环境调适的推手——日本殖民台湾热带建筑知识体系 [J].(中国台湾)建筑学会建筑学报,2007(59):9-10;另参考:浅井新一.台湾陆军建筑の沿革概要 [J].台湾建筑会志,1932,第 4 辑第 4 号:6-10。

❺ 详:林思玲、傅朝卿.日治时期台湾兵营建筑适候改造过程之研究(1902-1931)——以陆军建筑技师浅井新一之回顾文为主 [A].成功大学建筑系文化与建筑研究小组.文化与建筑研究集刊 [C].台南:台湾建筑与文化资产出版社,2005(11)。同时参考:林思玲,傅朝卿.气候环境调适的推手——日本殖民台湾热带建筑知识体系 [J].(中国台湾)建筑学会建筑学报,2007(59):1~24。

行推广使用的历史事实。其研究文献中提到,据《台湾总督府公文类纂》与《日本公文杂纂》的记载,"1916 年台湾总督府派遣台湾总督府研究所技师堀内次雄前往南洋欧美热带殖民地进行卫生设施考察,以作为经营台湾的参考。其中考察的内容包含热带的住宅、病院、疗养所等建筑,因此特别派遣具建筑专业背景的技手尾迁国吉随同前往"❶。堀内次雄曾造访了厦门、汕头、香港、新加坡、爪哇、波罗洲、马来半岛、菲律宾等地,并参观过当地的医院、学校、卫生试验所、市街、避暑地等设施。他写成的报告书中则多次对当地宽大的外廊空间的气候适应性以及对使用者健康的益处给予论述。1917 年由羽岛重郎与荒井惠著写的《通俗台湾卫生》,直接为日本人移居台湾需要如何确保卫生健康提供了一本指导手册。"其中在建筑部分提到依据热带卫生学的指导方针,建筑应具有足够的室内空间高度与采光面积;需注意建筑构造是否能抵挡白蚁与暴风雨破坏;临街建筑须设亭仔脚而非临街建筑设置外廊以防日晒与风雨"❷。

　　总的说来,从林思玲、傅朝卿的研究成果中可以看出,日本殖民台湾时期,通过向欧美殖民者学习以及自主的研究,已经较为系统地建立了关于外廊式建筑对台湾热带气候适应性的科学知识体系。

　　(2)近代闽南侨乡民众对"外廊空间"的亚热带气候适应性的乡土经验

　　与日据台湾当局对"外廊空间"的气候适应性之科学研究相比,近代闽南侨乡人们的认识更多是凭借简单的乡土感验。由于台湾与闽南纬度接近且气候相似,日本人在台湾对外廊空间的气候适用性之科学系统研究以及实践推广,也从一个侧面佐证了这样一点,即:近代闽南侨乡大众从乡土经验出发而大量应用外廊空间形式是符合科学规律的。

　　(3)"外廊空间"的闽南亚热带气候适应性之当代科学分析

　　近代闽南侨乡大众对外廊空间的亚热带气候适应性的认知和应用,如果用现代气候文化学、建筑物理学等方法来重新加以科学分析,同样能够得到正确性的检验结果。

　　根据气候文化学理论,因为闽南位于"夏热冬暖"地带,在这样的气候带环境下,建筑应该展现以防暑为主的形态特点,而外廊空间的应用正好能使建筑在形态上增加遮阳、通风等功能,从而达到建筑防暑作用。生物学中的 Bergman❸ 法则认为,温血动物为了适应不同的寒暑气候会相应改变其体形大小。热带地区的动物相比寒冷地区的动物在体形上较大,而且尽量增加表面积来散热,寒带动物的形体则相对较为浑圆紧凑。"人类的建筑节能技术有着类似于 Bergman 法则的规律,越寒冷的地区建筑规

---

❶　参考文献:林思玲,傅朝卿.气候环境调适的推手——日本殖民台湾热带建筑知识体系 [J].(中国台湾)建筑学会建筑学报,2007(59):1~24。同时参考:1916 年日本公文"台湾总督府技手尾迁国吉ボルネオヘ出张ノ件"与"台湾总督府技手尾迁国吉爪哇及马来半岛ヘ出张ノ件"。

❷　参考文献:林思玲,傅朝卿.气候环境调适的推手——日本殖民台湾热带建筑知识体系 [J].(中国台湾)建筑学会建筑学报,2007(59):1~24。同时参考:详羽岛重郎、荒井惠.通俗台湾卫生 [M].台北:台湾日日新报社,1917:41-52。

❸　由德国生物学家 Bergman 提出。

模通常越大，外形做成方正、浑圆平整的造型，以减少散热表面积。相比之下，热湿地带的建筑规模通常较小，而且经常做成外形附有凹凸的形态以增加遮阳，通过各种方式增加表面积以利于通风散热。其形态的生成体现了利于消暑散热的目的，表现为规模小、分散、凹凸多、遮阳阴影多。"❶ 根据上述原理进行分析可以发现，"外廊空间"在近代闽南侨乡建筑中的应用显然在造型上可以增加建筑的阴影效果，造成建筑的表面积增大，也使得整个建筑造型显得轻盈通透、小巧玲珑，是一项很明显的适应热带气候的建筑手法。对比近代闽南侨乡的晋江金井丙洲村王植核楼与同时期的北方近代建筑（图 3-104），可以发现后者的外形较为厚重敦实，没有出现较多的凹凸和阴影，外界面上的灰空间几乎没有；前者则呈现玲珑通透的特点。南北建筑的差异，反映的是"遮阳文化"与"隔热文化"的差异。藤森照信先生还曾经发现一个十分有趣的现象，在西方殖民者的作用下，外廊式建筑曾经在近代出现在北方的天津等地，然而随着殖民者逐渐意识到"外廊"对寒冷地带的不适应后，很多业主将原先的外廊封上了玻璃形成日光室，如天津的法国领事馆南立面。殖民者的这种做法在技术上显然是要通过减少建筑的散热面并且积极引入阳光，来实现"外廊"从"防暑"功用到"防寒"功用的转变。

进一步从建筑物理学的角度分析可知，外廊空间是适应闽南亚热带气候环境的。它在遮阳、通风和防雨等方面均有适宜功用。

图 3-104　沈阳近代建筑与晋江金井丙洲村的王植核楼

首先，通风方面。外廊空间底面的低温与室外高温形成空气对流，有利于形成热压通风。白天，当外廊受到太阳斜射的时候，在太阳辐射作用下，室外地面和外廊空间靠近室外的底面部分的温度升高，发出的长波辐射分别加热外廊空间的前地以及外廊空间底部的近地空气。外廊空间前地和底部的热空气因容重减少而上升，其中外廊空间底部的热空气有部

---

❶ 林宪德. 建筑风土与节能设计——亚热带气候的建筑外壳节能设计 [M]. 第 1 版 . 台湾 : 詹氏书局，1997：1-275。

分向室外流动，有部分则上升到外廊空间的顶板下方。于是在外廊空间下部的空气压力较低，而外廊后面建筑空间的下部空气由于未受到阳光加热或者加热较少而相对具有较高的压力。在压力差的作用下，外廊后面建筑空间的下部空气向外廊空间流动形成通风。外廊空间底部上升至上方的空气冷却后下降，由此也形成外廊空间内空气的回流（图 3-105）。

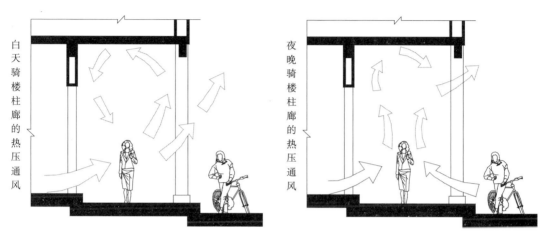

图 3-105 夏天外廊处的通风示意

其次，遮阳方面。通过分析发现近代闽南侨乡建筑中的外廊分布为南向居多，其次东西向，最后是北向。这与通过建筑物理学理论所分析得出的"外廊"在各方位的遮阳效果排序是一致的。具体分析步骤如下：

第一步：引入柳孝图的建筑物理公式❶，并计算厦门最热月中的大暑日（以每年的 7 月 23 日为例）下午的太阳高度角 h_s 和方位角 A_s，得到各时段的值❷。

太阳在空间的视位置由以下 2 个坐标参数和 3 个辅助参数来决定。这 2 个参数是太阳高度角和太阳方位角，三个辅助参数是观测地点的纬度角 φ，观测季节的赤纬角 δ

---

❶ 汤国华.岭南湿热气候与传统建筑 [M].第 1 版.北京:中国建筑工业出版社,2006:40。公式转引自:柳孝图.建筑物理(第二版)[M].北京:中国建筑工业出版社，2000。

❷ 说明：

　A_s 为太阳光线在地平面的投影与正南向的夹角，也就是太阳的方位角；

　h_s 为太阳光线与地平面的夹角，也就是太阳高度角。

　纬度角 φ 为：观测地点和地心的连线与赤道面的夹角。并且规定北纬为正，南纬为负。

　赤纬角 δ，是地球赤道平面与太阳和地球中心的连线之间的夹角。赤纬角以年为周期，在 +23° 27′ 与 –23° 27′ 的范围内移动，成为季节的标志。每年 6 月 21 日或 22 日赤纬达到最大值 +23° 27′ 称为夏至，该日中午太阳位于地球北回归线正上空，是北半球日照时间最长、南半球日照时间最短的一天。随后赤纬角逐渐减少至 9 月 21 日或 22 日等于零时，全球的昼夜时间均相等为秋分。至 12 月 21 日或 22 日赤纬减至最小值 23° 27′ 为冬至，此时阳光斜射北半球，昼短夜长而南半球则相反。当赤纬角又回到零度时为春分即 3 月 21 日或 22 日，如此周而复始形成四季。因赤纬值日变化很小，一年内任何一天的赤纬角 δ 可用下式计算：$\sin\delta=0.39795\cos[0.98563（N-173）]$。式中 N 为日数，自 1 月 1 日开始计算。

　ω 为时角，指的是地球自转若干小时转过的角度。地球每小时转过 15 度，并规定正午为零，距离正午 t 小时，则该时刻的时角 $\omega=15t$。

和观测时刻的时角 ω。

太阳高度角 h_s 的计算公式：$\sin h_s = \sin\varphi\sin\delta + \cos\varphi\cos\delta\cos\omega$

太阳方位角 A_s 的计算公式：$\cos A_s = (\sin h_s\sin\varphi - \sin\delta)/\cos h_s\cos\varphi$

以厦门（厦门的纬度取 24.46°）为例，计算最热月中的大暑日（以每年的 7 月 23 日为例）下午的太阳高度角 h_s 和方位角 A_s，得到各时段的值（表 3-7）。

厦门 7 月 23 日下午各时段太阳高度角和方位角数值   表 3-7

时刻	13 时	14 时	15 时	16 时
A_s 方位角（度）	75.22	86.10	93.17	98.21
h_s 高度角（度）	75.49	61.96	48.31	34.72

第二步：应用华南理工大学汤国华博士建立的外廊空间的遮阳效果分析的物理模型（图 3-106）[1]。

$D/32$（3 点至 2 点的距离）$= \cos A_{fs}$，$H_0/32 = \mathrm{tg}h_s$ $D=34$

所以，两式相除，得到 $D/H_0 = \cos A_{fs}/\mathrm{tg}h_s$

由此，得到外廊地面的受晒深度，$D = (\cos A_{fs}/\mathrm{tg}h_s)H_0$ （式 1）

当外廊朝向东西方向的时候，$A_f = -90°$（或 $+90°$）$A_{fs} = A_s - 90°$（或 $+90°$）

当外廊朝向南北方向的时候，$A_f = -0°$（或 $180°$）$A_{fs} = A_s - 0°$（或 $180°$）

（其中，A_{fs} 为太阳的入射线与外廊空间横向面的垂直法线 n 的角度）

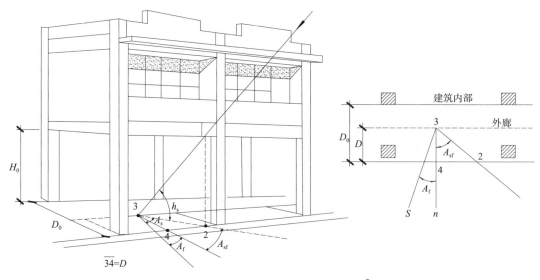

图 3-106 "外廊"的遮阳效果计算图 [2]

❶ 汤国华. 岭南湿热气候与传统建筑 [M]. 第 1 版. 北京：中国建筑工业出版社，2006：40-42。

❷ 作者根据以下资料描绘：汤国华. 岭南湿热气候与传统建筑 [M]. 第 1 版. 北京：中国建筑工业出版社，2006：40。

第三步，计算厦门最热大暑日在下午 2 点时候和 4 点时候的外廊空间遮阳效果。

下午 2 点的时候，外廊空间的遮阳情况计算如下：

当处于最热月的大暑日的下午 2 点的时候：太阳高度角 h_s=61.96，太阳方位角 A_s=86.10，代入式 1，则：

当外廊设置于朝东的时候：$D=(\cos(A_s+90°)/\mathrm{tg}h_s)H_0=-0.53H_0$，外廊底面不受阳光晒。

当外廊设置于朝西的时候：$D=(\cos(A_s-90°)/\mathrm{tg}h_s)H_0=+0.53H_0$，西向外廊底受晒深度是外廊空间的一个楼层净高的约一半。

当外廊设置于朝南的时候：$D=(\cos(A_s-0°)/\mathrm{tg}h_s)H_0=0.0362H_0$，南向外廊底几乎不受晒。

当外廊设置于朝北的时候：$D=(\cos(A_s-180°)/\mathrm{tg}h_s)H_0=-0.0362H_0$，北向外廊底面也不会受到日晒。

下午 4 点的时候，外廊空间的遮阳情况计算如下：

当处于最热月的大暑日的下午 4 点的时候：太阳高度角 h_s=34.72，太阳方位角 A_s=98.21，代入式 1，则：

当外廊设置于朝东的时候：$D=(\cos(A_s+90°)/\mathrm{tg}h_s)H_0=-1.42H_0$，外廊底面不受阳光晒。

当外廊设置于朝西的时候：$D=(\cos(A_s-90°)/\mathrm{tg}h_s)H_0=+1.42H_0$，西向外廊底受晒深度超过外廊一个楼层的净高，基本没有遮阳效果。

当外廊设置于朝南的时候：$D=(\cos(A_s-0°)/\mathrm{tg}h_s)H_0=-0.20H_0$，南向外廊底几乎不受晒。

当外廊设置于朝北的时候：$D=(\cos(A_s-180°)/\mathrm{tg}h_s)H_0=+0.20H_0$，北向外廊底面受日晒深度大约为外廊单层净高的 1/5。

第四步，综合上述步骤的分析可以得到如下认识：大暑日下午的厦门，南向外廊的遮阳效果明显；西向外廊在午后的遮阳效果逐渐减弱；北面外廊因为受到阳光照射的概率很少，用外廊来遮阳较不必要；东向外廊会在上午的时候起到一些遮阳效果。笔者抽取 19 幢近代闽南侨乡外廊式建筑样本进行统计（表 3-8），发现实际的情况是，外廊设置于南面的最多，占总样本数的 89.4%；其次是外廊设置于建筑东面和西面，各占总样本数的 26.3%；最少的是位于北面的外廊，占总样本数的 21%。

19 幢近代闽南侨乡外廊式建筑样本的外廊位置分布统计表　　表 3-8

位置＼样号	1	2	3	4	5	6	7	8	9	10	11	12	13	14	15	16	17	18	19
南	O	O	O	O	O	O	O	O	O	O		O	O	O	O	O		O	O
北					O			O			O						O		
西		O			O			O						O			O		
东		O		O	O									O		O			

再者，在防雨方面，闽南常见的"飘雨角"约为 33 度。要使外廊空间能为建筑室内遮雨，那么外廊空间的顶面水平深度 D 与外廊空间开口的垂直高度 H 的比应满足：$D/H \geq$ tg33=0.65。抽查 5 幢近代闽南侨乡外廊式建筑样本，并对其正面的外廊空间进行实测，结果表明（表 3-9），南面设置有外廊的，其外廊空间的顶部深度与外廊开口的垂直高度的平均值在 0.628 左右，与"飘雨角"十分接近。

5 幢近代闽南侨乡外廊式建筑抽样样本的外廊 D/H 值统计 表 3-9

	南面二层外廊深度 D（m）	南面二层外廊廊高 H（m）	D/H 比值
惠安东园埭庄庄长发宅	1.74	4.1	0.42
石狮景胜别墅	2.7	3.76	0.72
惠安屿头村杨宅	2.95	3.75	0.78
鲤城西街帽巷蔡光远宅	1.93（不包括外廊凸出部分）	3.71	0.52
鲤城中山路陈光纯宅	2.475	3.54	0.70
平均值			0.628

3.4.2 传统建筑中的"廊"空间体验

近代以前的闽南传统建筑中存在着"廊"空间（灰空间）基因，闽南侨乡大众也多有这方面的生活经历和体验。这也为外廊空间文化形式在近代闽南侨乡得到繁荣发展奠定了基础。

（1）在闽南传统官式大厝民居"榉头"和"巷廊"空间中的生活经历

近代闽南华侨们大多幼年或青年时候生活在故乡，很多人都有在传统官式大厝民居中生活的经历。陈嘉庚先生小时就曾于官式大厝民居中就学（图 3-107）。据统计，在一幢闽南传统官式大厝民居中，半室内外灰空间面积占了整幢建筑基底的 1/3 强（图 3-108）。这些灰空间有"榉头"、"巷廊"等。一些相关的信息表明，这些传统官式大厝民居中的"灰空间"与闽南近代建筑中的"外廊空间"营造不无关联。

"榉头"是闽南传统大厝建筑中天井两侧的灰空间，有时会被隔成房间，更多的时候对天井一面是完全敞开的（图 3-109）。在闽南传统官式大厝民居中，业主们也经常会在热天的时候于此处摆上座椅和茶桌乘凉聊天。以下是一个有趣的实例。泉州惠安东园埭庄的庄嘉成宅（1947 ~ 1948 年建）是一幢近代闽南侨乡外廊式建筑（图 3-110），整体格局在较大程度上沿袭了三间张两落的传统模式。在其两个"榉头"的二层位置竟都衍生出具有外来建筑文化特点的外廊形式。建设者显然在"外来文化特点的外廊形式"与"传统的榉头空间"之间建构起了联系桥梁。或者也可认为是传统大厝"榉头"空间的"二层化、外廊化"的演变。

图 3-107　陈嘉庚幼年在闽南传统官式大厝
建筑中就学场面的浮雕 ❶

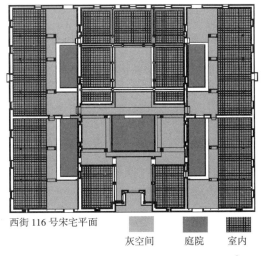

西街 116 号宋宅平面

灰空间　　庭院　　室内

图 3-108　闽南传统官式大厝灰空间分布 ❷

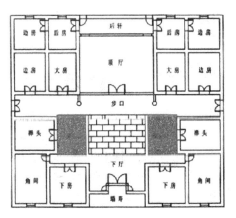

图 3-109　闽南传统大厝建筑中的榉头灰空间

图 3-110　惠安东园埭庄庄嘉成宅（1940 年代建）

　　近代闽南侨乡（特别是晋江一带）还出现了一种特别的"廊式"建筑。如，晋江龙湖新街下炉社东区 11 号施宅（图 3-111），两落五间张两榉头布局，榉头的二层处也是设置了传统构筑形式的"廊子"。在近代以前建设的晋江传统官式大厝中，并未有出现这类建筑，它体现了传统大厝的"榉头"向二层发展并且"外廊"化的衍生趋势。这种特殊的"廊式"建筑的出现，是介于内向围合的闽南传统官式大厝与近代闽南侨乡外廊式建筑之间的中间状态，表明近代闽南侨乡外廊式建筑的衍生与传统"廊式"合院建筑之间并非没有渊源。类似的案例还有晋江埔锦村光辉埔 23 号许宅（图 3-112）。

❶　资料来源：集美陈嘉庚故居纪念室。

❷　王珊. 泉州近代与当代骑楼比较研究 [D]. 泉州：华侨大学建筑系硕士学位论文，2003：7。

图 3-111 晋江龙湖新街下炉社东区
11 号施宅（1940 年代）

图 3-112 晋江埔锦村光辉埔 23 号
许宅（1940 年代）

"巷廊"同样是闽南传统官式大厝中十分重要的"灰空间"，常常位于天井后部的敞厅之前。在近代闽南侨乡外廊式建筑中，也能发现一些案例以表明"外廊"空间的衍生与传统大厝民居中的"巷廊"的关联性。如，位于泉州惠安东园埭庄的庄添火宅，两落三间张布局，一层部分几乎都是传统官式大厝建筑样式，在后落的巷廊所对应的二层处，发现具有外域建筑文化表现特征的"外廊"空间形式（图 3-113），在这里，外廊空间受到外域文化影响而衍生的结论是不能被否定的，然而，这里的外廊空间设置灵感也不能排除来自传统大厝建筑中"巷廊"的影响。作者调研过程中发现，类似庄添火宅的案例还有不少。如，泉州中山南路 567 号李宏成宅（道惠世家）、泉州鲤城区新府口 52 号郭宅、晋江梧潭李宅等。

天津大学博士关瑞明先生针对近代闽南侨乡外廊式建筑的由来，提出了有趣的"五家居"学说。他在考察漳州和龙岩两地的土楼时无意间发现了一种"面宽五开间，通高二层，立面上柱廊特征"清晰可见的楼房，当地人称之为"五家居"。由于"五家居"的闽南方言为"Ngo-ga-gi"，与近代闽南人称"外廊"为"五脚基"的音译"Ngo-ka-gi"相当接近，于是关博士认为二者存在着一定的渊源关系。他从考察获取的"五家居"资料中认为"五家居"实际是传统五间张大厝的建筑顶落部分从单层平房演变成二层楼房的形式，为了交通组织的需要，主立面的每层均增加了一排外柱廊（图 3-114）。这排外柱廊也可能是从闽南传统大厝顶落的厅口"巷廊"演变而来。当然，关于"五家居"传承学说的正确与否尚需进一步考证。

（2）侨乡人在闽南山区传统干栏式建筑中的生活经历

在近代闽南边远山区如德化、永春、安溪等地，有许多传统木构干栏式建筑。它们在近代以前就已经大量存在了（图 3-115）。这些传统干栏式建筑中也有很多设置有外廊。它们的存在显然有力地说明了，外廊式建筑在近代闽南侨乡的大量建设虽然与南洋、广东等外域地的影响有关，但是本土历史上是存在这种"适生记忆"的。

应该说，基于文化先进和落后的观点来看，近代闽南侨乡人想必不会认为这些位于

图 3-113　庄添火宅中的近代特点"外廊"
与传统的"巷廊"的对应关系 ❶

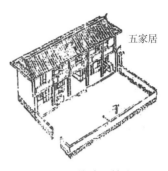

图 3-114　关瑞明博士所
发现的"五家居"外廊 ❷

偏僻山区的传统的外廊式干栏建筑是值得他们借鉴的"先进"对象，进而在新社会到来之际去有意地大量模仿。可以明确的是，它们不是激发近代闽南侨乡外廊式建筑爆发式增长的主要"起因"。

　　然而，近代闽南侨乡外廊式建筑群体的繁生是否就和这些闽南山区传统的外廊式干栏建筑毫无关系？答案是否定的。笔者实地考察发现，不少"近代闽南侨乡外廊式建筑"仍然保留着近代以前山区传统外廊式干栏建筑的很大部分形貌。如德化县戴云村干栏建筑（图 3-116）、德化县上涌乡杏仁街 12 号（图 3-117）。这些外廊式建筑或多或少地已经受到了近代外来建筑文化的影响，有的甚至出现了钢筋混凝土技术的应用，但是在表现形式上却与山区传统的外廊式干栏建筑形式很是类似。它们的存在有力地表明了，在近代闽南侨乡外廊式建筑群体繁生过程中，闽南山区传统的外廊式干栏建筑也曾经对其产生过影响，虽然这种影响不是促成其大量繁生的主流原因，但是却助长了近代外廊式建筑繁生景象向闽南山区的延伸。

图 3-115　德化县上涌乡传统的
外廊式干栏建筑

　　或许可以据此推测这样一个历史变迁景象：闽南在古越时代拥有众多外廊式干栏建筑，中原文化南侵后大量出现内向封闭合院格局，到了近代，外来的海洋文化再次侵入，外廊式建筑又再兴起。当然，关于这一推测仍有待进一步的考证。

---

❶ 底图资料来自华侨大学建筑学院学生测绘，指导教师：杨思声、郑妙丰。

❷ 关瑞明 . 泉州多元文化与泉州传统民居 [D]. 天津：天津大学博士学位论文，2002：132-133。

图 3-116　德化县戴云村传统的外廊式干栏建筑 ❶

图 3-117　德化上涌乡杏仁街 12 号外廊式建筑

3.5　繁生原因之闽侨群体的从众行为

3.5.1　勒庞关于"大众心理群体"的研究

（1）"心理群体"的含义

通常认为，"群体"一词是指聚集在一起的人，不管他们的民族、职业或者性别如何，也不管是什么事情让他们走到了一起。但是在心理学上，"群体"一词却有特殊的含义。它指的是，聚集成群的人，他们的感情和思想全都转向同一个方向，他们自觉的个性消失了，形成了一种集体心理，或称"心理群体"。如，成千上万的孤立个人，因为某些国家大事的发生而形成了相似的反应，就可以被称为"心理群体"。

（2）"心理群体"的特点

法国学者古斯塔夫·勒庞认为："一个心理群体表现出来的最惊人的特点如下：构成这个群体的个人不管是谁，他们的生活方式、职业、性格或智力不管相同还是不同，他们变成了一个群体这个事实便使他们获得了一种集体心理，这使他们的感情、思想和行为颇为不同。若不是形成了一个群体，有些闪念或感情在个人身上根本就不会产生，或不可能变成行动。" ❷ 心理群体是一个由异质成分组成的暂时现象，当他们结合在一起时，并不是由心理个体构成的总和或者是它们的平均值。就像某些化学元素如碱和酸在反应后形成一种新物质一样，它所具有的特性就异于使它得以形成的原初物质。

根据勒庞的理论认为，组成一个心理群体的个人不同于孤立的个人，其中有三个方

---

❶ 关瑞明.泉州多元文化与泉州传统民居 [D]. 天津：天津大学博士学位论文，2002：127。
❷ [法] 古斯塔夫.勒庞著.乌合之众——大众心理研究（第一卷：群体的一股特征）[M]. 第 1 版.冯克利译.北京：中央编译出版社，2004。

面值得注意：其一，心理群体中的个人之间常因具有共同的深层无意识心理结构而表现出共同特征。现代心理学认为，深层无意识现象在智力活动中发挥着完全压倒性的作用，而我们有意识的行为则是无意识的深层心理结构的产物。深层心理结构中包含着世代相传的无数共同特征，它们构成了一个种族先天的禀性，这些普遍的性格特征也就变成了群体中的共同属性。其二，心理群体中的个人之间极易发生心理传染现象。勒庞写道："在群体中，每种感情和行动都有传染性，其程度足以使个人随时准备为集体利益牺牲他的个人利益。这是一种与他的天性极为对立的倾向，如果不是成为群体的一员，他很少具备这样的能力。"❶ 由于具有传染性，因此心理群体中的某个人做出一项行为后，很容易诱发群体中的其他人作出类似的反应。其三，心理群体中的个人很容易接受暗示。心理学中有一种特别的现象，那就是通过某些方式的作用，"个人可以被带入一种完全失去人格意识的状态，他对使自己失去人格意识的暗示者唯命是从，会做出一些同他的性格和习惯极为矛盾的举动"❷。作为长时间融入群体行动的个人，不久就会发现自己会进入一种特殊状态，作为心理群体中的个人，常常会像被催眠的人一样，一些能力遭到了破坏，同时，另一些能力却有可能得到极大的强化。

3.5.2　近代闽南侨乡大众心理群体的特点

从勒庞的大众心理群体理论看来，近代闽南侨乡大众可以认为是一个典型的"心理群体"。他们中的个体之间在心理上并非孤立的，而是会有相互连接的心理要素。一方面，他们中的个体经过祖先遗传和地缘的孕育形成了特殊的无意识人格，这种无意识人格控制着每一个近代闽南侨乡大众群体中的个体。有诸多学者也论证过闽南人的普遍性格。另一方面，近代闽南侨乡大众中的个体之间的传染性特别强，而且容易接受其他个体的暗示，当某个个体作出某种行为，十分容易引发其他个体的共鸣。如，近代闽南华侨中有一些精英或者知名人士，喜爱在建筑中表达民族复兴的情结，著名华侨陈嘉庚先生就喜爱在建筑中盖上中式大屋顶，这种民族情结的建筑表现行为就具有相当程度的传染性，可以看到在20世纪上半叶的闽南建筑中，很多华侨都试图在建筑上表达中华复兴的渴求。只是在表现的方式上各有不同，有的在建筑的对联中以文字内容体现，有的在建筑屋顶上盖上亭子，有的在平面布局上给予体现。

根据勒庞对心理群体特性的进一步剖析，以及笔者对近代闽南侨乡大众的深入研究，可以看到近代闽南侨乡大众作为一个心理群体除了上述特点以外，也还具有以下的几点特性：首先，近代闽侨大众心理群体具有冲动性。勒庞曾认为，所有的心理群体都具有冲动和急躁性。他们跟风的特点很强，缺乏冷静，正是由于这一特点使得他们敢于做到

---

❶ [法]古斯塔夫.勒庞著.乌合之众——大众心理研究（第一卷：群体的一股特征）[M].第1版.冯克利译.北京：中央编译出版社，2004。

❷ 同上。

孤立的个体所不能办到的革新事情。这一点，从近代闽南侨乡大众们敢于全面打破封建时代的建筑传统体系的行为中可以得到证实。其次，近代闽南侨乡大众心理群体所表现出来的情绪常常是夸张而单纯的。他们常将事情视为一个整体，看不到它们的中间过渡状态。不管什么感情和喜恶，一旦表现出来，通过暗示和传染过程，就会得到非常迅速的传播，它所明确赞扬的目标也就会力量大增。再者，近代闽南侨乡大众心理群体还具有偏执、专横和保守性。他们经常在观念上容易走向极端，一旦喜欢上某种事物就容易有偏执的追求倾向。

3.5.3 "从众行为"与外廊式建筑群体繁生

如果将在建筑中应用"外廊空间"当作一种特定的行为事件来看待，那么对于近代闽南侨乡大众这一"心理群体"而言，这种行为事件基于以下这些原因而得到了广泛的传播。

第一，心理群体容易被形象产生的印象所左右。外廊形象一旦被艺术化地激活，毫无疑问就会有神奇的力量，能够在群体心中掀起激烈的传染风暴。外廊不仅是一个特殊的建筑形象，亦是一个特殊的词语，影响着大众群体，加速其相互传染。第二，勒庞认为，心理群体时常处在幻觉的影响之下。外廊式建筑对于近代闽南侨乡人来说是新鲜事物，这容易让他们产生处于异国他乡的幻境，有着高尚和遥远的感觉。这种幻觉强烈暗示着近代闽南侨乡大众群体，引领其创造出更多的外廊式建筑。第三，将幻想落到实处的外廊式建筑的营造经验的获得，使得近代闽南侨乡大众群体在应用外廊式建筑类型上不断积累实实在在的经验，每次个体试验的成功都为群体的传染奠定了基础。第四，外廊式建筑能够得到近代闽南侨乡群众的大量采纳，很多时候并不是基于科学的判断和选择。这一点十分重要。事实上在勒庞看来，大众群体的行为很多时候是不受推理影响的，逻辑定律对群体很多时候也不起作用。外廊式建筑类型在近代闽南侨乡得到群体应用有很大一部分原因是与感情的诉求有关，而并非依赖严密的理性。

应该说，外廊式建筑类型得到近代闽南侨乡群众的普遍认用，和群众中的少数领袖的带头作用有直接关系。勒庞认为："只要有一些生物聚集在一起，不管是动物还是人，都会本能地处在一个头领的统治之下。就人类群体而言，所谓头领，有时不过是个小头目或煽风点火的人，但即使如此，他的作用也相当重要。他的意志是群体形成意见并取得一致的核心。他是各色人等形成组织的第一要素。"❶ 近代闽南侨乡群众中有许多华侨领袖和精英人士，他们有着较高的名望，如陈嘉庚先生、华侨商会统领林尔嘉先生、著名华侨黄亦住，等等。他们的行为对侨乡大众有着重要的示范性影响。这些侨领在建筑中推崇外廊应用做法也让广大侨乡民众纷纷效仿。群体领袖应用"外廊"的带头作用能够传染整个群体，也和这些领袖对外廊的不断重复应用有关，一个侨领采用外廊式建筑

---

❶ [法]古斯塔夫·勒庞著. 乌合之众——大众心理研究[M]. 第1版. 冯克利译. 北京：中央编译出版社，2004。

很容易被解读为偶然，然而很多侨领都采用外廊式建筑，无形中就实现了重复，强化了对近代闽侨大众群体普遍应用外廊式建筑类型的引领能力。

3.6　繁生的后果：区域建筑景观开放性印象的形成

外廊式建筑的群体繁生，使得近代闽南侨乡区域建筑景观给人以开放性的印象，带来了对近代以前闽南传统封闭内向的区域建筑景观的革命性改变。这对于闽南区域建筑景观的现代化转型具有重要的意义。

和大多数中国城乡一样，闽南近代以前的传统城乡建筑风貌多呈现内向封闭的特征❶。从城市来看，闽南古代的城市很注重防卫功能，围闭的城墙成为城市的重要组成部分，如，漳州城的城墙已有800多年的演变历史（图3-118），据《漳州县志》记载："宋初，筑土为子城（指内城），周长4里；辟门6：东门'名第'、'清漳'，西门'登仙'、'朝真'，南门'云霄'，北门'庆丰'。宋咸平二年（999年），始浚河环抱子城。祥符六年（1013年），加浚西河，又于西南隅（今旧桥以西一带）凿水门，接潮汐，通舟楫；并竖周长15里之木栅作为外城。自宋初建城至清乾隆二十四年（1759年）近800多年间，漳州城池先后修筑30次。其中以明洪武初（1370年前后）的修筑工程最大。"❷再如，古代泉州城，从唐代至清末，在城市扩张的过程中也始终没有放弃城墙的修筑（图3-119）。除了城市以外，古代闽南一些家族或乡族所在地，也时常出现以堡垒进行围闭的景象，如，位于漳浦县的赵家堡（图3-120）、诒安堡，位于厦门集美后溪城内村的古城池。筑城的目的除了是对外防卫的需求以外，更重要的还是一种管制百姓或者族民的工具。

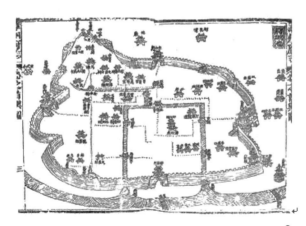

图 3-118　漳州府城池图（《漳州府志》卷首舆图）❸

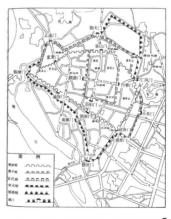

图 3-119　泉州市古城变迁图❹

---

❶　除了位于边远山区的某些山地建筑以外。

❷　漳州县志（卷一，政区）. 福建省情资料库 [EB/OL].http：//www.fjsq.gov.cn/ShowText.asp?ToBook=3167&index=54&。

❸　图片出处：漳州城市发展沿革 [EB/OL].http：//www.cnhcfc.org/new_chinacity/content.aspx?id=2557。

❹　鲤城区志（卷四，城乡建设）. 福建省情资料库 [EB/OL].http：//www.fjsq.gov.cn/ShowText.asp?ToBook=3167&index=54&。

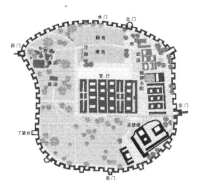

图 3-120 漳浦县赵家堡总平面 ❶

从明清时期闽南各地大多数建筑形式看，主要沿用的是"官式大厝"样式，它体现为内向封闭的合院布局。据《厦门市志》中记载，"厦门开埠之前，主要有两种传统民居，一为处于旧城周围的多重合院式双坡民居，另一种为郊区的农村传统民居。农村民居以单层三合院及四合院为特征，规格一般较旧城民居为小""常见的三合院是由三开间或五开间主房，加上前部东西两厢房，围成一较小内庭院，前部加上围墙，形成完整方块平面。主房住人，厢房做灶间及杂用房、柴火间、储藏间等，

四合院较前者规模大些，平面仍保持完整的矩形，这些合院式的居民外部门窗甚小，较为封闭，内院均很开敞，具有南方建筑的特色。"❷ 虽然明清时期闽南大厝根据不同的家庭成员尺度、不同的用地情况有各式的衍变（表3-10），但是，内向围合、对外封闭的合院形制却是不变的基本原型。这种基本原型的应用是沿承中国古代中原汉族文化传统的结果。

明清时期闽南大厝 ❸		表 3-10
	一落二榉头止大厝	一落四榉头止
三合院形制		
	三盖廊	一进两落大厝
四合院形制		
	两进三落大厝	回向合院与一进两落大厝
	两落一进附建护厝	其他合院组合变体
四合院增建或变体		

---

❶ 图片出处：赵家堡 [EB/OL].http://www.guoxuecc.com/xianfeng/2008/5677.html，2008。

❷ 厦门市地方志编纂委员会.厦门市志（第六章，城区建设）[M].第 1 版.北京：方志出版社，2004。

❸ 资料出处：[台湾] 江柏炜.闽南建筑文化的基因库：金门历史建筑概述 [EB/OL]. http://www.docin.com/p-14541839.html。

众多的内向封闭的合院型建筑所组成的是一幅内敛、低沉的闽南区域建筑景观风貌（图3-121）。自我禁锢、庭院深深、内向而聚的生活表征与古人注重内求而忽视外求的文化心理是一致的，他们不刻意地外向追求有限的事物，凡事趋于在自身上主观求解，重视自我意识的完善和对内心世界的探求，做到"不出户知天下，不窥牖见天道"。此外也与古人有着"自给自足"、"家丑不可外扬"的心态有关。

图3-121　闽南传统古民居群落的封闭内向的景观风貌 ❶

在近代闽南侨乡时期，当地人们对外廊式建筑的营建热情，最终引发了封闭内向的城乡建筑风貌的全面变革，有了开放、明朗的景观表情之转变（图3-122、图3-123）。当然，与这种景观形式的转变所密切关联的是其背后人们思想观念和行为方式的变化。闽南人于辛亥革命后已逐渐摆脱传统权威的单一束缚，撑破了心理上长期压抑的围屋壁垒。他们渴望向外界展示自己的能力，渴望与他人进行交流。外廊式建筑群体所产生的整体印象，给人以欢快、热情的心理感受。

图3-122　近代闽南侨乡外廊式建筑大量建设所产生的开放式景观风貌 ❷

图3-123　近代闽南侨乡外廊式建筑大量建设所产生的开放式景观风貌 ❸

3.7　本章小结

本章论述表明，在宏观的区域尺度层面上，外廊式建筑类型在近代闽南侨乡环境中产生了地域适应性的群体繁生景象。其群体的区域空间衍生体现为四幅图景：在近代厦门鼓浪屿和海后滩两地的群体聚集，在近代厦门嘉庚校园内的成组衍生，在闽南侨乡各城镇街道的集合连接，在各城乡居住点的广泛散布。近代闽南侨乡外廊式建筑群体衍生呈现快速爆发式增长状态，"相对密度"较高，根据统计学方法估计得知，外廊式建筑在所有闽南侨乡近代建筑中的比重更是占据了绝大部分（约90%），在文化特征上也有着统一性表现，即体现为近代外来建筑文化因子、本土传统地域建筑文化因子以及华侨

❶　司空小月，陈世哲等.闽南，那些张扬的红房子 [J].中国国家地理，2009（5）：1156-163。

❷　出处：上海市历史博物馆编，哲夫、翁如泉、张宇编著.厦门旧影 [M].第1版.上海：上海古籍出版社，2007：83。

❸　出处：厦门小鱼网 [EB/OL].http://bbs.xmfish.com/read-htm-tid-3724846-page-1.html，2010。

民俗建筑文化因子的耦合特点。

本章还深入分析了出现近代闽南侨乡外廊式建筑群体繁生景象的三个原因：其一，近代闽南侨乡大众对外域外廊式建筑的积极主动的模仿和移植，特别是来自南洋和广东等地的外廊式建筑大量建设的影响。其二，近代闽南侨乡大众对外廊式建筑类型的本土适用性的认识。他们凭借经验对外廊空间适应本地温暖多雨气候有着乡土化认知。在近代，海峡对岸与闽南的纬度和气候十分接近的日据台湾，日本人曾对外廊式建筑的热湿气候适应性进行过科学系统研究，并最终以官方的角度在台湾大力推行"外廊"计划。这对闽南人大量选用外廊式建筑类型的做法也是一个侧面的适用性辅证。此外还有一点必须指出的是，近代闽南侨乡人对传统民居大厝中的巷廊空间体验和传统的外廊式干栏式建筑的见识，显然也增强了他们对外廊式建筑的本土适用性的理解。其三，根据勒庞的大众心理学原理可知，近代闽南侨乡大众作为一个心理群体，有着较强的非理性从众行为，外廊式建筑的建设作为一个特殊事件，当它的形象被艺术化地激活，或者是由于少数华侨领袖的示范性带头建设等因素作用下，就很容易激发大众群体的理想幻觉，由此引发人们对外廊式建筑营造的非理性的"群体狂热"。

最后本章阐述了近代闽南侨乡外廊式建筑群体繁生的一个重要后果，即区域建筑景观表情发生了重大改变，由清王朝封建时代的内向封闭、沉闷厚实，转而变得外向开放、明朗欢快。

第四章　近代闽南侨乡外廊式建筑的单体演绎

4.1　单体呈现多元表现景象的背因

经研究，近代闽南侨乡外廊式建筑单体呈现特色的多元表现景象。在分析其具体的表现景象之前，首先论述产生这一特点的三个重要背因。其一，建设者的多向度表现动机及行为；其二，建设者拥有丰富的建筑表现素材；其三，建设者对外廊式建筑表现形式上的灵活理解。

4.1.1　建设者的多向度表现动机及行为

近代封建权威约束力的解体引发闽南侨乡建设者信仰的自由与解放。虽然闽南在宋元时代曾经有过多元建筑文化的影响，但是到了明清时期，闽南人的建筑观却逐渐趋于一元，闽南传统官式大厝形式几乎成为唯一的建筑范本。其中原因与封建社会的专制约束力有关。封建社会的道德束缚压抑人们在利益、行为方式、思想等方面的分化，以此来维护社会的团结。政治、经济、宗教和文化等种种功能几乎都是由一元的社会组织来控制和行使。在封建社会中，个人对自己的生活和行为进行自由选择的余地很小，统治者为了保持其社会格局的稳定持久，从政治、法律和道德上不承认个人有这种权利。辛亥革命后，情况发生了剧变。在近代闽南侨乡，封建社会的解体使得原有的一元社会秩序受到极大的冲击。在这种社会环境下，人们的信仰处于暂时的无权威状态（图 4-1 ）。

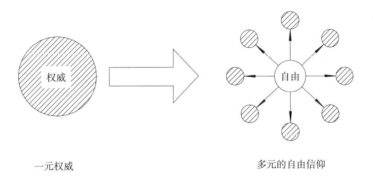

一元权威　　　　　　　　　　　　　　多元的自由信仰

图 4-1　辛亥革命后闽南侨乡人们从"一元权威"到"多元自由"的信仰变化

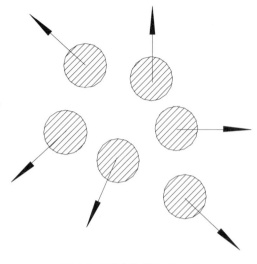

图 4-2 "竞争"激化差异性

近代闽南侨乡建设者的"求新求异"的进取思想进一步激发了建筑表现的多元化探索。辛亥革命后，代表资产阶级的民国兴起，人们在心理上自觉进入了一个崭新的社会，要求进步的动力强劲。在建筑营造方面，渴望创新的风气与日俱增。而在那时，人们对"创新"的理解就是尽力营造出闽南人所未见过的建筑景象。人们运用各种猎取和考古力量，在古今中外的世界中寻觅各种"新奇"事物并加以模仿，以期达到"创新"的效果。在他们看来，地理上"越遥远的事物"越是新奇，历史上"越古老的事物"也越是有价值。这种心态其实就是一种典型的"猎奇"心理。应该说，要实现对遥远的异国世界的模仿是有条件的，但闽南华侨们的海外经历、经常寄回家乡的明信片等提供了重要的信息平台；另一方面，因为在闽南当地仍留存有相当多的历史古迹。

近代闽南侨乡人们之间存在的强烈的竞争意识也推进了人们去追求不同的建筑表现。他们往往在衣食无忧的情况下，将多余的钱用来"斗富比阔"，以此达到用炫耀性消费实现他们的"去边缘性"❶，并试图向世人展示自己的"成功"以及弄潮于主流文化的地位。这种竞争意识显然加剧了对建筑多元化表现形式的探索力度。每家每户在营造建筑的过程中，往往主动追求不同的样式，相互之间"攀比"成风。在考察中，就曾有业主的后人对作者说道："邻居家的建筑用到了伊斯兰风格，吾家的就必然要争取有更特别的风格来和他们相比！不然，岂不落后他人。"相互竞争的结果是，大量的差异性的建筑文化表现形式被创造出来（图 4-2）。

4.1.2 建设者拥有丰富的建筑表现素材

前文提到，近代闽南侨乡是一处多元文化汇聚的地方。相对应地，在这样的环境下，多种多样的建筑文化信息得以存现。这里的建筑文化信息不仅有来自同期的南洋，更有来自遥远的国度如美国、欧洲等地的。与此同时，闽南古代曾经有过的古越族建筑文化信息、中原汉族建筑文化信息、伊斯兰建筑文化信息（图 4-3）等也以各种载体形式遗传到了近代侨乡环境中，共同构成近代闽南侨乡丰富多样的建筑文化信息场所。

---

❶ 美国制度经济学家凡勃伦在《有闲阶级论》中首次提出"炫耀性消费"，西方消费文化理论在探讨文化与消费的关系时，也将之看作是一种复杂的社会现象。指人们通过带有浪费特征的消费来表明自己的阶级身份并获得荣誉。

图 4-3 泉州艾苏哈卜清真寺（公元 1009 年建）

多种多样的建筑文化信息为建设者们的建筑活动提供了丰富的素材。面对如此情况，不必担心建设者们的形式语言会单一匮乏，相反，困扰他们的是如何在纷繁的建筑文化信息中选中他们的喜爱之物以彰显个性。由于近代闽南侨乡社会价值观逐步趋于自由化和多元化，不同建设者基于不同的出身和经历以及经济实力的差异等原因，往往在建筑营造过程中作出差别化的选择。

4.1.3 建设者对外廊式建筑表现形式的灵活理解

前文提及，在古今中外的诸多文化环境中均能找到外廊式建筑类型的存在。从历史来看，不同的文化环境中其外廊式建筑类型往往会呈现不同的实际表现形式。或者换句话说，历史证明了外廊式建筑类型在文化表现形式上是可以相当灵活的。我们在人类历史中，不仅看到木构的外廊式建筑形式，而且还可以看到各种砖作、石作、金属结构的外廊式建筑形式，甚至是不同材料结构技术混合的外廊式建筑；不仅可以看到希腊风格的外廊式建筑，而且还可以看到古典主义风格的外廊式建筑、哥特风格的外廊式建筑、殖民风格的外廊式建筑、巴洛克风格的外廊式建筑、伊斯兰风格的外廊式建筑、现代主义风格、中华传统风格的外廊式建筑，甚至是混合风格的外廊式建筑。至于外廊式建筑的内部布局，则更是根据不同的功能需要可以有五花八门的具体格局。

外廊式建筑类型在具体的文化表现形式上可以是灵活的。这正符合了昆西所提出的基本原理，他认为建筑"类型"本质上是一种建筑原则而非一种精确的建筑"模型"，人们是可以据此发挥创造出各种各样的具体形式的。因此，外廊式建筑类型就不会仅仅是对应某种具体而固定的外廊式建筑表现形式。这一属性显然被近代闽南侨乡人所意识到并加以应用，他们在运用外廊式建筑类型的前提下，并不是像外国殖民者在殖民地那样只是营造一种相对较为固定的形式——简陋方盒子形态的外廊式建筑，而是有着更为丰富多元的形式变化。在近代闽南侨乡人们看来，"外廊式"似乎只是一种模糊的建筑原则，至于要怎样来表现它，是非常灵活和自由的。

4.2 单体外观造型风格的多元表现

4.2.1 单体外观造型风格的多元表现景象

经研究发现，近代闽南侨乡外廊式建筑单体外观造型风格有多元的表现景象，主要有：仿殖民地外廊式建筑风格；仿古希腊罗马建筑风格；仿文艺复兴建筑风格；仿欧洲古典主义建筑风格；仿哥特建筑风格；仿巴洛克建筑风格；仿伊斯兰风格；仿现代主义风格；仿古越族建筑风格；复兴中华汉族古典风格；传承闽南传统大厝形式风格；类似"碉楼"和"庐"式风格；等等（图4-4）。可以说，古代和近代时期世界各地的建筑风格在近代闽南侨乡外廊式建筑单体中轮番登场，由此也演绎出各种充满地域特色的建筑外观景象。

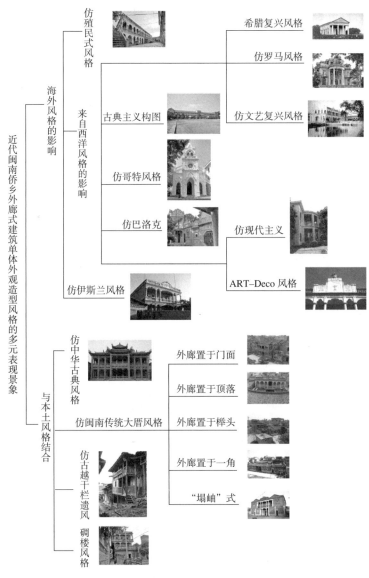

图 4-4 近代闽南侨乡外廊式建筑单体外观造型风格的多元表现

这种现象和生物物种在环境中产生"趋异适应"现象十分类似（图4-5）。"趋异"适应指的是有些物种个体虽然同出一源或同属一种，但发展过程中会根据环境条件的变化而有不同的衍异表现。在生物学中，当一种物种面对复杂的环境时，如果产生较为多样化的"趋异衍化"种类，则表明这种物种对环境具有较强的适应能力，同时也映射了环境成分的丰富性。外

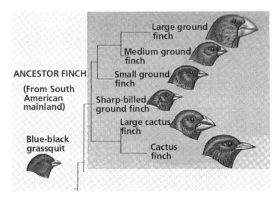

图4-5　鸟类的趋异进化适应 [1]

廊式建筑类型在近代闽南侨乡环境下会产生丰富的外观造型风格表现景象，显然是对当地复杂环境的适应体现。

4.2.2　殖民风格的侨乡化

传承和模仿"殖民地外廊式建筑"风格，是近代闽南侨乡外廊式建筑单体外观造型表现中重要的一类。在厦门鼓浪屿和海后滩租界，殖民者在19世纪末以前建设了不少"殖民地外廊式建筑"（图4-6）。这些殖民者所建之物遗存到19世纪末至20世纪中叶，被闽南华侨们认购（图4-7）。前文已阐明，当其被认购后，从学术上可以将其归属于近代闽南侨乡外廊式建筑的概念范畴。除了这些直接认购的"殖民地外廊式建筑"以外，在19世纪末以后的闽南侨乡外廊式建筑单体中，也发现很多模仿"殖民地外廊式建筑"外观造型风格的案例，如晋江金井镇塘东村蔡本油宅（1922年建）（图4-8）、鼓浪屿安海路36号番婆楼（1927年建）（图4-9）、漳州东美曾氏番仔楼（1903-1917年建）（图4-10）、晋江清濛小学（约1917年建）（图4-11）等等。

前文已指出，"殖民地外廊式建筑"的外观造型风格一般呈现为一种简易的方盒子模式特点，外廊的连续感较强，通常占据整个建筑立面，有一边、双边、三边，也有周围式的，外廊较少凹凸和装饰。根据藤森照信先生的观点，亚洲早期殖民者所建的殖民地外廊式建筑在风格上具有相对欧洲本土建筑的"简陋性"特点。关于为何存在简陋性的造型表现，同济大学沙永杰博士 [2] 认为，16世纪至19世纪期间，在西欧对外扩张的殖民地中，西欧殖民者带来的西方建筑样式与殖民地风土建筑的结合，由于当时是在无建筑师参与的民间条件下产生的，早期人员成分简单，缺乏建造条件，因此建筑常常呈现简易的方盒子格局，建筑样式单一，华丽的装饰也不多，常有临时性的建造特征。同济大学伍江博士在研究上海近代洋人所建的早期"殖民地外廊式建筑"的过程中也注意分析了这种简陋性特点背后的人类心理原因。他认为，这种简陋性、临时性的建造方式与

---

[1]　图片来源：http://a4.att.hudong.com/42/10/。

[2]　沙永杰．"西化"的历程——中日建筑近代化过程比较研究 [M]．第1版．上海：上海科学技术出版社，2001：70。

当时多数外国人的短期行为心理有关,许多人并不打算久留,只是抱着探险的心理想"捞"一把就走 ❶。

图 4-6 原厦门法国领事馆
(19 世纪末以前建) ❷

图 4-7 厦门鼓浪屿田尾路 17 号观海别墅,原为丹麦
大北电报局,后为印尼华侨黄奕住买下(约 1915 年建)

图 4-8 晋江金井镇塘东村蔡本油宅(1922 年建)

图 4-9 鼓浪屿安海路 36 号番婆楼(1927 年建) ❸

(a)

(b)

图 4-10 漳州东美曾氏番仔楼(1903-1917) ❹

❶ 伍江.上海百年建筑史(1840-1949)[M].第 2 版.上海:同济大学出版社,2008:1-50。
❷ 图片来源:吴光祖主编.中国现代美术全集.建筑艺术篇(卷一)[M].第 1 版.北京:中国建筑工业出版社,1998。
❸ 福建晋江籍的旅菲华侨许经权建造,落成于 1927 年。
❹ 来源:图片漳州论坛 [EB/OL].http://www.zzphoto.cn/bbs/redirect.php?fid=79&tid=4776&goto=nextoldset,2010。

图 4-11　晋江清濛小学立面❶

　　虽然在殖民者看来，"殖民地外廊式建筑"是简陋的临时之物，但是当它被近代闽南侨乡人所认购和模仿时，其背后的文化心理却已经发生了改变。一方面，认购者将其当作一种先进和高尚的事物进行接纳，简洁连续的外廊被认为是高贵及美丽风景的重要体现。另一方面，模仿者常常试图改变"殖民地外廊式建筑"外观形式的简陋性，使其拥有精致感。作者在实地调研后发现，不少业主在模仿"殖民地外廊式建筑"外形的过程上，往往于简洁连续的"外廊"处附加了各种华丽的装饰处理。如，漳州东美曾氏番仔楼的外廊柱上就装饰了彩色的马约利卡瓷砖（图 4-12），鼓浪屿安海路 36 号番婆楼的外廊壁柱上也增加了精美的柱头装饰（图 4-13）。通过这些改变，业主们实现了"殖民地外廊式建筑"的"侨乡化"转变。

图 4-12　漳州东美曾氏番仔楼外廊柱上
装饰彩色马约利卡瓷砖

图 4-13　安海路 36 号番婆楼的外廊
壁柱上增加了精美柱头装饰

4.2.3　古希腊罗马、文艺复兴建筑风格的浪漫运用

　　古希腊复兴风格在近代闽南侨乡外廊式建筑单体的外观造型中也有出现。如，鼓浪屿的美国领事馆（1930 年代翻建）（图 4-14），正面外廊柱仿希腊柯林斯柱式，贯穿两层，在外廊的二层有凹阳台处理，立面的阳台栏板退后以保证柱子的双层挺拔形象。两侧则有类似希腊神庙的山花处理。应该说，鼓浪屿美国领事馆的希腊复兴风格外观与近代时

❶ 华侨大学建筑学院测绘资料，指导教师：郑松、杨思声、陈志宏、费迎庆、陈芬芳（排名不分先后）。

期美国本土的某些希腊复兴建筑颇为相似。Virginia 大学美国研究学院的 Scott Cook 在《美国前廊的演变》一书中写道：（美国）"在 1800 年代的早期基于政治和考古学的原因产生了希腊复兴建筑，它的基本特征是有一个巨柱式的前廊，这个前廊主要是为了向进入的人们展示。在巨柱式前廊的二层，常出现阳台做法。"❶ 用图像学的方法对比厦门鼓浪屿美国领事馆与图 4-14 中的某美国希腊复兴风格的外廊式建筑（图 4-15），可以发现二者外观的类似性。

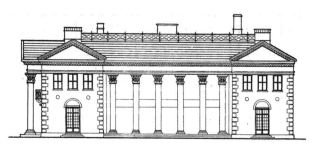

图 4-14　厦门鼓浪屿美国领事馆建筑（1930 年翻建）❷

图 4-15　美国希腊复兴风格外廊式建筑（1830 ~ 1855 年）❸

　　美国独立以后，资产阶级在摆脱殖民统治的同时，力图摆脱建筑上的"殖民时期风格"，于是出现了借助古希腊建筑风格来表现民主、自由、光荣和独立的做法，古希腊复兴建筑在美国盛极一时。在纪念性建筑和公共建筑中也较流行。希腊复兴风格在近代闽南侨乡外廊式建筑单体中的出现数目并不是太多，在考察中还发现的一例是位于鼓浪屿的国际礼拜堂，入口处有巨柱式外廊，上部支撑着三角形山花，与古希腊神庙的形态颇为类似（图 4-16）。

　　在近代闽南侨乡外廊式建筑单体中还出现了不少受古罗马建筑外形影响的表现案例。如，位于厦门鼓浪屿福建路 32 号的黄荣远堂（1920 年建）（图 4-17）。别墅通体设有多处廊柱，入口门廊用整条花岗岩雕刻而成，尺度巨大，柱式为塔斯干式，给人以厚重感，一派古罗马风韵，十分壮观。由于古罗马风格具有气势宏伟的特点，可以满足闽南华侨建设外廊以表达财力雄厚的心态，因此甚为流行。古罗马风格的廊柱做法在闽南侨乡也得到广泛流传（图 4-18）。

　　文艺复兴式的造型风格也有出现。如，位于晋江市龙湖镇古盈村西区 51 号的吴起顺宅，正面设有外廊，外廊前地空间是前窄后宽的梯形场地，这是一种反透视的处理手法，

❶　Scott Cook .The Evolution of the American Front Porch：The Study of an American Cultural Object[OL]. http：//xroads. virginia.edu/~CLASS/am483_97/projects/cook/first.htm，1994。

❷　图片来源：吴瑞炳、林荫新、钟哲聪主编 . 鼓浪屿建筑艺术 [M]. 第 1 版 . 天津：天津大学出版社，1997：200。

❸　引自：Scott Cook .The Evolution of the American Front Porch：The Study of an American Cultural Object[OL]. http：//xroads. virginia.edu/~CLASS/am483_97/projects/cook/first.htm，1994。

可以让被观察对象给予观察者以更高大的错觉，这种处理手法也可追溯到欧洲文艺复兴期间，那时的欧洲建筑大师在广场设计中常通过使用梯形广场的反透视手法来强调主体建筑。米开朗基罗16世纪设计的罗马卡比多广场就是这样的做法。在吴起顺宅外廊内壁处还设计有许多盲券，期间还可看到施以壁画的处理，这些也是欧洲古代文艺复兴时期常出现的建筑造型手法。当然，欧洲文艺复兴时期这些造型手法的处理，其本意在于利用人们的视觉规律，蕴含了相当程度的科学原理；而当其出现在近代闽南侨乡外廊式建筑单体中时，其背后的科学理性并非是主要的考虑因素，闽南侨乡人更多的是将其当作可以"激起猎奇心理"并且"引发遥远想象"的事物加以使用，浪漫主义的思想占据主要成分。实际考察发现，仿文艺复兴风格特点的案例还有集美学村的瀛智楼（1926年8月建）（图4-19）。

图 4-16　鼓浪屿的国际礼拜堂（1911 年翻修）　图 4-17　厦门鼓浪屿福建路 32 号的黄荣远堂（1920 年建）

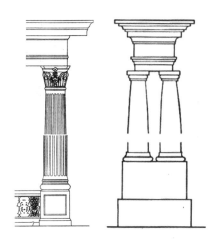 

图 4-18　鼓浪屿旗山路李清泉别墅外廊的古罗马柱式详图与鼓浪屿八卦楼的古罗马塔斯干柱式详图 ❶

图 4-19　集美学村的瀛智楼（1926 年建）：仿文艺复兴风格的外廊式建筑 ❷

---

❶　吴瑞炳、林荫新、钟哲聪主编。鼓浪屿建筑艺术 [M]. 第 1 版 . 天津：天津大学出版社，1997：116-168。

❷　资料来源：集美陈嘉庚故居档案室。

4.2.4　欧洲古典主义建筑风格的纪念性构图

　　调查显示，欧洲古典主义的秩序化构图在近代闽南侨乡外廊式建筑单体中的出现频率较高，特别是在陈嘉庚所出资建设的建筑中。如，厦门大学的芙蓉第四（图4-20），采用古典主义的横向五段式立面构图，其中一、三、五部分突出呈现实体感较强的特点，"外廊"则位于横向五段式构图的二、四段，虚化建筑实体，从而强调了五段式的节奏秩序。集美学村的明良楼（图4-21），正面中央凸出弧形门廊，外廊其余部分则平齐处理，仅在端部有些细微的柱式变化，同样强调了古典主义构图的中心对称感。集美学村的尚忠楼（图4-22），也呈现横三竖五的古典主义立面构图。嘉庚先生特别青睐欧洲古典主义建筑理念，不仅对"横三竖五"或"横三竖三"的形式构图法则十分喜爱，而且深入到对古典主义的思想内涵的理解之中，对其实际使用弊端也有思考，嘉庚先生曾说道："采用（古典主义）这种构图的着眼点是其雄伟宏大的立面效果，然而有时却带来了交通流线过长和体量过大的困难，这毕竟是古典主义的建筑思想所决定的。"❶

图4-20　厦门大学芙蓉第四楼（1950年代建）❷

图4-21　明良楼（1921年建成）❸

图4-22　尚忠楼（1918年），横三竖五的典型

　　除了嘉庚建筑以外，在其他承载公共活动功能的近代闽南侨乡外廊式建筑单体中，古典主义的构图也得到广泛的应用，如建于1905年的鼓浪屿福音堂。即便是别墅类外廊式建筑中，也有很多应用了古典主义的构图，典型的有位于鼓浪屿笔架山9号的一幢私人住宅（图4-23），其正立面的构图与法国古典主义时期凡尔赛的小特里阿农的立面

❶　王增炳，余纲等.陈嘉庚兴学记[M].第1版.福州：福建教育出版社，1981：59。

❷　资料来源：厦门大学建筑系94级本科测绘图，作者参与制图。

❸　资料来源：集美陈嘉庚故居档案室。

十分相似（图4-24），小特里阿农立面采用的是古典主义的横三竖三的立面构图，比例精当，中间一段四根通高外廊柱，产生阴影效果，同时使得立面构图中心突出。而鼓浪屿笔架山的这幢别墅同样为横三竖三的构图，中部为"外廊"处理，柱子为两层通高。二者均体现出严肃而富有纪念性的特点，不同的是鼓浪屿的这幢宅邸的"外廊"进深较宽大。再如，泉州鲤城中山路的陈光纯宅，正面设置外廊，中央门廊凸出强调了入口，这种中央凸出门廊的别墅类外廊式建筑，与近代南洋曾经盛行的一种称为"热带帕拉第奥"式的外廊式古典主义建筑很相似。英国著名建筑师 G.D.Coleman 更是因在南洋设计此类建筑而声名远播。

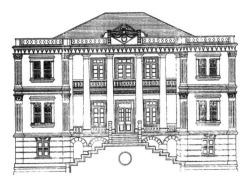

图 4-23　鼓浪屿笔架山 9 号的一幢私人住宅，正面拥有进深较大的外廊（20 世纪初建）❶

图 4-24　法国凡尔赛的小特里阿农，古典主义的代表作品 ❷

近代闽南侨乡出现大量应用古典主义构图的外廊式建筑单体，其原因大概可分为以下两点：

其一，从文化传播学的角度看，古典主义建筑风格曾经风靡全球，其影响完全有可能触及近代闽南侨乡。古典主义首先起源于 17 世纪下半叶的法国，遵从"横三竖五"或"横三竖三"的构图法则。当时主要的代表性作品是巴黎卢佛尔宫、凡尔赛宫。后来，古典主义建筑以法国为中心，向欧洲其他国家如英国、俄国等传播，英国著名的伯伦罕姆府第（1705 年）、彼得堡东宫（1755-1762 年）、彼得堡海军部（1806-1823 年）都是古典主义的作品。此后，随着这些国家在全球范围内的殖民侵略，又影响到世界广大地区，在宫廷建筑、纪念性建筑和大型公共建筑中广泛出现，如新加坡、日本等地均能发现。在中国清末，古典主义风格建筑亦曾影响官厅建筑，如海军部大楼、武昌资议局等。古典主义俨然是一种"国际性"的构图原则。于是，近代闽南侨乡作为一处与南洋和西洋文化有着关联性的区域，其中的建筑单体会受到古典主义风格影响是不难理解的。

其二，古典主义因为具有纪念性、庄严感等特点而很容易得到近代闽南侨乡人的青

❶　吴瑞炳、林荫新、钟哲聪主编．鼓浪屿建筑艺术 [M]．第 1 版．天津：天津大学出版社，1997：242。
❷　图片出处：http://www.douban.com/photos/album/32052115/。

睐。在学校建筑中，华侨教育家们可以用古典主义来表达对科学严谨性的追求；在府衙建筑中则可以用它来表达集权中心的地位；在私人别墅中，则可以表达财势的强大；在陵园建筑中可以表达肃穆性；等等。古典主义因其较强的功能适用性而成为近代闽南侨乡单体建筑中出现频率较高的建筑风格之一。

4.2.5 哥特建筑风格的亚热带适应

仿哥特风格的外廊式建筑单体造型在近代闽南侨乡主要集中在教堂建筑中。哥特教堂在西方起源于纬度高的地区，其建筑的实体感一般较强，宽大外廊的使用较少。近代闽南侨乡出现的仿哥特风格的教堂建筑发生了地域适应性的变化。其中一个很重要的表现是出现了较为宽大的门廊，建筑的形态相对较为轻盈，具有明显的亚热带特征，如位于鼓浪屿鹿礁路和晃岩路交叉口处的天主堂（建于 20 世纪初）（图 4-25）。也有很多教堂虽然并不是哥特式样，也发现有着外廊的设置，热带气候适应性特征浓郁，如晋江金井镇的基督堂（1933 年建）（图 4-26）。

图 4-25　鼓浪屿近代外廊式哥特风格教堂　　　　　图 4-26　晋江金井镇外廊式基督教堂
（20 世纪初建）　　　　　　　　　　　　　　　（1933 年建）

4.2.6 巴洛克风格的地域影响

巴洛克风格对近代闽南侨乡外廊式建筑单体的外观造型有着广阔而深远的影响。

"巴洛克"原意为畸形的珍珠，起源于 17 世纪的欧洲。它的建筑特征表现在以下几点：第一，打破了以柱式为基础的古典设计方法，用情感来控制构图。第二，追求新奇，曲线、起伏立面、断山花等手法时常出现;第三,强调矛盾和冲突,建筑形式常有强烈凹凸,光影变化丰富。第四,强调动态感。第五,建筑与雕刻、绘画和园林等的界限常常被打破,相互交织渗透。典型的欧洲巴洛克建筑形象上体现为:上部三角形构图,开间大小变化,山花有断开或重叠等变化,嵌入纹章及匾额和其他雕饰壁画等,运用曲线、曲面创造波浪起伏的立面,动态强烈。

巴洛克在世界范围内得到广泛传播。根据朱永春教授的研究,17世纪意大利兴起的巴洛克建筑,"从建筑风格内部演变脉络看,是文艺复兴盛期米开朗琪罗风格的流变。外部环境,则是天主教会推波助澜使然。作为天主教反宗教改革重要工具的耶稣会,在特伦托宗教会议(Trent Council,1545～1563)以后,有计划向国外渗透,其范围不限于欧洲,也深入到美洲、亚洲"❶。应该说,巴洛克从欧洲传到美洲和亚洲的现象与西方(特别是意大利、西班牙、葡萄牙)殖民者或传教士的活动有很大关系。如,位于菲律宾吕宋岛的圣奥古斯丁教堂、奴爱斯特拉·塞纳拉·台·拉·阿斯姆史奥教堂、比略奴爱巴教堂,就是从16世纪开始由西班牙及墨西哥殖民者所建,它们采用巴洛克建筑风格并使用大量装饰。再如,中国澳门的大三巴教堂就与意大利籍耶稣会会士斯皮诺拉神父有关。清末乾隆皇帝兴建的具有巴洛克风格的长春园西洋楼则与意大利传教士朗世宁有关❷。中美洲的墨西哥大教堂,就由西班牙殖民者所建。除了天主教堂外,巴洛克作为一种造型风格也影响到了其他非教堂类建筑。

近代闽南侨乡外廊式建筑单体外观造型受到巴洛克风格影响的案例不胜枚举。如,位于泉州鲤城西街的宋文市宅后部的外廊式建筑(1915年建),三面外廊,正面外廊山花形态打破了三角形的完整稳定性,呈现不规则的动态变化,山花还被嵌入了各种雕饰壁画❸,具有明显的巴洛克风格特征。再如,泉州中山南路的276、278号的山花阳台处理(图4-27),可以看到不规则曲线的阳台手法,动态感强烈,巴洛克的韵味十足。再如,位于晋江金井镇坑口村的洪宅(图4-28),设置有外廊。从正面可看到外廊上部山花上的动态曲线的装饰性线条,既像闽南传统建筑中的"规带"❹,又像西方古代建筑的檐口装饰物,山花上面有着匾额装饰。在正立面的非外廊部分,可以看到中国园林中经常出现的"六角门"和"六角窗"造型,还有彩瓷装饰的英文题字及各种泥塑雕刻,在洪宅的内部还有一个供业主的女儿生活用的狭小庭院,在狭小庭院中竟建设有古亭、古井和曲廊,有园林的流动性意境。整座外廊式建筑呈现中西建筑、园林、雕塑、绘画、装饰手法的动态渗透和混合的巴洛克特点。

❶ 朱永春.巴洛克对中国近代建筑的影响[J].建筑学报,2000(3):47。
❷ 同上。
❸ 遭到破坏,现已不完整。
❹ 规带:屋顶的垂脊。

图 4-27　泉州中山南路的 276、278 号的
山花阳台处理

图 4-28　晋江金井坑口村的洪宅
（20 世纪上半叶建）

巴洛克手法在近代闽南侨乡外廊式建筑单体外观造型中大量出现的原因主要有以下三点。

第一，来自外域的传播。近代闽南特别是泉州的晋江、鲤城、惠安一带的很多华侨旅居菲律宾，而菲律宾作为西班牙殖民地曾受到巴洛克建筑风格较多的影响，于是巴洛克有从菲律宾传入的可能性。笔者在实地探访过程中发现，鲤城宋文甫宅的现户主傅先生（宋文甫的孙女婿）虽然没有系统学习过建筑史，竟能直呼山花为"西班牙式"。推测这和宋文甫旅居菲律宾的经历有关，菲律宾从 15 世纪便是西班牙殖民地，一直到 18 世纪欧洲 7 年战争后才转由英国人占领，300 年间西班牙本土建筑风格不断影响菲律宾，当 17 世纪巴洛克建筑在欧洲大陆盛行时，西班牙殖民者将其传播到了菲律宾。根据《泉州华侨志》中的记载，泉州的晋江、鲤城、惠安一代的华侨多出洋到菲律宾，而经笔者统计后发现，这些地方的华侨所建设的近代外廊式建筑中，应用巴洛克风格的案例也相对较多。当然，我国近代其他地方的"中华巴洛克"风格的盛行无疑也对闽南巴洛克的出现有着重要的背景影响。

第二，巴洛克建筑风格虽源于西方，但是却容易在不同的文化土壤中得以生长。意大利学者孔蒂认为，巴洛克"每一个独立的作品都在这众多的特色之间建立了自己的平衡，每一个国家也以不同的方式发展了这些成分。深刻理解每个地区和民族的差异．才是正确理解巴洛克艺术全貌的根本"❶。

第三，巴洛克与闽南传统建筑之间存在某些形态观念的暗合。巴洛克追求变化的动势，而闽南传统建筑很早就会运用反曲屋檐、屋角起翘等方法，使形象轻巧灵活。巴洛克一改西方古典主义以数学为基础的构图法，求助于直觉、感官、想象，而闽南传统建筑历来重视感官效果，重视由实入虚、即实即虚的意象。巴洛克式的曲线正合闽南传统

❶　朱永春 . 巴洛克对中国近代建筑的影响 [J]. 建筑学报，2000（3）：47。

建筑美学趣味，且闽南工匠有处理飞檐、翘角、卷杀、升起等一整套曲线化的经验。巴洛克和闽南传统建筑一样饰以浓重的装饰，因此即便是用西方雕刻手法出现的巴洛克式的凸凹起伏立面，也很容易被闽南工匠们误读成梁架形象的变异。总之，巴洛克建筑在一定程度上适应了近代闽南侨乡人们变化的精神状态，其形态又与闽南传统建筑存在某些暗合而被接受 ❶。

4.2.7　伊斯兰风格的传播与影响

伊斯兰风格在近代闽南侨乡外廊式建筑单体外观造型中也有诸多表现。泉州鲤城后城巷黄克绳宅的外廊立面（图 4-29），明间和尽间做三圆心拱，次间为多圆心尖券形态，工匠们在这些券面上做了大量的装饰，大部分为植物纹理，给人以强烈浓重的伊斯兰印象。类似的例子还有石狮大仑蔡孝明宅（图 4-30），正面外廊出现了多圆心券，券面上的植物纹样在阳光下形成一张美丽的织布，减弱了外廊的体量感而使其趋于平面化。据考证，具有伊斯兰风格的近代闽南侨乡外廊式建筑单体在泉州鲤城、晋江一带分布较多。

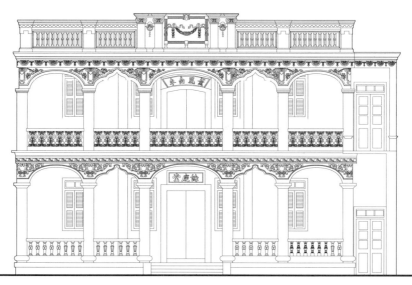

图 4-29　泉州鲤城后城巷黄克绳宅的伊斯兰风格的外廊立面（20 世纪 30 年代末至 40 年代初）❷

伊斯兰建筑文化从古代伊斯兰世界到传入近代闽南侨乡主要有两条路径。

路径一：伊斯兰建筑文化在古代就影响了闽南，于近代被重新激发启用。据研究，古代阿拉伯半岛的伊斯兰教兴起后，其教义在不到80年的时间里迅速传播到了东至中亚、西至北非和西班牙的广阔地域。宋元时期，由于海外贸易的迅速发展，数以万计信仰伊

---

❶　朱永春 . 巴洛克对中国近代建筑的影响 [J]. 建筑学报，2000（3）：47-50。

❷　华侨大学建筑学院测绘资料，指导教师：费迎庆、陈志宏、杨思声、陈芬芳等。

图 4-30　石狮大仑蔡孝明宅（20 世纪 40 年代建）

斯兰教的阿拉伯、波斯和中亚的穆斯林纷至泉州，他们带来了伊斯兰建筑文化❶。如今泉州仍存有古代伊斯兰建筑遗迹，如，创建于伊斯兰历 400 年（公元 1009 年）的艾苏哈卜寺，为国内唯一用花岗岩与耀绿岩建筑的完全中亚风格的清真寺。至今仍然居住着部分回民，他们在很多时候还保留着回族的生活习惯，在其建筑内部的装饰中也时常保留着伊斯兰建筑的特色。

这些传统的伊斯兰建筑文化在近代外来文化的冲击下，被重新激发，伊斯兰装饰容易成为一种可以带来猎奇感受，并引发对遥远意境联想的符号，因此不时就会被近代闽南侨乡人们在建设外廊式建筑的过程中加以引用。

路径二：伊斯兰建筑文化在近代从南洋经华侨之手传播到闽南侨乡。历史上的东南亚是海上丝绸之路的必经地，也属于伊斯兰文化圈。14 世纪，由于穆斯林商人的活动，伊斯兰建筑文化在东南亚地区广泛传播，影响了印度尼西亚、马来西亚、文莱等地，那里的建筑活动因而受到一定程度的伊斯兰建筑文化影响❷。在近代的南洋地区，还有一些并不信奉伊斯兰教的国家虽然没有直接接受伊斯兰建筑文化的影响，但是由于长期受到西班牙的殖民统治而间接受到濡染。这其中值得一提的是菲律宾。8 世纪初，信奉伊斯兰教的阿拉伯人占领欧洲的比利尼斯半岛，并从西亚带来当时先进的建筑物类型、形制和手法；10 世纪后，伊斯兰国家分裂，被西班牙天主教徒逐个消灭，但在当时，伊斯兰建筑由于水平远高于西班牙天主教地区，所以对西班牙建筑仍保持着强烈的影响。公元 785 年开始建设的科尔多瓦清真寺就是一个重要的实例❸。伊斯兰王国统治了西班牙约 800 年之久。西班牙的传统建筑中深深地被打上了伊斯兰建筑文化的烙印。到了近代，西班牙进行了全世界的殖民扩张。打上伊斯兰烙印的西班牙建筑也随着殖民者的迁移而传播到各殖民地。在亚洲国家菲律宾，由于受到西班牙殖民统治时间较长，在建筑风格上也间接出现一些伊斯兰建筑文化特点（图 4-31）。

受南洋伊斯兰建筑文化的影响，近代旅居南洋的闽南华侨在回到家乡建设外廊式建筑的时候，很多都试图进行伊斯兰风格的模仿。通过图像学方法对比在菲律宾出现的具有伊斯兰风格外观的外廊式建筑和近代闽南侨乡具有伊斯兰特色的外廊式建筑，可以发现某些

---

❶ 廖达柯 . 福建海外交通史 [M]. 第 1 版 . 福州：福建人民出版社，2003：122. 同时参考：王治君 . 基于陆路文明与海洋文化双重影响下的闽南"红砖厝"——红砖之源考 [J]. 建筑师，2008（1）：86-92.

❷ 王治君 . 基于陆路文明与海洋文化双重影响下的闽南"红砖厝"——红砖之源考 [J]. 建筑师，2008（1）：86-92.

❸ 当地受到伊斯兰风格影响的建筑称为摩尔式建筑，摩尔式建筑在格拉纳达巨大的宫殿建筑时达到了顶峰，阿尔罕布拉宫用红色、蓝色和金色构造出了开放和活泼的内部装饰。墙面装饰了样式丰富的植物图案、阿拉伯文碑铭和阿拉伯式花纹作品，并贴有釉面砖。

伊斯兰建筑风格的处理手法十分类似。如，在菲律宾锡莱北部的 Manapla 罗萨莉娅庄园内的外廊式建筑中（图4-32），可以看到正面外廊呈现大小开间的节奏变化，在较大的开间中有平弧线的券形处理，而在小开间中则应用三叶形券；在泉州晋江衙口南浔村怀德别墅的外廊立面上（图4-33），可以看到其在开间数量、节奏变化、券形形态等造型处理上与菲国罗萨莉娅庄园外廊式建筑很是雷同。

图 4-31　菲律宾受伊斯兰风格影响的建筑，
Golez House（RCBC）❶

图 4-32　菲律宾锡莱北部的 Manapla
罗萨莉娅庄园外廊式建筑 ❷

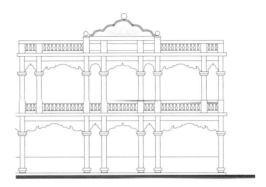

图 4-33　泉州晋江衙口南浔村怀德
别墅正面外廊片段

4.2.8　现代主义风格的时尚化借鉴

（1）来自现代主义风格的影响

现代主义风格也曾影响了某些近代闽南侨乡外廊式建筑的外观造型。如，鼓浪屿观海园 16 号楼，原为私人别墅（图4-34），外观造型基本没有装饰，阶梯状的阳台式外廊形态与建筑外的花园之间形成有机结合。外廊梁柱平直朴素，二层以上的外廊栏杆全部采用竖向的杆件，手法简洁。鼓浪屿观海园 26 号楼（20 世纪 20 年代竣工）（图4-35），建筑主要入口处的外廊为圆形门廊，简洁的梁柱处理宛如当代新建筑。在近代闽南侨乡，除了接受外国文化影响较集中的鼓浪屿以外，在边远乡村也能找到现代主义风格的踪迹，如晋江金井镇丙洲村的崇俭楼（图4-36），建筑为平屋顶，外廊的做法简洁朴素，二楼的外廊与一楼的外廊并不完全对应，由此产生了外廊与非外廊部分的空间形态的虚实穿插。建筑的窗户为长方形的简单做法，并未出现多余装饰，富有现代感。

❶ 亚洲建筑纪年表之菲律宾建筑作品展示 [EB/OL].http：//www.114news.com/build/74/20474-77770.html，2007。
❷ 资料来源：http://www.skyscrapercity.com/showthread.php?t=525271。

图 4-34 鼓浪屿观海园 16 号 外廊式别墅（20 世纪初建）❶ 图 4-35 鼓浪屿观海园 26 号 楼（20 世纪 20 年代建）❷ 图 4-36 晋江金井镇丙洲村 崇俭楼（20 世纪 40 年代建）

现代主义建筑风格在 20 世纪初的近代闽南侨乡外廊式建筑单体中的出现是一项在当地人看来十分"前卫"的事件。现代主义建筑风格追求摆脱传统建筑形式的束缚，大胆创造适应于工业化社会条件和美学要求的新建筑，具有鲜明的理性主义和激进主义色彩，又称现代派建筑。它在欧洲发轫于 19 世纪后期，成熟于 20 世纪 20 年代，在 20 世纪 50 ～ 60 年代风行全世界。在 20 世纪上半叶，现代主义建筑风格在近代闽南侨乡中的出现，呈现了与当时世界建筑最前卫文化的联系。近代闽南侨乡之所以会出现现代主义建筑风格，原因主要有两点。第一，基于一种猎奇、新鲜、追求时尚的心理动机。华侨认为采纳当时西方世界刚刚萌生的现代主义建筑风格，势必能够造成在近代闽南侨乡社会中的时尚和革新的反响，体现与众不同的个性化。这一点与西方当时的现代主义建筑运动的本质理念是有所不同的。第二，基于经济节约的理念。近代闽南华侨的海外创业之路艰辛，他们多数人对创造的财富往往倍加珍惜，更有华侨为家族成员立下崇尚简朴，勤俭建家的希望寄托。例如位于晋江金井镇丙洲村的"崇俭楼"，业主将这种"崇俭"思想凝聚在楼房的命名上。现代建筑的简约风格与这种崇俭思想相契合。

（2）来自 ART-Deco 装饰艺术风格的影响

近代闽南侨乡人对西方世界真正的现代主义建筑理念的理解并不深刻，更多地是将其当作一种特殊风格来进行模仿。正因如此，纯正的现代主义风格在近代闽南侨乡外廊式建筑单体造型中得到体现的案例并不多。当地人们更倾向于模仿一种十分接近现代主义风格的装饰艺术——Art-Deco。

所谓"装饰艺术"指的是，在欧洲继"新艺术"运动（Art Nouveau）之后发展起来的一场国际性的艺术设计运动。其名称来源于 1925 年在巴黎举办的一个大型装饰艺术展览会，即"巴黎世界装饰艺术博览会"。Art-Deco 在 20 世纪 20 年代于欧洲兴起，到了 30 年代已经成为国际上流行的设计风格，在美洲和亚洲有广泛的影响。如，美国的

❶ 吴瑞炳、林荫新、钟哲聪主编.鼓浪屿建筑艺术 [M].第 1 版.天津：天津大学出版社，1997：123。
❷ 吴瑞炳、林荫新、钟哲聪主编.鼓浪屿建筑艺术 [M].第 1 版.天津：天津大学出版社，1997：130。

纽约帝国大厦、克莱斯勒大厦顶部的收头均出现重叠的几何体块，不断重复其建筑细部，以及层层退缩的梯状建筑造型。在中国上海，1927 年建成的海关大楼，1929 年建成的德义大楼，以及 1929 年建成的沙逊大楼等都有 Art-Deco 风格影响。伍江博士认为，20 世纪 30 年代上海进入了装饰艺术派建筑鼎盛时期。据不完全统计，从 1929 年到 1938 年 10 年间，上海建成的 10 层以上（包括 10 层）高层建筑有 31 座，除 2 幢外，其余均为装饰艺术派风格或带有装饰艺术派特征 ❶。

Art-Deco 是"反对装饰的现代主义运动"与"承认装饰作用的运动"的折中产物。它具有手工艺和工业化的双重特点，设计上采取折中主义立场，设法把豪华的、奢侈的手工艺制作和代表未来的工业化特征合二为一，产生一种可以发展的新风格来。Art-Deco 装饰艺术派的主张既不同于新艺术运动，也不同于现代主义。新艺术运动往往重视中世纪哥特风格、自然风格的装饰；现代主义则是摈弃一切装饰。Art-Deco 装饰艺术运动与现代主义设计运动几乎是同时发生，因而在各个方面都明显受到现代主义的影响。但是，由于它以服务上层顾客为出发点，使得它与现代主义具有完全不同的意识形态立场。

"装饰艺术"运动风格在形式上受到以下几个因素的影响：

A. 埃及等古代装饰风格的实用性借鉴；

B. 原始艺术的影响；

C. 简单的几何外形；

D. 舞台艺术的影响；

E. 汽车的影响；

F. 形成自己独特的色彩系列。

装饰艺术风格也影响了近代闽南侨乡外廊式建筑单体造型。如，晋江衙口的施连灯大楼，正面设置有连续的外廊（图 4-37），外廊上面的山花，呈现阶梯状跌落形态，上面有"鹰踩地球"雕塑，闽南人诠释其为英国人占领地球 ❷，山花上面装饰有南美阿兹台克特点的阳光放射形、星星闪烁形、横竖线条、奖杯等装饰图案。类似的具有 Art-Deco 风格特点的案例还有很多，如，鼓浪屿漳州路 50 号（20 世纪 30

图 4-37　晋江衙口的施连灯大楼外廊山花
（1947 年建）

---

❶ 参考：伍江 . 上海百年建筑史（1840-1949 年）[M]. 上海：同济大学出版社，1997：115。同时参考：颜美华，武云霞 . 上海 20 世纪 30 年代装饰艺术派风格的公寓建筑 [A]. 张复合主编 . 中国近代建筑研究与保护（五）[C]. 北京：清华大学出版社，2006：492。另参考：许乙弘 .Art Deco 的源与流：中西摩登建筑关系研究 [M]. 第 1 版 . 南京：东南大学出版社，2006。

❷ 当时英国势力强大，全世界有很多地方都是其殖民地，故有此说。

年代建）别墅（图 4-38）、厦门深田路 42 号旧市委机关大楼（20 世纪 30 年代建）（图 4-39）等。Art-Deco 风格所体现的现代感和装饰味十分契合近代闽南侨乡人的时尚性心理表达，运用这种风格的华侨和侨眷们只是意在显示自己摆脱旧社会，进入一个"与国际同步"的时代，然而他们对什么是"Art-Deco"其实是知之甚少的。

图 4-38　鼓浪屿漳州路 50 号
（1930 年代建）别墅

图 4-39　厦门深田路 42 号旧市委机关大楼
（20 世纪 30 年代建）❶

4.2.9　古代干栏遗风的传承

近代闽南侨乡外廊式建筑单体造型中，有一些带有古越建筑遗风。如图 4-40 中的闽南德化山区上涌乡杏仁街某外廊式干栏建筑，木构的形态与吊脚楼很相似。再如，位于鼓浪屿的伦敦公会姑娘楼（图 4-41），建筑虽然用砖木混合结构，但是底层架空的做法显然有着干栏文化的传承。类似的还有晋江东石镇檗谷村古檗山庄檗荫楼（图 4-42），德化山区近代某外廊式干栏民居（图 4-43），等等。

图 4-40　近代闽南德化山区上涌乡
杏仁街某外廊式干栏建筑

图 4-41　鼓浪屿姑娘楼❷

---

❶　图片出处：老厦门的影子：白鹭下的百家村 [Eb/OL].http://fj.sina.com.cn/travels/l/w/2011-04-20/10065798_2.html，2011。

❷　图片出处：http://www.haixia.com/renwen/glysy/20090827/12739.html。

图4-42　晋江东石镇檗谷村古檗山庄檗荫楼，可见外廊的干栏式做法 ❶（1913 至 1916 年建）

图4-43　德化山区外廊式干栏民居

从实地调研的结果来看，近代闽南侨乡外廊式建筑单体具有干栏特征表现的案例主要集中在两处：一处是华侨精英和外国人集中的鼓浪屿，一处则是闽南边远山区地带。于是推测，近代闽南侨乡外廊式建筑单体中之所以出现干栏文化痕迹与两个源头有关：

图4-44　东南亚近代的外廊式干栏建筑（1926 年）❷

其一，当地传统古越族干栏建筑文化。闽南先民是古越族，这里曾出现木构或竹构的干栏式建筑的繁荣。《唐书·南蛮传》云："人楼居，梯而上，名为干栏。"至今在闽南德化、永春、安溪等山区地带仍能发现一些传统干栏式木构民居做法的传承。近代时期，闽南侨乡人营建外廊式建筑的过程中或多或少受到这些传统干栏式民居的影响是可能的。其二，南洋诸国的干栏建筑文化。据考证，从东南亚的印度支那半岛（除越南的某些地区）、马来西亚、泰国、缅甸至菲律宾（吕宋岛某些民族除外）、印度尼西亚（爪哇中部和东部除外）甚至巴布亚新几内亚都能见到干栏建筑 ❸。近代西方殖民者来到东南亚后，开始出现了许多"南洋传统干栏建筑发生西洋化转变"或者是"西洋建筑融入南洋传统干栏建筑特点"的变化（图4-44）。南洋建筑的"干栏"文化后来随着西洋殖民者或闽南华侨们带入近代闽南侨乡，并在当地的某些外廊式建筑建设中得到表现。

4.2.10　中华古典风格的民族复兴

近代闽南侨乡外廊式建筑单体也常闪现中华古典复兴风格。

民族主义是世界上内涵最复杂、影响最广泛的政治思潮之一。自近代在欧美形成以

❶　图片出处：http://lansehaifeng.blog.edu.cn/2008/106951.html。

❷　Jon S H Lim. House by Asian Architects In PRE-WAR Georgetown，PENANG[M]：66。

❸　杨昌鸣 . 东南亚与中国西南少数民族建筑文化探析 [M]. 第 1 版 . 天津：天津大学出版社，2004：33。

来，其传播速度之快、爆发威力之巨和影响程度之深，都相当惊人，以至有人说，"没有民族主义，就不能理解近代世界的意识形态"❶。近代世界的民族主义产生于西欧，起源于尼德兰革命，而尤以法国大革命为其形成的最主要标志。18世纪，伴随着市场经济的发展，资本主义经济不断壮大。与此同时，自"文艺复兴"开始的人文精神，伴随着宗教改革与启蒙运动加速进行。资产阶级革命的胜利标志着民族国家的形成，基于共同的民族情感与政治文化，民族主义诞生了。这一进程在欧洲最早从英国开始，到法国大革命最终完成。民族主义的核心是民族意识的觉醒和建立富强的民族国家。随着资本主义世界体系的建立，民族以及民族国家的观念传遍欧洲并随着欧洲国家的殖民扩张而传播到世界其他地区❷。虽然中国民族的形成比欧洲早，但是，直到19世纪以前，中国一直没有形成类似欧洲那样的民族国家观念，更谈不上近代意义上的民族主义意识。梁漱溟先生也曾指出："中国人传统观念中极度缺乏国家观念，而总爱说'天下'，更见出其缺乏国际对抗性，见出其完全不像国家。"❸近代一些有识之士，如梁启超在中国需要强化民族国家思想的时代大量介绍西方国家学说，通过为"意大利三杰"玛志尼、加里波第和加富尔作传（梁强调他们所处的时代与中国当时的历史背景相似），力图培养国人的民族国家意识，提倡爱国主义思想。从此之后，民族主义是中国近代史上一个重要的主导力量，旨在谋求建立现代的、能与西方对抗的民族和国家❹。

在中国近代建筑中出现了大量的民族主义形式的表现。浙江大学杨秉德教授曾提出了中国近代建筑探索民族形式的三部曲。他认为，早在19世纪中叶，上海通过民间传播渠道产生了中西交融的石库门里弄民居，这是早期非建筑师对中国建筑民族形式的无意识探索；而至少在19世纪末，西方建筑师也已经开始了对教会大学校舍建筑的"中国化"民族形式探索；到了19世纪20~30年代，中国本土建筑师则掀起了探索民族形式的高潮，这时期对"中国固有形式"建筑的讨论和实践如火如荼。❺

从地理上看，闽南侨乡是近代中国的一个边陲地，但由于华侨的影响，近代民族国家的思想也影响到了此地。著名华侨陈嘉庚曾被毛泽东认为是"华侨旗帜，民族光辉"。先生颇具爱乡的情结，对中华民族的振兴，国家的统一也都做出过较大贡献，曾经在新加坡参加同盟会，也曾募款资助孙中山。在抗日战争期间，以实际行动积极进行救国活动。还曾到延安慰劳军民，会见毛泽东、朱德，拥护抗日民族统一战线，等等。除了陈嘉庚外，一些闽南华侨精英们，也有着强烈的民族爱国精神。

因此，近代闽南侨乡外廊式建筑外观造型也常有民族复兴特点的表现。如，鼓浪屿

❶ 金大钟.21世纪的亚洲及和平[M].第1版.北京：北京大学出版社，1994：20。并参考：易刚明.民族主义在中国的兴起及其对近代中国的影响[J].东南亚纵横，2005（5）：75-79。
❷ 刘亦师.从近代民族主义思潮解读民族形式建筑[J].华中建筑，2006（1）：5-8。
❸ 中国文化书院学术委员会编.梁漱溟全集（第三卷）[M].第1版.济南：山东人民出版社，1990：161。
❹ 余英时.中国现代的民族主义与知识分子[M].台《民族主义》时报出版社公司，1985：562。
❺ 杨秉德.关于中国近代建筑史时期民族形式建筑探索历程的整体研究[J].新建筑，2005（1）：48-51。

的海天堂构由五幢别墅组成，中楼位置原是一家外国人的俱乐部（图4-45）。黄秀烺购得后，将其建成一幢具有仿古大屋顶的外廊式宫殿型建筑，由莆田工匠建造。它采用重檐歇山顶，四角缠枝高高翘起；楼顶前部别具匠心，设计了一个外表看似重檐攒尖的"亭子"，亭尖还安了一个宝葫芦；所有檐角均装饰缠枝花卉或吸水蛟龙，挑梁、雀替均塑龙凤挂落，把别墅点缀得十分"民族化"。有学者写道："是宫非宫胜似宫，亦殿非殿赛过殿"❶。又如，石狮龙穴景胜别墅（图4-46），1946年建，周围外廊，梁柱式，并有仿雀替的构件，外廊式建筑的顶部建设有两个中华传统式的亭子，试图成为整个建筑的"镇楼"之物。再如，晋江永和镇的姚金策宅，外观是呈现中华传统楼阁化特点的外廊式建筑形态（图4-47）。

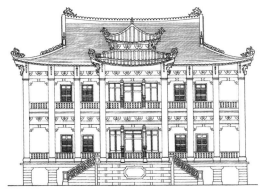

图4-45　鼓浪屿的海天堂构（20世纪30年代）❷

图4-46　石狮龙穴景胜别墅（1946年建）

图4-47　晋江永和姚金策宅：中华传统楼阁特点的外廊式建筑❸

图4-48　集美学村道南楼（1964年建成）❹

图4-49　集美学村的敦书楼，1925年建成，1946年重修

　　当然，最能体现民族复兴特点的近代闽南侨乡外廊式建筑单体，还是要数陈嘉庚先生捐建的建筑。集美学村的博文楼、延平楼、道南楼（图4-48）、敦书楼（图4-49）等

❶　龚洁.鼓浪屿建筑[M].第1版.厦门：鹭江出版社，2006：110。

❷　吴瑞炳、林荫新、钟哲聪主编.鼓浪屿建筑艺术[M].第1版.天津：天津大学出版社，1997：66-68。

❸　图片出处：董瑞亭、郑翔.晋江是闽南古民居的"博物馆"[EB/OL].http://www.jydoc.com/article/307801.html，2006。

❹　资料来源：集美陈嘉庚故居档案室。

等。在外廊式建筑的屋顶处，覆盖着宫殿式的大屋顶。美国归正教牧师腓力在他著的《In and about Amoy》一书中，形容这种中国屋顶压住西洋主体的建筑，是中国人对外国人的一种发泄。他说："（华侨）在海外遭受欺凌，因而在建造房屋时产生了一种极为奇怪的念头，将中国式屋顶盖在西洋式建筑上，以此来舒畅他们饱受压抑的心情。"❶

4.2.11　闽南传统大厝外形的乡土沿承

沿承闽南传统大厝外观形式是常见的近代闽南侨乡外廊式建筑单体的特色表现。

（1）闽南传统大厝建筑的造型特征

闽南传统大厝又叫"闽南官式大厝"。关于其由来有个有趣的"皇宫起"的传说。"五代十国的时候，闽王王审知因皇后黄惠姑（今惠安县张坂镇后边村人）家乡滨海风烈，住居'日出十八大窗，雨来十八漏空（漏洞）'，特意恩赐黄皇后'汝府上皇宫起'。然而，一时疏忽，诏书传下来时竟然漏了'上'字（或曰'汝母'错传为'汝府'），使恩赐'皇宫起'范围由黄皇后娘家一家，扩大为泉州一府。泉州府滨海各县喜出望外，闻风而动，纷纷仿造皇宫式样建造大厝。闽王发觉后即令停止，但已是既成事实。"❷

以杨阿苗宅为例可以知晓闽南传统官式大厝建筑的一般造型构成（图4-50）。从俯视外观看，杨宅由中部的主厝、两侧的护厝以及前面的厝埕三部分组成。主厝为整个建筑的核心部分，呈围绕天井的合院造型；由前后两落构成，天井之前为下落，天井之后为顶落，两落均为两坡屋顶形式，顶落的屋顶较下落为高；在下落和顶落之间的天井两侧则有垂直于下落和顶落的双坡顶连接，此处也称为"榉头"，"榉头"的屋顶低于顶落和下落。在主厝的两边布置着长条形的护厝，护厝与主厝之间有狭长天井。在主厝和护厝的前地空间，可以看到条石铺设而成的硬地，称石埕❸。杨阿苗宅的外观造型是闽南传统官式大厝中较为完整的典型。前文已提及，在闽南各地传统官式大厝的演变中有诸多变体：有时只有主厝没有护厝；或者仅有单边护厝；或者出现主厝格局不完整的，如有一类大厝，其主厝只由顶落、天井和两榉头组成，称为榉头止；等等。

从外观来看，闽南传统大厝的屋顶形式往往较为"花哨"，一个显著的特征是，

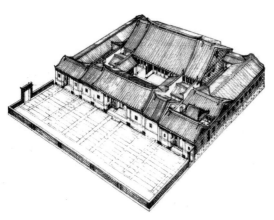

图4-50　杨阿苗宅的俯视外观❹

---

❶　龚洁. 鼓浪屿建筑 [M]. 第1版. 厦门：鹭江出版社，2006：110。

❷　曹春平. 闽南传统建筑 [M]. 第1版. 厦门：厦门大学出版社，2006：4。

❸　厝埕的一个主要功能是收获季节晒谷子、晒稻草，在广东潮汕民居中，也称为"禾埕"。参考：陆元鼎等. 广东民居 [M]. 第1版. 北京：中国建筑工业出版社，1990：62-80。

❹　曹春平. 闽南传统建筑 [M]. 第1版. 厦门：厦门大学出版社，2006：12。

经常会出现屋脊起翘现象，大厝的正脊经常出现中间低，两边高，呈现对称的流畅的弧形，弯曲而向两侧翘起的正脊和正脊两侧高高在上的燕尾一气呵成，在空中画出一根轻盈舒展的曲线。除了正脊弯曲外，屋面也多有弯曲的形态，常常是上半部高陡下半部平缓，形成一条抛物线。《福建民居》一书中写道："这些宅院外观重楼飞檐，青瓦翘脊，组成十分生动多变的丰富外轮廓"。从外观的色彩上看，闽南传统大厝往往是红白搭配并有许多其他颜色的点缀。

（2）沿承官式大厝形式的近代闽南侨乡外廊式建筑单体景象

近代闽南侨乡外廊式建筑单体外观，经常出现传承闽南传统官式大厝形式的做法。下面是五个生动案例。

案例1："外廊附贴于楼化的官式大厝位置"——泉州洛江区桥南村65号刘维添宅（1932年建）

俯瞰刘宅（图4-51）可以发现，刘宅造型是由"两层楼化"的两落五间张传统官式大厝与附贴于这个楼化传统大厝的正面外廊所构成。外廊呈现平面化的处理，柱廊的开间变化规律是对应后部的传统大厝的五间张来布设的，体现为中间跨度大，两侧小的特点。外廊内壁（图4-52）仍然保留着闽南传统官式大厝民居的正面外墙做法：底部墙裙白石砌筑，中部为红砖，有各种砖雕图案，在上部与楼板交接处还有"水车堵"；外廊内壁的入口仍然保留着"塌岫"的做法。外廊仿佛是附贴于后部官式大厝的附属物。有趣的是，在调研中发现，与刘维添宅紧邻的66号建筑（图4-51中右侧楼房），本也是拟建成类似的"外廊+楼化官式大厝"样式，由于第二次世界大战的爆发，南洋侨汇中断，工程因而停止，后再未兴建完型，从这半成品建筑中可以推断刘维添宅的兴建顺序是，先建设楼化大厝而后才附贴外廊的。

图 4-51　泉州洛江区桥南村 65 号
刘维添宅（1932 年建）

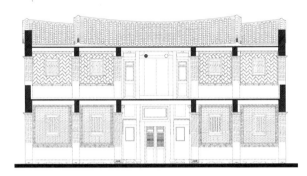

图 4-52　泉州洛江区桥南村 65 号刘维
添宅外廊内壁❶

---

❶ 华侨大学建筑学院测绘资料，指导教师：杨思声、郑妙丰等。

案例 2："外廊设置于官式大厝顶落"——惠安东园埭庄庄添火宅（1930 年代建）

从庄添火宅外观看，主体为两落三间张的闽南传统官式大厝造型，外廊设置于顶落的二层位置。实际上，"外廊"所对应的底层正好是传统大厝中的巷廊位置，在这里，外廊实现了与闽南传统大厝做法的有机结合，并因此衍生出十分特别的外廊式建筑（图4-53）。

案例 3："外廊设置于大厝的櫸头"——惠安东园埭庄的庄裕生宅（图 4-54）

庄裕生宅是一个"外廊"生长在闽南传统官式大厝之上的极端案例。从外观看，庄裕生宅的主体格局是两落五间张带单护厝，下落和顶落部分为传统造型，而在两个櫸头所对应的二层却"长出"了"外廊"，在护厝部分也"生长着"退台式的外廊。在这里，外廊的设置既尊重传统官式大厝布局形制，又因为设置量较多而趋于取代传统官式大厝的基本风貌，仿佛是一个处于"蜕变"过程中的过渡品种。

图 4-53　惠安东园埭庄的庄添火宅（1930 年）

图 4-54　惠安东园埭庄的庄裕生宅（1930 年代）

案例 4："外廊点缀于传统大厝一角"——惠安东园埭庄的庄红猴宅（图 4-55）

近代闽南侨乡的某些保守的华侨或侨眷，显然有着极为矛盾的心理。一方面想尽量完全保留传统的官式大厝造型，另一方面又不甘寂寞，尝试接受在当时具有时代性标志的"外廊"符号。于是出现了惠安东园埭庄庄红猴宅的情况。庄红猴宅主体采用三落五间张带单护厝的传统官式大厝造型，在护

图 4-55　惠安东园埭庄的庄红猴宅（1930 年代）

厝后部的一角点缀了"外廊"，宛如传统官式大厝中长出的"奇葩"。

案例 5："塌岫式外廊"的出现

"塌岫"一词，源自闽南语方言，原指的是闽南传统官式大厝下落中部入口处内凹

一至两个椽架的空间（图 4-56），台湾学者多称塌寿，或者凹寿，但是根据方拥教授的推测，笔者进行了实地考察，访问闽南本地多个精通古方言的老人，而且查阅《闽南方言与古汉语同源词典》❶，现可断言，"塌寿"一词的汉语写法应改为"塌岫"较为准确，"岫"汉语拼音为 xiu，闽南语中指的是巢穴的意思，如"一窝小鸟"在闽南语中称为"一岫小鸟"。根据张至正硕论《泉州传统民宅形式初探》一文中所言，在闽南的晋江、惠安沿海地区的官式大厝中，几乎都采用了"塌岫"式入口。"塌岫"根据入口内凹程度的不同还有不同的称呼，内凹一次为单塌岫，内凹两次为双塌岫。

　　有趣的是，在近代闽南侨乡发现了许多塌岫式的外廊建筑。如，晋江龙湖西浔村施宅（1950 年代建）（图 4-57）。建筑入口先是内凹，而后在外立面上又增设了列柱。从内凹的深度来看，与闽南传统大厝的塌岫内凹深度基本一致。而且当地人也称这种外廊为"塌岫五脚基"。可见其间之渊源。

图 4-56　闽南传统官式大厝塌岫式入口　　　　图 4-57　晋江龙湖西浔村施宅（1950 年代建）

　　上述五种实例只是传承闽南传统官式大厝形式中较为明显的例子。事实上大部分的近代闽南侨乡外廊式建筑单体造型都或多或少地受到了传统官式大厝建筑形式的影响，只不过影响的程度和方式并不那么直接。如，厦门大学芙蓉第三，整幢外廊式建筑的上部屋顶处理（图 4-58），就将闽南传统官式大厝中的曲线形屋顶加以尺度夸大。

图 4-58　厦门大学芙蓉第三（20 世纪 50 年代建）❷

❶　林宝卿 . 闽南方言与古汉语同源词典 [M]. 第 1 版 . 厦门：厦门大学出版社，1999：130.
❷　厦门大学建筑系 94 级本科测绘资料.

辛亥革命后，封建社会解体，闽南传统建筑体系也开始瓦解并逐渐被新建筑体系淘汰，但是这个过程并非是一朝一夕可以完成的。事实上，在辛亥革命以后，闽南传统官式大厝的建设并未突然中止，而是有所延续。因此不难理解，它们对处于同时代的、象征新文化的侨乡外廊式建筑会发生着持续的影响并衍生了许多特色的结合物。

4.2.12 "碉楼"及"庐"式风格的出现

近代闽南侨乡社会治安混乱，许多华侨家庭面临被抢劫、绑架之危险。晋江华侨吴起顺就曾在自己家中被绑架。据吴起顺后人描述："那是在某天的午后，当时吴起顺家里的保卫人员都在后面的大厝内打牌，吴起顺一个人在前部外廊式民居的二楼。几个冒充是吴起顺朋友的人上楼说要找他坐坐，门卫没有怀疑，这些人上楼后用枪顶着吴起顺押上车走了，保卫人员发现后也不敢追赶。在随后的日子里，吴的家人一筹莫展，只盼着对方早日开出条件，好保他安全回家。正在焦急万分之时，一个收废铜烂铁的人走了进来，'好心'地询问了起来，称自己认识那些绑架者，不知道吴家人准备出多少钱赎出吴起顺。最后在这个收废铜烂铁者的'斡旋'下，吴起顺终于得以平安回家。最后才得知，这位收废品的人和绑架者是一伙的。"❶ 家在晋江池店镇溜石村的旅菲华侨朱玉杯受当时盗贼发"黑单"威胁而被迫离乡，从此再不敢回来。除了盗贼的绑架和威胁外，邻乡之间的械斗让社会治安更加混乱。1913 年至 1933 年间，晋江县金井镇围头村与塘东村因争渡头发生械斗。1924 年晋江县安海镇金墩村黄姓与西墙村、型厝村颜姓因风水问题发生械斗。1947 年晋江县永宁镇龙穴村与霞坡镇杆头村因路权发生械斗。1948 年晋江县亲民乡光山保潭头村杨姓与葛州村林姓因地权发生械斗❸。此外，军

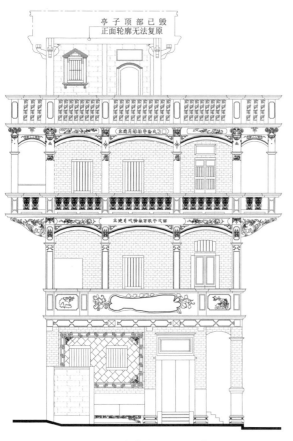

图 4-59 晋江清濛的"将军楼"立面
（20 世纪 30 年代建）❷

（图中标注：亭子顶部已毁 正面轮廓无法复原）

---

❶ 笔者与东南早报记者王了进行的访谈结果。

❷ 华侨大学建筑学院本科测绘资料

❸ 陈金亮.民国时期的晋江华侨与乡族械斗 [J]. 社会科学家，2010（2）：152-154。

阀割据，政权更迭，造成的社会动荡更是加剧了治安的恶化。"安海侨胞俞少川有诗《家乡兵祸有感》:'传闻兵革起萧墙,满目疮痍遍故乡。图挂流民知惨劫,弓弹惊鸟暗神伤'"。❶

　　面对当时如此混乱之社会治安，不少华侨基于强化防御性的思想进行了建筑营造。在实地调研过程中，笔者就发现了类似于"碉楼"形态的外廊式建筑单体，以及类似于广东五邑侨乡防御性特征的"庐"式建筑形式的案例。

　　位于晋江清濛的"将军楼"（图 4-59），底层无外廊，且窗洞狭小。二、三层设置有外廊，二层外廊的设置退后，显然是考虑到防御性需求，三层外廊的设置呈回廊式，可以提供使用者在高处的环形视野，有利于瞭望。外廊出挑很小。在将军楼的窗户和墙壁位置还发现一些可以对外射击用的枪孔，这些枪孔都是在墙身砌筑时预留的，内宽外窄，对外大多只有 4 至 5 厘米左右的洞口。对比清濛"将军楼"的形式（图 4-60）与广东五邑侨乡的"碉楼"形态（图 4-61），可以发现二者之间有很大相似性，即外廊的设置均被上移，并且在顶部向外挑出。在调研过程中发现的具有碉楼风格的外廊式建筑案例还有位于晋江市新塘街道梧林村的"枪楼"（图 4-62）。

　　泉州鲤城区新府口 52 号郭宅（图 4-63）、晋江池店镇李宅（图 4-64），外廊退后设置于二层，与广东五邑的防御性"庐"式别墅很相似（图 4-65）。除了外廊设置位置上的类似以外，一些防盗贼的手法也相同。如，对外窗户等开口部位配上坚固的铁枝，二楼楼梯出口盖板或加铁栅等。

图 4-60　晋江清濛的"将军楼"
（1930 年代建）

图 4-61　广东开平塘口镇庆民村的
寿田楼，20 世纪上半叶建

❶　陈志宏.闽南侨乡近代地域建筑研究 [D].天津: 天津大学博士学位论文，2005: 97。

图 4-62（a） 晋江市新塘街道 梧林村的"枪楼"正面 ❶

图 4-62（b） 晋江市新塘街道 梧林村的"枪楼"背面 ❷

图 4-62（c） 晋江市新塘街道 梧林村的"枪楼"的外廊空间 ❸

图 4-63 泉州鲤城区新府口 52 号郭宅（1940 年代建）

图 4-64 晋江池店镇李宅 （1940 年代建）

图 4-65 广东五邑的防御性 "庐"式别墅（20 世纪初）

要特别注意的是，虽然出现了某些与广东近代侨乡"碉楼"和"庐"式建筑类似的外廊式建筑外形，但总的看来，近代闽南侨乡外廊式建筑单体在建设过程中，对防御性的考虑大部分还是限定在"兼顾"层面，而不像广东五邑侨乡那样围绕防御主题来展开建设。

4.3 单体内部空间布局的多元表现

4.3.1 传统礼制布局的衍化景象

从内部空间来看，近代闽南侨乡外廊式建筑单体有很大一部分是沿袭了传统礼制格局。具体则存在着多种差异性的衍化景象（图 4-66）。

---

❶ 图片出处：http://atong1978.blog.163.com/blog/static/2503558200791564342766/，2007。

❷ 同上。

❸ 同上。

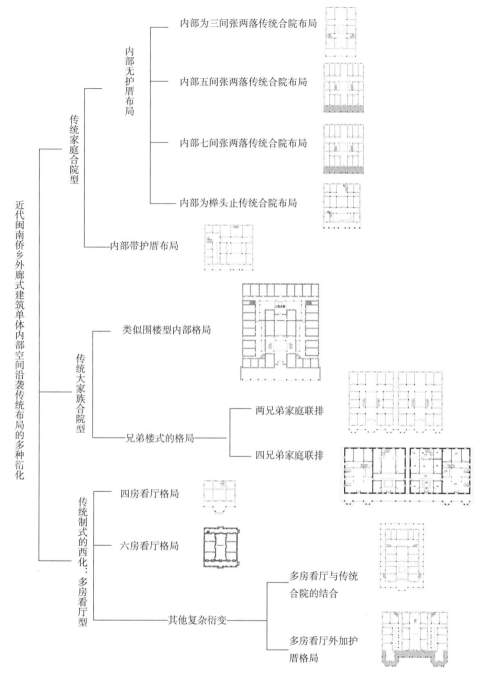

图 4-66　单体内部空间沿袭传统礼制布局的多种衍化表现

（1）"传统家庭合院型"的内部格局

近代闽南侨乡外廊式建筑单体内部，很多是居住着一个完整的传统家庭。业主们常常还会根据传统伦理制度来分配各家庭成员的房间以及家庭公共空间。下面以泉州洛阳桥南村刘维添宅为例进行分析。刘维添宅是一幢典型的外廊式建筑，其内部空间为五间张两落格局，是传统礼制的组织模式。中轴线上的序列为：外廊—大门—下厅—天井—

顶厅—祖先牌位—后轩，体现了以祖先和家长为中心的组织模式，"外廊"则成了这一祖先崇拜中轴序列的开端。内部空间中轴对称，强调尊卑。

据笔者调查，刘宅在内部房间的分配上，采取的是严格按照左为上、右为下的尊卑原则，而且各个房间都有约定的功能用途。以刘宅的二层来说，家里的男孩子要按照长幼次序来分配住房（图 4-67）。在中庭左侧的"榉头间"住的是祖父母，对应的右侧榉头间住的是父母。中庭的北面，"上大房"住的是大儿子，"大房"住的是二儿子；"上大房"的左侧是"边房"，住五儿子；"上房"的右侧也是"边房"，住六儿子。中庭的南面，与五间正房相对应，有五间"下房"。下厅左侧的"下房"，住三儿子；下厅右侧的"下房"，住四儿子；下房的两头各有一个"角房"，左角房住七儿子，右角房住八儿子。

这种房间分配方式与近代以前的闽南传统大厝中的房间分配模式大体类似。据有关学者研究，在（闽南）大厝顶落部的上大厅东侧是"上大房"，住着大儿子：在上大厅西侧是"大房"，住着二儿子；在大厝下落部下厅两侧两个房间都叫"下房"，东侧住着三儿子，西侧住着四儿子。房屋空间组织结构所展示的权力关系可看作是：北 = 祖先、长子，南 = 幼子，东、西 = 父母，中 = 天 ❶（图 4-68）。

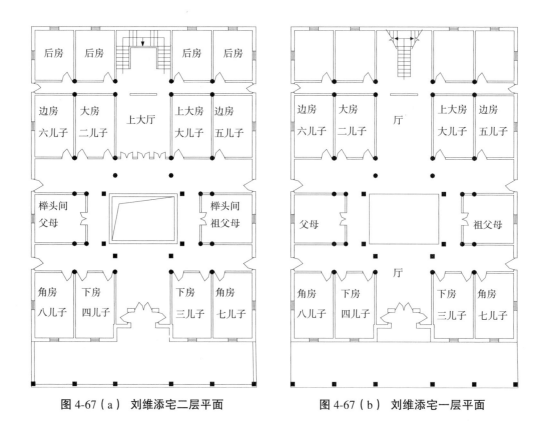

图 4-67（a） 刘维添宅二层平面　　　　图 4-67（b） 刘维添宅一层平面

❶ 转引自：王铭铭. 逝去的繁荣：一座老城的历史人类学考察 [M]. 杭州：浙江人民出版社，1999：136。同时参考：赵鹏. 泉州官式大厝与北京四合院民居典型模式的比较研究 [D]. 泉州：华侨大学建筑系硕士学位论文，2004：16。

但是有一点不同的是，刘维添宅作为近代时期出现的外廊式建筑，相比闽南传统大厝而言已经"楼化"，内部空间格局也在垂直方向上有所拓展。然而，有趣的是，这种"楼化"的空间布局之拓展却采用的是一种几乎"复制"的方式来完成。刘维添宅的一层，房间的组织格局基本是二层的复制，从房间分配上也与二层对应：厅堂对应的底层也是厅堂，某个儿子的二层房间对应的底层用房也归属同一人。这种在楼层数增加的情况下同时将传统大厝的"平面式"的家庭礼制格局在立体上给予保留的现象，直到 20 世纪 80 ~ 90 年代的一些闽南乡村家庭住宅中仍然存在。这样的布局方式在使用上会造成不

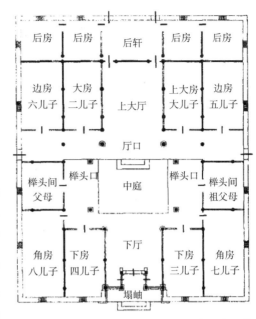

图 4-68　闽南近代以前传统大厝之房间分配 ❶

方便，比如，其中一个儿子一般来说往往会将二层作为卧室，底层作为自己的附属用房（厨房等），而且之间不另设楼梯，交通联系困难，但是家庭成员之间的交融关系却得以延续。王其钧先生曾感叹道，在全国的民居中，像闽南地区传统住房分配如此严格的实例并不多见。

（2）"传统大家族合院型"的内部格局

在近代闽南侨乡外廊式建筑单体内部空间布局中，还出现了大家族聚居型的案例。如，位于晋江金井镇坑口村西区 46 号的蔡秀丽宅（约 1930 ~ 1940 年代期间建），是一幢十分特别的近代闽南侨乡外廊式建筑单体，尺度巨大（图 4-69）。除去外廊以外，其内部空间布局竟是一幢类似方形"围楼"的大厝。

据考证，在年代较早的闽南传统官式大厝式民居中，有很多都采用了三边或者四边护厝的内部格局，颇有围楼的特征。关于闽南传统官式大厝民居和当地的"围楼"（土楼）之间的渊源关系是有待进一步考究的，但有一点可以肯定的是，在闽南传统官式大厝中，常出现一些规模超越一般家庭尺度的"聚集整个家族"的建筑，这些聚有大尺度家族的大厝，其规模有的甚至超过了当地的传统土楼。如，位于南安市石井镇延平东路，建于清代雍正年间的南安中宪第 ❷（图 4-70）。

❶　图片出处：赵鹏. 泉州官式大厝与北京四合院民居典型模式的比较研究 [D]. 泉州：华侨大学建筑系硕士学位论文，2004：16。

❷　中宪第又称大厝内，系清代雍正年间南安石井人郑运锦往台经商贸易致富后兴建。因其子郑汝成由贡监生授州司马加五级并诰封中宪大夫，荫及三代，故称"中宪第"。内部房间 112 间。相比较之下，闽南泉州的黄素石土楼（建于清朝乾隆六年，1741 年），每层也才 12 间，三层共计 36 间。位于泉州沿海的大型方楼——聚奎楼，平面宽 35 米，深 31 米，共三层，每层也才 20 间，共才 60 间。

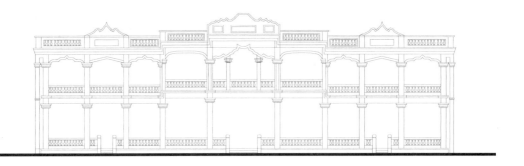

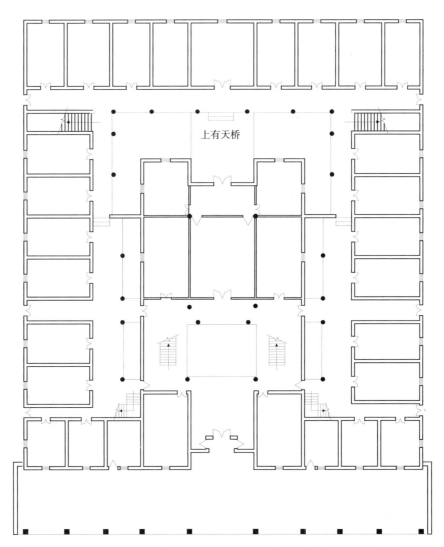

图 4-69　泉州晋江金井镇坑口村西区 46 号蔡秀丽宅平面和立面（约 20 世纪 30 ～ 40 年代建）

　　蔡秀丽宅内部如此大的空间容量，显然并非只是为了一般家庭的居住，而是为了"聚族而居"，它的内部房间上下层累加，竟也有 70 多间。整体的房间布局围绕中央核心：类似于传统大厝的三间张两落格局，为祖厅和长辈居住的地方。四周的围厝（护厝）则由各家庭成员按照嫡亲和长幼顺序进行相应的分配，体现了宗族伦理思想。为了与"家族式"的内部空间相配合，蔡秀丽宅正面的外廊竟然达到了面宽 30.2 米，进深 4.8 米的尺度，形象相当震撼。

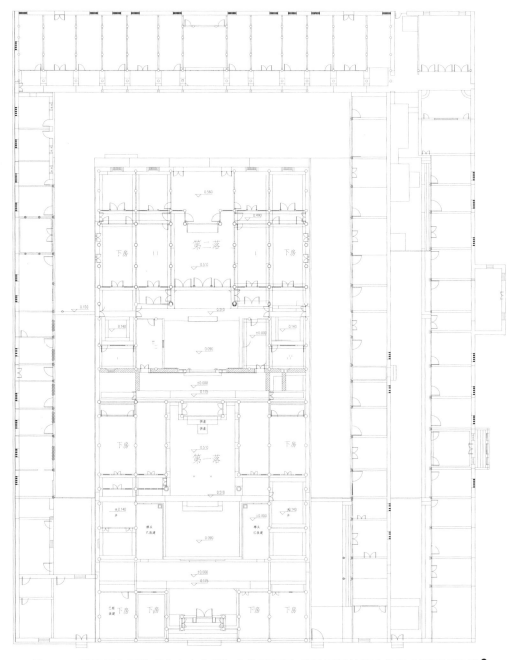

图 4-70　清雍正年间的"南安中宪第"主体平面图：聚族而居的闽南传统大厝民居案例 ❶

---

❶ 资料来源：华侨大学建筑学院 06 级本科测绘资料，指导教师：薛佳薇、费迎庆、郑剑艺等。

（3）"多房看厅"型的内部格局：传统制式的西化

在近代闽南侨乡外廊式建筑单体中，还可看到"四房看厅"、"六房看厅"布局。四房看厅，也称四房带厅，指的是横向三间，明间为大厅及后轩，次间前后分作两间，前为大房，后为后房，大厅左右有大房和后房共四间，故称"四房看厅"。如，鲤城西街宋文甫外廊式民居（图4-71）、听桐别墅（图4-72）、鼓浪屿漳州路44号廖月华宅（图4-73）等。"六房看厅"则指的是明间为大厅及后轩，次间前中后分作三间，每间都朝向大厅开门。如，晋江池店镇溜石村四泉楼（1952年建）（图4-74）、鼓浪屿漳州路38号（图4-75）、泉州洛江区桥南村南片356号刘贤发宅（图4-76）。应该说，内部空间采用"四房看厅"或者"六房看厅"的形式，与闽南传统官式大厝的合院或天井布局有较大差异，但是如果将"四房看厅"或"六房看厅"与闽南传统三间张大厝的"顶落"空间布局相对照，又会发现它们之间具有相似之处：强调中轴对称，具有横向三间张布局，前有廊，而且在考察中发现业主对"四房看厅"或"六房看厅"的各房间名称的叫法也和闽南传统官式大厝中的顶落房间很类似。"四房看厅"或"六房看厅"的空间布局虽然没有天井，但也体现了对闽南传统礼制的传承。

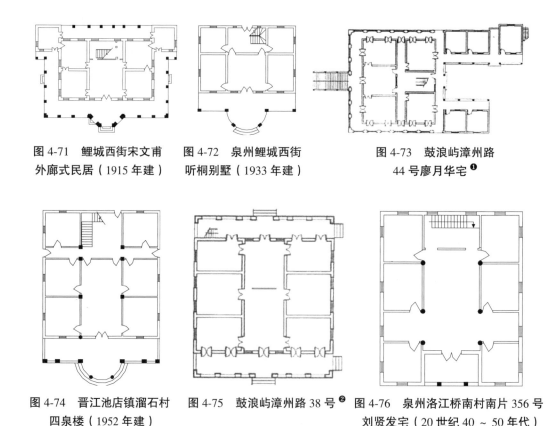

图 4-71 鲤城西街宋文甫外廊式民居（1915年建）　　图 4-72 泉州鲤城西街听桐别墅（1933年建）　　图 4-73 鼓浪屿漳州路44号廖月华宅 ❶

图 4-74 晋江池店镇溜石村四泉楼（1952年建）　　图 4-75 鼓浪屿漳州路38号 ❷　　图 4-76 泉州洛江桥南村南片356号刘贤发宅（20世纪40～50年代）

---

❶ 林申. 厦门近代城市与建筑初论 [D]. 泉州：华侨大学建筑系硕士学位论文，2001：34。

❷ 同上，第35页。

4.3.2　异国形制布局的表现景象

近代闽南侨乡外廊式建筑单体内部空间布局也不乏借鉴和模仿外国形制的案例（图4-77）。这在当时的教育类建筑中表现得很是明显。如，陈嘉庚先生设计建造的厦门大学

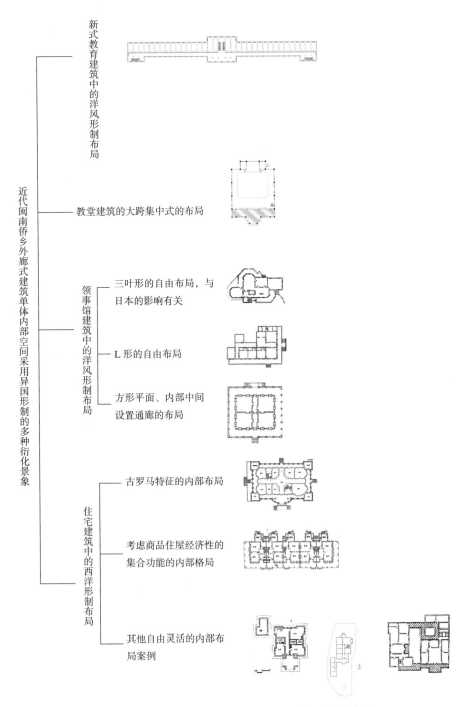

图 4-77　单体内部空间采用异国形制的多种衍化表现

和集美学村的教学楼,很多都是采用一字形、L 形或 U 字形的教学楼模式。布局方式上相比当地传统建筑有了革命性的改变。为的是满足新式教育的使用功能以及展现新时代的教育精神,近代以前的闽南,很多教育活动都是在私塾中进行,而且私塾多设置在传统的合院式大厝建筑里。辛亥革命后,闽南地区兴起了反对旧学校教育体制的浪潮,封建时代的学校教育制度被认为已经衰败,"师夷长技以制夷"成为教育家的主张。陈嘉庚先生积极引入西方教育模式,与此同时也就引入了西式的教育建筑空间布局模式,常体现为一条长廊组织着众多的教室,这种教学楼模式在今天看来司空见惯,但是在近代闽南侨乡的出现是极富革命性的。

教堂类外廊式建筑单体中,内部空间也较为新颖。如,晋江金井镇区的礼拜堂因为教会活动的功能需要,模仿西洋剧院模式❷,内部更有新颖的螺旋楼梯的应用。论及对异国建筑内部空间布局的模仿,不能不提到在厦门鼓浪屿的一幢三叶草形平面的外廊式建筑——汇丰银行办公楼兼金库(1910-1920 年间建造)(图 4-78)。据日本学者藤森照信先生推测,这种三叶草形平面很有可能是英国人发明,并且经由日本传入闽南。他调查后发现,在近代东亚现存的三叶草形(Clover)平面的外廊建筑,仅有长崎的英国人格洛弗(Thomas Blake Glove, 1838–1911)住宅(1863 年建)(图 4-79)和厦门原汇丰银行支行建筑❹。藤森先生写道:"鉴于格洛弗住宅建造时

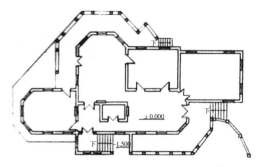

图 4-78　厦门原汇丰银行支行建筑 ❶

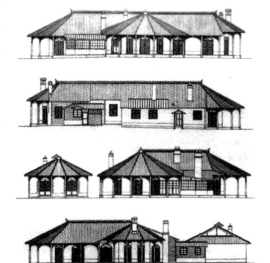

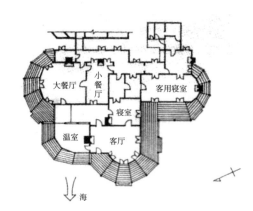

图 4-79　日本长崎的英国人格洛弗(Thomas Blake Glove, 1838–1911)住宅(1863 年)❸

---

❶　吴瑞炳、林荫新、钟哲聪主编 . 鼓浪屿建筑艺术 [M]. 第 1 版 . 天津:天津大学出版社,1997:255。

❷　近代一直到当代的泉州教堂建筑常有楼座形式。

❸　沙永杰 . "西化"的历程——中日建筑近代化过程比较研究 [M]. 第 1 版 . 上海:上海科学技术出版社,2011:77。

❹　19 世纪 70 年代建,后为闽南华侨购买。

间较早，这种平面形式从长崎逆向传入到厦门的可能性很大。"我考察过东印度群岛，但没有发现格洛弗型的。可能在欧美也不会有。"❶ 藤森还认为针对这两个案例"如果考察一下它们同当时给予东亚外廊样式有很大影响的英国之间的关系，一定会发现喜好在设计中多有变化的图画派（Picturesque）样式的影响"❷。

在民居类的外廊式建筑单体中，也出现一些内部空间布局带有较强异国风情特点的案例。如，厦门鼓浪屿的八卦楼，内部空间布局具有罗马复兴特点，中央穹顶的光线射入室内，形成宏伟明亮的内部场景（图 4-80）。再如，鼓浪屿观海园 16 号楼的内部，厨房和餐厅位于建筑的一角，底层为储藏间，内部

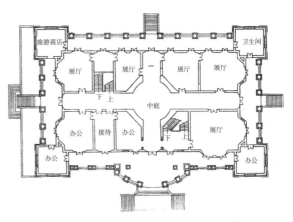

图 4-80　厦门鼓浪屿的八卦楼平面 ❸

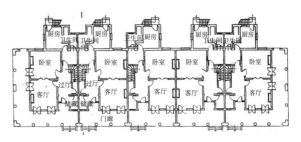

图 4-81　鼓浪屿中华 2 路（20 世纪初）的海关宿舍 ❹

各卧室中均配备有卫生间，有着现代文明的布局特征。又如，鼓浪屿中华 2 路（20 世纪初）海关宿舍，为外廊式联排住宅（图 4-81），其内部空间格局已经相当西化了，毫无传统礼制影响的痕迹。

4.4　单体构筑技艺手段的多元表现

4.4.1　单体构筑技艺手段的多元化

近代闽南侨乡外廊式建筑单体的构筑技艺手段同样是丰富多样的（图 4-82），研究结果表明，有外来钢筋混凝土的地域化应用、传统石作砌雕工艺的特色表现，而且还有至今历史由来仍有待考究的红砖工艺的特色表现。南洋地砖和马约利卡瓷砖也在近代闽南侨乡外廊式建筑单体的构筑中有所表现。传统的木作构造技术虽然在建筑的外部使用较少，在内部却有相当生动的演绎。地方传统的泥塑、剪瓷雕工艺在建筑上也常发挥着装饰和点缀作用。

❶ [日]藤森照信.外廊样式——中国近代建筑的原点 [J].张复合译.建筑学报，1993（5）：33-38。

❷ [日]藤森照信.外廊样式——中国近代建筑的原点 [J].张复合译.建筑学报，1993（5）：33-38。

❸ 吴瑞炳、林荫新、钟哲聪主编.鼓浪屿建筑艺术 [M].第 1 版.天津.天津大学出版社，1997：164。

❹ 吴瑞炳、林荫新、钟哲聪主编.鼓浪屿建筑艺术 [M].第 1 版.天津.天津大学出版社，1997：119。

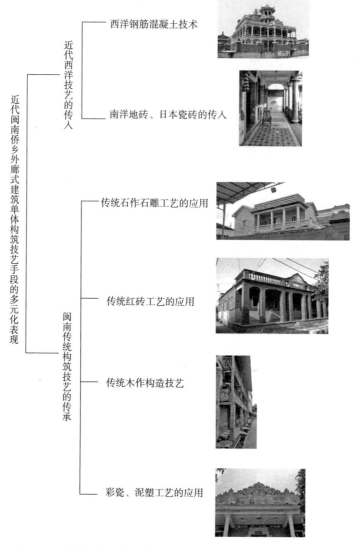

图 4-82　近代闽南侨乡外廊式建筑单体构筑技艺手段的多元表现

4.4.2　外来钢筋混凝土技术的地域应用

外来钢筋混凝土技术对近代闽南侨乡外廊式建筑单体构筑有着重要的影响。

笔者随机统计了 30 个近代闽南侨乡外廊式建筑单体案例，应用到钢筋混凝土技术的就占到 26 个。这说明近代闽南侨乡是一个与当时世界建筑技术发展相联系的地域。虽然混凝土技术早在古罗马时期就已出现，但钢筋混凝土技术则是到 19 世纪末才在西方起源。法国的花匠莫尼尔在 1867 年制作了以金属骨架作配筋的混凝土花盆并以此获得专利。1872 年美国人沃德建造了第一幢钢筋混凝土构件的房屋。后来康纳于 1886 年发表了第一篇关于钢筋混凝土结构的理论与设计手稿，而后钢筋混凝土技术传布全球。有学者认为，近代闽南最早出现的钢筋混凝土技术的应用案例是位于鼓浪屿的日本领事馆（1895 年建的外廊式建筑）❶，20 世纪初，随着近代闽南侨乡时代的开始，钢筋混凝土技术在当地外廊式建筑单体中得到日益广泛的应用。

近代闽南侨乡外廊式建筑单体在应用钢筋混凝土技术方面经历了"局部构件应用"到"整体框架应用"的历程。早期钢筋混凝土技术对于近代闽南侨乡人来说，是一种较为昂贵的技术材料，很多业主为了节省经费，经常只在外廊的梁板部分使用，其余部分仍然沿用传统砖石木的构筑技术。外廊的梁板部分是较为薄弱的地方，应用钢筋混凝土技术往往能够抵御雨水的侵蚀，事实证明，同期那些没有运用钢筋混凝土技术来构筑"外廊"的建筑，其"外廊"往往较容易损坏，如位于泉州鲤城西街 116 号的宋文甫宅（1915年建），外廊采用砖木结构，经过风雨浸淋后，楼板已经完全倒塌，只剩下连续的廊柱（图4-83）。在经历了早期的局部应用后，侨乡时代的后期（20 世纪 30 年代以后），随着钢筋混凝土技术的日渐成熟和市场价格的下降，完全意义上的钢筋混凝土整体框架结构体系逐渐出现。

有一点要指出的是，业主和工匠们在应用钢筋混凝土技术的时候，往往会加入自己对外来新材料的理解，从而体现出地域特色。如，晋江衙口南浔村怀德别墅（1947 年建）的外廊上（图 4-84），可以看到梁体虽采用钢筋混凝土，但是梁体的形态有着复杂的变化，业主和工匠们显然更重视对钢筋混凝土可塑性的利用。类似的案例还有晋江池店镇溜石村的 53 号朱宅（图 4-85），外廊采用钢筋混凝土技术，却极力模仿具有伊斯兰特点的各种券形。这种情况和钢筋混凝土最初用于欧洲时，很多建筑师仍用它来模仿古典建筑形态的情形是类似的。

图 4-83　泉州鲤城西街 116 号的宋文甫宅（1915 年建）

图 4-84　晋江衙口南浔村怀德别墅外廊的钢筋混凝土梁体

❶ 林申. 厦门近代城市与建筑初论 [D]. 泉州：华侨大学建筑系硕士学位论文，2001：33-34。

图 4-85 晋江池店镇溜石村 53 号朱宅的外廊：钢筋混凝土技术乡土化应用的表现

4.4.3 传统石作砌雕工艺的特色表现

调查显示，近代闽南侨乡外廊式建筑单体大量运用了地方传统石作技艺。

石作是闽南传统建筑的一项杰出技艺，众多学者对其进行过赞美。北京大学方拥先生 2008 年在《建筑师》曾发表一文，题为"石头成就的闽南建筑"，专门论述闽南传统石作技艺在中国建筑史上的地位。在方拥先生看来，"在福建特别是闽南沿海大家看见了显然有别于北方体系的异类遗存，这里保存着大量唐宋元明清的石建筑和石雕刻（图4-86 ~ 图 4-88），其壮观和精美程度皆非亲眼所见者所能想象"❶。他认为，这些闽南传统石作建筑物在技艺水平上与代表当时世界最高水平的欧洲石建筑相比差距甚微，而闽南传统的石头建筑也能证明石材在中国历史上曾经有过辉煌成就 ❷。

图 4-86 泉州开元寺宋代石塔

图 4-87 泉州清源山老君岩石像（宋代）

图 4-88 泉州安海石构五里桥（宋代）❸

---

❶ 方拥. 石头成就的闽南建筑 [J]. 建筑师，2008（10）：106-108。

❷ 同上。

❸ 图片出处：http://tupian.hudong.com/a0_71_01_01300000238622122109018105112_jpg.html。

闽南传统石作技艺的成就主要表现在三个方面。其一，历史上拥有许多著名的传统石构建筑作品。如，建于宋皇裕五年至嘉裕四年的洛阳万安桥、始建于宋绍定元年历时22年建成的中国现存最大石塔——泉州开元寺东西塔，建于宋重修于元的泉州涂门街清真寺等大型石构工程。其二，在当地传统官式大厝民居中，石材的应用极为普遍。在墙裙、墙堵、天井、前埕等等地方均可看到石材作为承重或装饰构件的应用。其三，闽南当地传统石作匠人远近驰名，尤以惠安县为著，早在宋代就出现大批石雕工人，有很著名的石匠师专业村——崇武镇峰前村。闽南石作技艺在历史上还曾实现过对外输出，"在清代，惠安石雕匠人除了包揽闽南的很多生意外，在福州、台湾及南洋一带均有业务，实现了技艺对外的输出。如，蒋山斗于清同治年间在福州南后街光禄坊开设的'蒋源成号'，张金山在台湾日据时期于漳州鹿港开设的'张金记石店'等等。"[1] 闽南传统石作技艺的成就与当地盛产石材是有较大关系的。"闽南当地盛产石材。福建省的花岗石保有储量居全国第三位，闽南沿海分布尤多。"[2]

历史流传下来的石作技艺在近代闽南侨乡外廊式建筑单体的构筑表现中仍然得到了相当程度的传承。具体体现在以下几个方面。

第一，石作技艺为许多外廊式建筑单体的建构提供了主要的结构技术保障。虽然有了钢筋混凝土新技术的引入，但对于部分业主来说价格昂贵，因此仍然采用石作技术来搭起主要的结构体系。在晋江金井镇丙洲村的植核楼（图4-89）、王仔吹兄弟楼（图4-90）、德荫楼（图4-91）的底层外廊处就用石柱支撑起二层楼板。在晋江龙湖苏坑东区105号的施天长宅（图4-92）和金井镇丙洲村的干宅（图4-93）中，外廊的梁柱都采用石头结构，在柱头部分还用石头模仿中国传统木结构建筑中的雀替形状。

第二，外廊式建筑单体中可发现大量传统石雕工艺的表现。

许多"外廊"柱子上有石作楹联雕刻。如，在晋江池店镇溜石村玉杯楼中，正面底层的外廊柱子采用石作高浮雕手法于白色花岗石上雕出楹联，"玉洁流光常觉门庭永耀，杯斝滋味还欣兰桂腾芳"。类似的例子还有鲤城中山路陈光纯宅的门廊处的石柱，上面雕刻着"蓝水远来支分鲤郊，园林新筑地卜鳌山"。在已有新技术的情况下，很多外廊式建筑单体的底层外廊柱子仍然沿用石作，其中原因除了是考虑到钢筋混凝土较为昂贵以外，还有一个很重要的缘故是石作比混凝土更容易雕刻楹联等字体。这一点从石狮永宁镇龙穴杆头村景胜别墅的正面外廊石作柱子的故事中可以得到更生动的理解，据现年75岁的当时掌管财务工作的高聪明先生[3]谈到，景胜别墅的业主高祖景，经济实力雄厚，整幢楼的耗资竟达"20多万美钞"，乡人们传称当时建设此楼的资金可以在香港购买一

❶ 庄耀棋．台惠安峰前村蒋氏打石匠师群之研究 [Dl．台湾："国立"艺术学院传统艺术研究所，2001。同时参考，陈晓向．惠安石匠师及其石工技术之研究 [J]．福州大学学报（自然科学版），2004（5）：592-597。

❷ 福建省地方志编撰委员会编．福建省自然地图集 [M]．第1版．福州：福建科学技术出版，1998：62。同时参考：曹春平．闽南传统建筑 [M]．第1版．厦门：厦门大学出版社，2006：122。

❸ 访谈地点：石狮永宁镇龙穴杆头村老年活动中心。

条街。这样的经济实力，显然不会对钢筋混凝土的造价高昂有所顾忌，事实上业主大量地在建筑中"浪费"钢筋混凝土材料。高聪明先生说，他当时在建设的现场，就发现在外廊与建筑室内分界的墙体竟施有三层构造，外石内砖，中间灌注钢筋水泥。然而有趣的是，在正面底层的外廊柱子这一从结构的稳定性要求上本应运用钢筋混凝土材料的地方，却采用石头（二层外廊柱子都是采用钢筋混凝土材料），显然业主另有考虑。高聪明先生和乡里的老人均提到，当时这样做是为了能够雕刻较为清晰的楹联字体，并且希望这些字体能抵抗风雨侵袭，不会在人们的频繁触摸中磨损。

图 4-89　晋江金井植核　　　图 4-90　晋江金井丙洲村　　　　图 4-91　晋江金井丙洲村
楼底层石构外廊　　　　　王仔吹楼底层石构外廊　　　　　王宅底层石构外廊

图 4-92　晋江　　　图 4-93　晋江金井丙洲村王宅　　　图 4-94　晋江王仔吹兄弟楼底层
龙湖苏坑　　　　　　　外廊的石构柱梁　　　　　　外廊内壁的各种石作雕刻
东区 105 号

　　除了外廊柱子上的楹联石刻外，其他各种闽南传统石雕手法不时也都有各自的表现空间。如，王仔吹兄弟楼，在底层外廊内壁上的石作工艺有白石雕刻也有青石雕刻，闽南传统石雕技法的各种门类在这里得到集中的展示（图 4-94）。工匠们运用素平技法将外廊内壁的大部分表面雕琢平滑而不施图案题材，显得光洁（图 4-95）。另外，在外廊内壁塌岫式入口处的水车堵位置运用了"剔地雕"技法，这种技法相当于《营造法式》中的"剔地起突"（图 4-95），即半立体的高浮雕，石作墙面因而有了较为明显的凹凸变化的细节。还有,在王仔吹兄弟楼外廊内壁塌岫式入口两侧的壁柱和墙裙位置运用了《营造法式》中的"压地隐起"(图4-95),即浅浮雕技法,在磨平的石面上,将图案以外的地方凿凹,表面形成隐隐起伏。此外,王宅的外廊内壁塌岫式入口两侧的对看堵则采用了"阴刻"(水磨沉花)(图4-95),所谓"水磨"指磨平表面,"沉花"指将花草图案做凹下之阴刻,即在光亮的石面上雕刻阴文图案,凹入线条也可打细点,做深浅明暗之分。当然,除了闽南当地传统石作技艺表现外,王仔吹兄弟楼外廊内壁上的窗框石雕也有着西洋化的石作技艺表现,窗框几何形并且凹凸明显,在阳光下有着强烈的光影效果,是强调形体真实明确的三维"体块"表现(图4-96),这与闽南当地传统石雕重视"线条美"的处理有一定程度的不同。王宅底层外廊处的石雕工艺之精湛,线条对位之精准,技法运用之丰富,展示了一幅独特的文化景观。像王仔吹兄弟楼这种凝结着精美石雕表现的外廊式建筑案例还有很多,如,同村的植核楼、瀛洲王宅等。

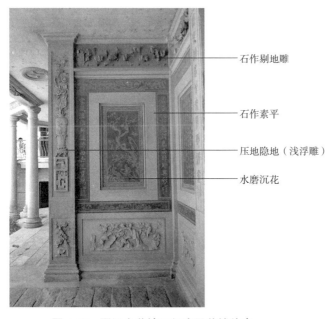

石作剔地雕

石作素平

压地隐地(浅浮雕)

水磨沉花

图4-95　晋江金井镇王仔吹兄弟楼外廊
内壁的精美石雕

图4-96　晋江金井镇王仔吹兄弟
楼外廊内壁的西式石雕

一个有趣的现象是,20世纪60年代后的闽南,特别是在鲤城、晋江、惠安、石狮等沿海地带,突然出现了大量的完全意义上的外廊式石作民居(图4-97)。它们以杂石奠基,条石砌筑外廊柱梁、建筑外墙、室内隔墙,板石(或称石枋)盖楼板,门窗、栏杆、楼梯等构件也全部采用石头,可谓名副其实的"完全"的外廊式石构民居。外廊式石构民居在60年代后的泉州一带得到盛行,和当时推广了一种采掘石头的技术有很大关系,石头作为建材具有经济实惠、不生白蚁、维修费用少等优点,也能够抵抗台风和具有防盐碱腐蚀的特点。

图 4-97　泉州 20 世纪 60 年代以后出现的完全意义上的外廊式石作民居

4.4.4　红砖工艺特色表现及其历史由来

　　独特的地方红砖工艺在近代闽南侨乡外廊式建筑单体的构筑中，也有着广泛的应用。

图 4-98　闽南传统红砖民居景观印象

　　白墙、青砖、黛瓦，是广阔的中国传统民居的主要色彩构成。近代以前的闽南传统民居中广泛使用红砖，这种现象在中国其他地方是极其少见的（图 4-98）。受其影响，邻近的莆仙，以及闽南方言区潮汕和台湾等地区，在历史上也都曾建起过红砖大厝❶。闽南传统建筑的红砖由来至今仍是一个有待解开的谜团。黄汉民先生在《老房子·福建民居》中曾猜测道："闽南的红砖民居与欧洲起源于古罗马的红砖建筑可以拉得上亲缘关系吗？ ... 闽南传统民居墙面的红砖拼贴、镶嵌，与西亚阿拉伯建筑装饰处理之间有什么联系吗？红砖民居所处的这个地区中，早在唐宋元时就有'东方第一大港'——泉州刺桐港，这里曾是古代'海上丝绸之路'的起点。从海交文化的发展、从中西文化的交汇、从多种宗教的并存中，一定可以找到这个谜底。"❷ 也有学者通过图像学方法比照，试图证明闽南红砖源于外来文化的影响。如，学者王治君在《建筑师》中曾发表文章，文中通过闽南红砖与拜占庭及伊斯兰建筑砖砌体，以及与伊斯兰建筑细部工艺等方面进行图像比照，试图证明闽南的红砖技艺在很大程度上是受到海洋文化的影响；文中还通过拜占庭建筑中的"君士坦丁堡样式"与闽南'红砖厝'的出砖入石的比照，发现两者之间并无明显差异，由此提出了是亚美尼亚人较早把"出砖入石"构造引入泉州建筑的猜想❸。另外，作家萧春雷在其博

❶ 有人称这一地区为红砖文化区。

❷ 黄汉民 . 老房子：福建民居 [M]. 第 1 版 .. 南京：江苏美术出版社，1994：38-39.

❸ 王治君 . 基于陆路文明与海洋文化双重影响下的闽南"红砖厝"——红砖之源考 [J]. 建筑师，2008（1）：86-92. 文中写道"：公元 1307 年安德津（Clement de Perouse）受教皇克莱芒五世晋铎后，于公元 1313 年来到刺桐（Zoitoun，泉州）。在安德津的书简中有这样的描述：滨大洋有一大城，在波斯语中叫 Zaitoun（刺桐），一位来自亚美尼亚的富有妇人于该城内筑一座豪华的大教堂。"其文中的部分观点参考：何晓莲 . 宗教与文化 [M]. 第 1 版 . 上海：上海同济大学出版社，2002：124.

客中则试图从另一个角度解释"闽南红砖起源"。他通过相关的文献研究，认为闽南传统红砖厝的建设是月港海商在 16 世纪 70 年代前后从"居菲西班牙人"处学来的。其论述如下："近 500 年来，南中国海附近地区风云激荡，西欧、南洋和中国等建筑文明相互碰撞、吸收和融合，丰富了各自的传统。西班牙人于 1543 年侵占菲律宾，不久建立殖民政府，与漳泉走私商人贸易。1568 年，月港成为合法外贸港口，众多闽南商船远赴菲律宾。西班牙人在菲律宾与（我国）台湾都留下过红砖建筑，有的至今犹存，如台北红毛城。""他们按照本国传统建造的大量使用石材和红砖红瓦建筑，给闽南商人留下了深刻印象，发财后，就在家乡仿建。"❶ 他甚至提出红砖大厝在闽南出现的时间不早于 1543 年，不迟于 1585 年。

然而，要证明闽南地方红砖技艺的起源并解释其复杂的传播路径和演绎变迁，仍然需要更多的确凿证据。

近代闽南华侨们在建设外廊式建筑单体的过程中，红砖技艺得到了较为广泛的应用。从外廊的券、柱到外廊内壁，再到外廊后部的建筑构造，都不时会有工匠们精美的红砖技艺展现。据笔者调查，主要有下面几种表现方式。

其一，红砖技艺有时会被用在外廊式建筑单体的外廊券柱上。如，泉州金门金宁乡的翁赞商、翁赞荣宅（图 4-99），外廊采用拱券式，红砖垒起柱墩，并在柱头起券，或呈缓弧形，或呈圆弧形，这些拱券起着结构支撑的作用，承托着各层外廊楼板。这种红砖"券廊"的做法在近代闽南侨乡的实例还有很多，如位于泉州鲤城西街 116 号宋宅，位于晋江金井塘东村的蔡本油宅（1922），位于鼓浪屿中华 2 路的住宅（原海关住宅），鲤城中山路陈光纯宅（图 4-100），鲤城培元中学菲律宾楼（图 4-101），晋江金井镇蔡秀丽宅（图 4-102），鲤城听桐别墅（图 4-103）（1933），鲤城江南镇古店村吴宅（图 4-104），厦门鼓浪屿复兴路的某住宅（图 4-105），泉州洛江区桥南村刘红广宅（图 4-106），厦门鼓浪屿漳州路李家庄（图 4-107），等等。也出现了很多红砖外廊"直柱"的案例，如鼓浪屿康泰路 61 号住宅，鼓浪屿福建路 40 号的黄秀烺别墅——"海天堂构"。

其二，红砖也经常被用在外廊式建筑单体的外廊内壁，不时雕成精美图案。如，晋江金井镇丙洲村海天堂构的二层外廊内壁，有类似闽南传统官式大厝式民居的红砖"镜面墙"做法。所谓"镜面墙"指的是闽南传统官式大厝民居的墙身正面，在典型闽南传统官式大厝民居中，镜面墙由下而上分成几个块面，每一个块面称为一堵（广东一带称为"肚"），这是仿照木槅扇板壁而来的做法，主要有柜台脚❷，裙堵❸，腰堵❹，身堵❺，水

---

❶　萧春雷 . 追寻闽南传统红砖大厝的起源 [ED/OL]。http://www.jinying.org/mn/ShowArticle.asp?ArticleID=8436&Page=3，2010。

❷　柜台脚指的是台基以下与地面相平齐或者略微露出的石块。

❸　裙堵指的是柜台脚以上高及人腰的裙墙。

❹　腰堵指的是裙堵以上的狭长状的块面。

❺　身堵则指的是镜面墙的腰堵以上、檐口以下部分。

车堵❶,鎏砖堵❷六部分❸（图 4-108）。晋江金井镇丙洲村海天堂构的二层外廊内壁是传统官式大厝民居显露在外的"镜面墙"做法的"内壁化"（图 4-109），其身堵部分，四周用红砖砌成数道凹凸线脚，作为堵框，称"香线框"，香线框以内大多用红砖组砌成各种式样的图案，称"拼花"。拼花图案有万字堵、古钱花堵、人字堵、工字堵、葫芦塞花堵、龟背堵、海棠花堵等；而竖向墙垛多用红色化砖组砌成篆体对联。像金井"海天堂构"这样的外廊内壁采用红砖墙体和雕饰的案例在闽南侨乡还有很多，如泉州洛江区洛阳桥南村的刘维添宅的外廊内壁，泉州洛江区洛阳桥南村的杨宅的二层外廊内壁，晋江金井镇丙洲村的王仔吹兄弟楼二层外廊内壁（图 4-110），等等。

图 4-99　泉州金门（近代的金门属于泉州管辖）金宁乡的翁赞商、翁赞荣宅❹

图 4-100　泉州鲤城中山路陈光纯宅（1912）

图 4-101　泉州鲤城培元中学菲律宾楼

图 4-102　泉州晋江金井镇蔡秀丽宅

图 4-103　鲤城西街的蔡光远宅

图 4-104　江南镇古店村吴宅

图 4-105　鼓浪屿复兴路上的近代外廊式红砖建筑

图 4-106　泉州洛江区桥南村刘红广宅（1946-1947）

图 4-107　厦门鼓浪屿漳州路李家庄（20 世纪初建）

---

❶　水车堵指的是身堵之上的一条狭长的装饰带，一般以砖叠涩出挑，于正面做出线脚边框，边框内常用泥塑、剪粘构成装饰带，作为屋顶和红色墙面的过渡，考究者以玻璃罩封护，防止雨淋或偷盗。

❷　鎏砖堵指的是镜面墙的每间分隔处砌出的，犹如西洋古典建筑的壁柱状的竖向墙垛，但不突出墙体。

❸　曹春平 . 闽南传统建筑 [M]. 第 1 版 . 厦门：厦门大学出版社，2006：92。

❹　图片出处：http://blog.roodo.com/pan_shan/0dea6cd7.jpg。

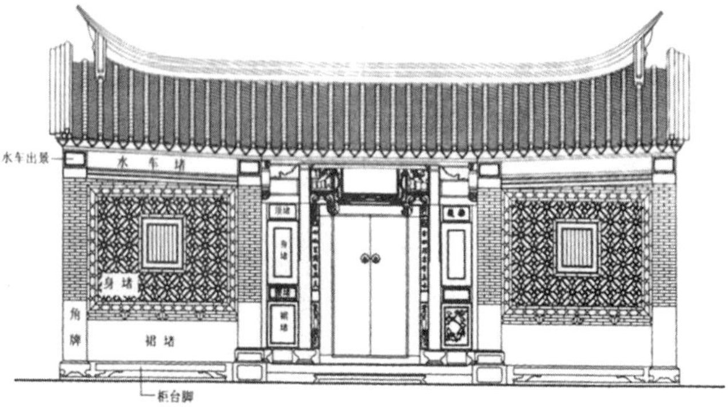

图 4-108　闽南传统官式大厝民居的镜面墙 ❶

图 4-109　晋江金井镇丙洲村海天堂
构的二层外廊内壁：沿袭闽南传统
红砖镜面堵做法

图 4-110　晋江金井镇丙洲村王仔吹兄弟楼外廊
内壁的红砖拼花图案

图 4-111　晋江金井丙洲植核楼非外廊
部分的红砖工艺

　　其三，红砖技艺应用在外廊式建筑单体的非外廊部分的例子也不少。位于晋江金井镇丙洲村的植核楼，其外廊后部的二层墙面采用红砖砌筑（图 4-111），并且用红砖在"鸟踏"❷ 位置雕刻有模仿斗拱式样的线脚装饰，红砖雕刻之精美细腻，线条之挺拔有力，让人不由赞叹地方工匠们技艺之精湛。

---

❶　曹春平 . 闽南传统建筑 [M]. 第 1 版 . 厦门：厦门大学出版社，2006：92。

❷　鸟踏是闽南传统古大厝山墙外面以砖砌成的凸出约三寸的水平线条，原来的功用可能是防止壁面雨淋，后来逐渐变成装饰带。

总的看来，红砖的应用，使得近代闽南侨乡外廊式建筑单体在色彩和材料肌理上，与闽南传统官式大厝建筑有着相当程度的和谐。

4.4.5 南洋地砖及马约利卡瓷砖的传入

南洋地砖工艺在近代闽南侨乡外廊式建筑单体中也得到了广泛应用。泉州鲤城后城巷的黄克绳宅（图4-112），以及晋江深沪镇壁山村十八崎路1号陈而铿宅（1930年代至1940年代初建）（图4-113），外廊地板应用了彩色瓷砖。彩色瓷砖约20厘米见方，以白色为底，其上绘制花卉或者几何图案，釉彩鲜艳夺目，经过半个多世纪，至今仍不褪色。在晋江金井镇丙洲村的崇俭楼中，除了外廊的一二层铺设有水泥花砖以外，在内部的厅堂和各个房间也都有铺设，而且每个房间的铺设图案各不相同。据考证，这些水泥花砖材料很多是来自海外。如，厦门普佑街50号的黄世金宅中铺设的水泥花砖，其背面就刻有"爪哇公司"字样[1]（图4-114）。当然，其

图 4-112 泉州鲤城后城巷的黄克绳宅外廊的彩色地砖

后由于对水泥花砖市场的需求之扩大，闽南侨乡也出现了花砖厂，如，1921年爪哇华侨陈森就在鼓浪屿康泰安设立"南州有限公司花砖厂"（Nam Chou Pattern Brick Works Ltd），到1932年该公司已经能够生产200余种花色的水泥花砖。

图 4-113 晋江深沪镇壁山村
十八崎路1号陈而铿宅[2]

图 4-114 黄世金宅水泥花砖背面印有
"爪哇公司"字样[3]

---

[1] 林申.厦门近代城市与建筑初论[D].泉州：华侨大学建筑系硕士学位论文，2001：59。

[2] 图片出处：http://blog.sina.com.cn/s/blog_538557480100ma he.html。

[3] 林申.厦门近代城市与建筑初论[D].泉州：华侨大学建筑系硕士学位论文，2001：59。

另外，外墙上有时还可看到一种装饰性的彩绘瓷砖。如，泉州金门县的陈清吉宅（1928 ~ 1931 年）的外廊内壁的门口两边就装饰有仙鹤和牡丹的瓷砖，分别象征长寿与富贵。瓷砖有着各种图样的浮水印，品质极好，以至于虽历经沧桑岁月仍然鲜丽如初（图4-115）。再如，位于漳州龙海的曾氏洋楼，在外廊柱子上装饰着彩绘瓷砖（图4-116），以4片组成一幅"花式"图案或几何图形为基本形进行重复拼装，使得外廊景观精致华丽。

  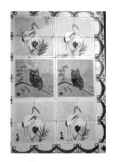

图 4-115（a）　泉州金门县的陈清吉宅 ❶　　　图 4-115（b）　泉州金门县的陈清吉宅外廊内壁的彩色瓷砖 ❷　　　图 4-115（c）　泉州金门县的陈清吉宅外廊内壁的彩色瓷砖 ❸

图 4-116　漳州龙海曾氏洋楼外廊柱子上装饰的彩绘瓷砖 ❹

据有关学者研究，这是当时流行的"马约利卡瓷砖"（Majolica Tile）。"马约利卡"是对意大利锡釉陶的泛称，其语源于西班牙之"马约利卡"岛。在 13 世纪，锡釉陶瓷器从西班牙运往意大利，而"西班牙的锡白釉陶器的生产贸易中心即在一座称为马约利

---

❶　图片出处：http://www.keepon.com.tw/km/images/street/ 碧山 / 。

❷　图片出处：http://www.keepon.com.tw/km/images/street/ 碧山 / 。

❸　图片出处：http://www.keepon.com.tw/km/images/street/ 碧山 / 。

❹　图片出处：http://www.zzphoto.cn/bbs/redirect.php?fid=79&tid=4776&goto=nextoldset。

卡的地中海小岛上。这座小岛的雕花瓷砖远近驰名，于是，小岛的名字便成为这种雕花瓷砖的代名词"❶。15 至 16 世纪锡釉陶在意大利得到鼎盛发展，到 17 世纪影响到了英国。随着英国的强大，"尤其是 1837 ~ 1910 年之间的维多利亚王朝时期更是顶峰，所以在这个时期以锡白釉陶方法生产的瓷砖，则被称为维多利亚瓷砖。维多利亚瓷砖向世界各地输出，种类很多，有素面、手绘、浮雕瓷砖（Relief Tile）、转印瓷砖（transfer Printing Tile）、地坪专用的单色无纹的土瓷砖（Quarries Tile）、镶嵌瓷砖（Encaustic Tile）等等"❷。学者曹春平认为，当时英国的维多利亚风格瓷砖中的精华是"以当时盛行的新艺术风格设计的瓷砖。它以 6 英寸正方和 8 英寸正方为基本格式，以干粉成形技术，采用素地素面或加上棱线纹样，棱线纹内填以透明或者不透明的釉药，并以颜色来分别图案，其中以自然曲线和花草图案尤其是蔷薇、玫瑰为多，其他植物、动物、人物像、风景等也常被引用"❸。随着英国殖民扩张，维多利亚瓷砖被销售到世界各地如美国、日本、泰国、印尼、中国等。特别要提到的是，第二次世界大战以前，日本对维多利亚瓷砖的模仿促进了其在台湾和闽南地区的影响，当时很多建筑和家具镶嵌的瓷砖背面刻有 MADE IN JAPAN 等文字，或刻有制造公司的名称或商标，其余的则产自英国或欧洲其他国家 ❹。

4.4.6 传统木作构造技术在单体内部的应用

近代闽南侨乡外廊式建筑单体中仍能看到当地传统木作构造技术的表现。如，晋江金井镇丙洲村的海天堂构外廊式建筑中，外廊的二层顶板处（图 4-117），垂直方向上应用了钢筋混凝土梁，在水平方向上却采用了木作技术，类似于传统木结构搭建技术中的檩条上铺设椽子的做法，只不过在闽南近代以前的传统建筑中这种做法是用来承托坡屋顶的，而这里则是用来承托平屋顶。泉州洛江区桥南村刘维添宅的内部二层，基本完全保留着闽南地区传统大厝建筑中特有的"插梁式"厅堂构架（图 4-118）。所谓"插梁式"，指的是不同于中国建筑史中所谈到的"抬梁式"和"穿斗式"的地域做法。学者孙大章认为中国传统建筑大木结构除了一般常知道的抬梁架（北方）、穿斗架（南方）两种体系

图 4-117　晋江金井丙洲村的海天堂构外廊二层顶板的木构应用

❶ 曹春平 . 闽南传统建筑 [M]. 第 1 版 . 厦门：厦门大学出版社，2006：105。

❷ 曹春平 . 闽南传统建筑 [M]. 第 1 版 . 厦门：厦门大学出版社，2006：105。

❸ 曹春平 . 闽南传统建筑 [M]. 第 1 版 . 厦门：厦门大学出版社，2006：105。

❹ 叶乃齐 . 台湾传统营造技术的变迁初探——清代至日本殖民时期 [D]. 台北：台湾大学建筑与城乡研究所博士学位论文，2002：158。同时参考：曹春平 . 闽南传统建筑 [M]. 第 1 版 . 厦门：厦门大学出版社，2006：105。

以外，在闽南传统建筑中还可以看到一种介于二者之间的民间混合做法——"插梁式"："插梁式构架的结构特色即是承重梁的梁端插入柱身（一端插入或两端插入），与抬梁式的承重梁顶在柱头上不同，与穿斗架的梁条顶在柱头，柱间无承重梁，仅有拉接用的穿枋的形式也不同。"❶

笔者调查后发现，在近代闽南侨乡外廊式建筑单体中，内部沿用传统插梁架木作结构的案例还有晋江池店镇清濛小学（图4-119）等。

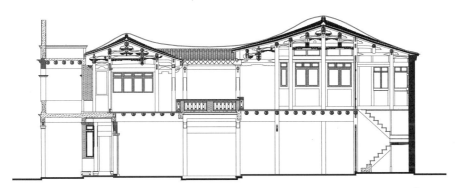

图4-118 泉州洛江区桥南村刘维添宅，内部二层为"插梁式"厅堂构架❷

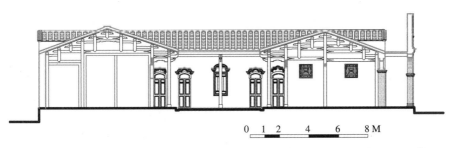

图4-119 晋江池店镇清濛小学，外廊式建筑内部沿用传统插梁架木作结构❸

除了大木作结构技术的沿承以外，传统小木作装修做法也得以继续应用。如泉州洛江区桥南村刘维添宅中，内部的小木作传统装修工艺特别是门扇上的各种木雕技艺让人叹为观止。在撑拱、垂花等部位有混雕做法，它相当于雕塑技法里的圆雕，具有三维立体的效果，可多面观赏；二层厅堂的额枋上有半混雕刻法的剔地雕，这是闽南传统木雕中最基本的雕刻技法，将花样做得很深的剔地，再将主要形象进行混雕，成为半立体形象；在二楼厅堂的裙板处应用了"浮雕"刻法，花样周围剔地不深使得花样不是很突出，在花样上作深浅不同的剔地以表现花样的起伏变化，有的地方还在花样上作刻线装饰，勾

❶ 曹春平．闽南传统建筑 [M]．第 1 版．厦门：厦门大学出版社，2006：38。并参考：孙大章．民居建筑的插梁架浅论 [J]．小城镇建设．2001（09）。
❷ 华侨大学建筑学院测绘资料，指导教师：杨思声、陈志宏等。
❸ 华侨大学建筑学院测绘资料，指导教师：郑松、陈志宏、杨思声、费迎庆等。

勒花形；在刘宅二层厅堂门窗扇上还有透空雕，将木板刻穿，造成上下左右的穿透，然后再做剔地刻或线刻，正反两面都可观赏，其中的花卉作品枝叶刻画穿插流畅，花瓣翻卷自然舒展；在厅堂前门窗扇的下部还有线雕，以刀刃雕压花纹，讲究刀法，具有很强的表现力。类似泉州洛江区桥南村刘维添宅这种大量沿承传统小木作装修技艺的近代闽南侨乡外廊式建筑单体案例还有很多。闽南传统木雕特别是惠安木雕在中国雕刻艺术史上占有重要地位，号称"北有东阳，南有惠安"。到近代时期，以惠安为代表的闽南木雕已经历了近千年的传承和发展，是以中原文化传统意蕴为艺术创作主体，同时也融汇了闽越文化、海洋文化和外来文化的技艺精华。

4.4.7　泥塑、剪瓷雕工艺的装饰与点缀

传统的灰塑、剪粘工艺在近代闽南侨乡外廊式建筑单体中也有呈现。如，晋江金井镇丙洲村王仔吹兄弟楼中的外廊山花，应用泥塑工艺创造出丰富的图案，其间还施以彩绘（图4-120）。石狮大仑蔡孝明宅在外廊山花上用泥塑做成花叶形边饰以及中央的动植物浮雕（图4-121），而且在外廊券梁表面上泥塑各种植物纹样。泥塑工艺以灰泥为主要材料，有的时候添加糯米浆或红糖水而后搅拌、捶打而成，将泥料捏塑成形后，直接调入矿物质色粉或者在半干的泥塑表面彩绘。"泥塑一般趁湿时制作，具有很大的可塑性。干硬后色泽洁白、质地细腻，很像陶制品。"❶

图4-120　晋江金井镇丙洲王仔吹兄弟楼　　图4-121　石狮大仑蔡孝明宅在外廊上的泥塑工艺表现
　　外廊山花的泥塑工艺表现

剪瓷雕工艺一般出现在视觉焦点处，特别是正面外廊的山花位置，如泉州洛江区桥南村的刘宅外廊的山花上有彩色剪瓷雕，做成双狮抢球，球上站着老鹰，同时山花用彩瓷做成文字等图样，十分华丽（图4-122）。再如，晋江金井镇丙洲村德荫楼外廊山花处，运用剪瓷粘成两只凤凰以及花朵、枝叶等图案，起到了外廊门面的点睛作用（图4-123）。类似做法的案例，还有植核楼（图4-124）、俭朴楼（图4-125）。剪瓷雕，也称剪粘，是

❶ 曹春平. 闽南传统建筑[M]. 第1版. 厦门：厦门大学出版社，2006：167.

一门以残损价廉的彩瓷为材料，利用钳子、木锤、砂轮等工具剪、敲、磨成形状大小不等的瓷片来贴雕人物、动物、花卉、山水等的装饰艺术。据记载，"这门独特的工艺是古代闽越建筑师的独特工艺，目前仅存于福建的南部、广东北部和东部及台湾西部地区。"❶

图 4-122　泉州洛江区桥南村的刘宅
外廊山花上的彩色剪瓷雕

图 4-123　晋江丙洲村德荫楼外廊山花上的彩色剪瓷雕

图 4-124　晋江丙洲村植核楼外廊
山花上的彩色剪瓷雕

图 4-125　晋江金井镇丙洲村俭朴楼外廊
山花上的彩色剪瓷雕

4.5　复杂异变的外廊式建筑单体构成

4.5.1　独幢单体本身构成形式的矛盾性

近代闽南侨乡每幢外廊式建筑单体都由异质表现要素所组成。以晋江池店镇溪头村中街路 3 号的玉杯楼（1949 年建）为例进行说明：从正面外廊的外观形象看（图 4-126），

❶ 黄忠杰 . 台湾传统剪瓷雕艺术研究 [J]. 福州：福建师范大学学报（哲学社会科学版），2007（6）：45-48。同时参考：姜省 . 潮汕传统建筑的装饰工艺与装饰规律 [D]. 广州：华南理工大学硕士学位论文，2001：27-29。

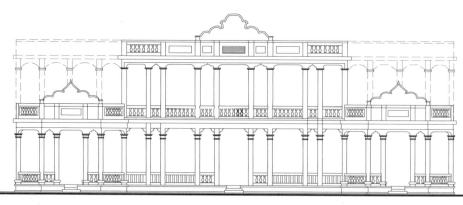

图 4-126　晋江池店镇溪头村中街路 3 号玉杯楼（1949 年建）

有着欧洲古典主义的秩序化特点；但是在外廊柱子上又可以看到中华传统的雀替形象；外廊内壁却又是传承自闽南传统大厝（图 4-127）；建筑左右两侧退后的外廊（图 4-126 中虚线部分）则是采用仿"外廊式殖民地建筑"的连续券廊形式。这几种不同的建筑造型风格分别来自不同的建筑体系。从内部空间看，主要由三种不同的布局模式所构成（图4-128），一是位于中央的"六房看厅"布局，这是一种闽南传统大厝布局方式实现西洋化转变的变体形制；二是位于底层中央"六房看厅"两侧的"护厝"布局，各房间围绕着一个纵向的窄长天井布置，这是对闽南传统大厝建筑护厝布局的直接沿袭；三是位于两侧"护厝"前部突出的"六角形"会客厅，显然是借鉴了国外建筑的做法。这三种布局手法出处各不相同，在应用理念上也有所差别：护厝的天

图 4-127　晋江池店镇溪头村中街路 3 号玉杯楼外廊内壁

井式格局强调的是内向的生活模式，外凸的"六角形"会客厅则强调的是外向开放的生活态度，"六房看厅"则是一种内向和外向生活态度的折中 ❶。从构造技术上看，玉杯楼呈现"多材并举"的特点，正面外廊的柱梁应用钢筋混凝土技术，外廊内壁则应用闽南传统的红砖白石工艺，室内的隔板运用了传统木作技艺，在外廊内壁还可看到彩陶工艺做成的水车堵，外廊山花上还有泥塑和剪粘工艺的应用。

　　异质的表现要素在同一幢外廊式建筑单体中的同时应用，使得建筑单体本身常常充满不稳定性和多义性。出现这样的矛盾构成特点的原因有二：其一，从近代闽南华侨和

---

❶　"六房看厅"的各房间因面向厅堂布局而呈现内向的态势，但是内部因没有天井而显得相当昏暗，生活起居的重心很多已经移向了外部。

工匠们的心态上看，他们对不同地域和不同历史时期出现的建筑表现要素，往往没有偏见。在他们看来，只要是喜爱的，就能加以采纳。他们的审美情趣在清王朝瓦解之后突然变得多样化了。其二，面对当地历史上积淀的多元建筑文化以及近代时期从外域传入的各种建筑文化，华侨和工匠们并不具备完全分清这些源自不同建筑体系的表现要素的不同本质的能力，在他们看来只要是较少见过的或者是有实际用途的表现要素都是可以被随意采纳的。于是产生了外廊式建筑单体本身在构成元素上的矛盾共存现象。

针对每一幢近代闽南侨乡外廊式建筑单体中存在的各构成要素之间的异质矛盾性，往往会有对应的较为灵活的组合方式或手法。同样以玉杯楼为例（图4-128），从一层平面布局来看，可以发现建设者并不拘泥于"固有"的空间组织规则，而是灵活应变：一则应用闽南传统大厝中的"主厝带双护厝"的合院群落组织法则，二则吸纳了西洋建筑处理独幢单体的方法将建筑加以紧缩处理，与此同时将两种组织方法进行复杂的融合应用，最终实现了较特别的空间组织构成。对于玉杯楼外观上的多元化表现要素，业主几乎遵循的是顺其自然的包容性法则，并不刻意去追求协调，观者能够清晰地感受到建筑的拼凑感。玉杯楼中各种建筑构筑技艺的应用也达到了几乎随心所欲的自由发挥状态，统一感较弱。之所以出现这种现象，与当时闽南侨乡的自由包容的人文环境不无关系。

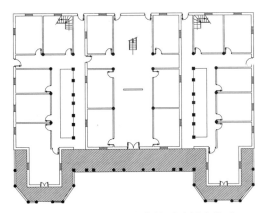

图 4-128（a） 晋江池店镇溪头村中街路
3号玉杯楼一层平面

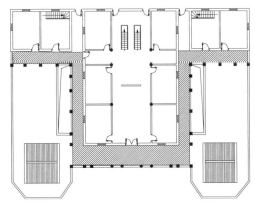

图 4-128（b） 晋江池店镇溪头村中街路
3号玉杯楼二层平面

4.5.2 各幢单体之间构成形式的差异性

近代闽南侨乡外廊式建筑各幢单体之间在构成形式上往往有着明显的差异性。即便有某些相互之间模仿的案例，也能轻而易举地发现它们之间的不同之处。这一点与闽南传统官式大厝很不相同，后者往往要费上些专业化的气力方能完成辨别。关于这一点可以尝试绘制一张示意图进行说明，假设二者各单体构成形式的变化都是围绕着一个典型的理想模式为主轴进行，那么闽南传统官式大厝各单体之间构成形式的变化基本是围绕这个理想主轴的附近发生，而近代闽南侨乡外廊式建筑各单体之间则围绕着理想主轴进行着较大幅度的震荡（图4-129）。

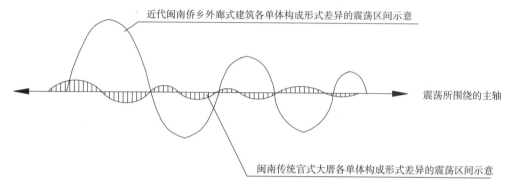

图 4-129　围绕理想主轴震荡变化曲线的比较示意图

比较三幢外廊式建筑单体的构成形式，能更生动地认识这种剧烈的差异性变化。厦门鼓浪屿的"船屋"（图4-130），建筑整体根据地形需要作船形布局，外观造型简洁，中国传统的装饰符号较少应用，整个建筑的构成形式趋于现代主义的特征。集美学村的"敦书楼"（图4-131），整体应用欧洲古典主义的构图原则控制全局，在正面中央主体部分一层和二层有伊斯兰风格的券廊，顶部则是中华古典的宫殿建筑形态，正面两侧是红砖砌筑的仿"殖民地外廊式建筑"形式的连

图 4-130　鼓浪屿船屋

续券廊，整个建筑的构成形式呈现中西古典合璧的折中主义特征。泉州鲤城江南镇古店村67号林宅（图4-132），建筑整体服从闽南传统官式大厝的礼制布局，外廊点缀在护厝的一角，虽然局部有西洋式拱券，但是在材质和形态方面处理得与主体的两落三间张大厝很是和谐，整个建筑的构成形式呈现浓郁的闽南传统乡土化特征。上述三幢近代闽南侨乡外廊式建筑单体在构成形式上差异巨大，以至于给人感觉不是处于同一个时空文化环境中的错觉。

这种差异化的现象的出现，究其原因有以下几点：第一，近代闽南侨乡是一个发展不均衡的环境，比较闽南侨乡的鼓浪屿和边远乡族聚落发现，鼓浪屿集中了较多的华侨精英且因有洋人较早开发而呈现较为西化的环境特征，闽南边远地区的乡族聚落则保留着较为浓重的乡土氛围。微观环境上的差异孕生了不同特点的外廊式建筑单体构成形式的出现。第二，近代闽南侨乡外廊式建筑各单体的业主之间由于自身经历上的不同而有不同的建筑

图 4-131　集美学村的"敦书楼"　　　　图 4-132　泉州鲤城江南镇古店村 67 号林宅

喜好。有的业主因接触了较多的海外信息而追求摩登，有的业主积极参与中华民族的复兴事业并有着较重的民族气节，有的业主则因受制于闽南当地传统思想的影响较多而不能完全脱离乡族伦理的束缚。第三，从事近代闽南侨乡外廊式建筑各单体建设的匠师也有差异。有的匠师经过了西洋建筑学专业的训练掌握了西洋建筑的构图能力，有的匠师仍然固执地坚持地方传统的构成法则，有的匠师则努力探索各种各样的中西建筑的结合方式。

4.6　近代闽南侨乡外廊式建筑单体变幻景象的浪漫情境

4.6.1　生动华丽的情境体验

（1）生动的建筑景观感受

第一，多样变化的建筑景观形式激发欢快的情境感受

近代闽南侨乡外廊式建筑单体变化景象中，动态特征明显。这一特点常使观者有着欢快的情境感受。有的外廊式建筑单体通过曲线的大量应用产生动态感，如，晋江衙口南浔村怀德别墅（1947 年建）（图 4-133），在正面外廊柱子的梁下，可以看到既有复叶形的券形曲线，又有扁拱形曲线，还有高拱形曲线，甚至出现了类似中国传统雀替的不规则曲线；此外在外廊顶部山花采用波浪形态的曲线，使得外廊的动态感强烈。再如晋江罗山镇中乡村柯子板宅（1948 年建）（图 4-134），在立面上，同样可以看到外廊梁体部分和山花由各种变化的曲线组成，动态感明显。有的外廊式建筑单体通过外廊柱子开间的大小变化，呈现富有节奏的动感，如石狮大仑蔡孝明宅的外廊立面。动态特征让观者的感官及想象也随之进行着向前或者向后运动，在变幻景象的时间序列中获得欢乐的审美快感。在建筑单体多元变幻景象中，非常规的建筑组合手法时常出现。如晋江衙口南浔村怀德别墅，外廊上下层的柱子并不对齐，显然不符合结构的理性逻辑，同样在晋江罗山镇中乡村柯子板宅的外廊立面上下层的外廊柱子也不对位，甚至二层外廊柱子与室内的承重墙体也没有对齐的考虑。再如，在晋江庄财赐宅中可以看到，外廊直接设置

在大厝建筑的二层，造型表现上几乎失去了逻辑（图 4-135）。诸多非常规的变化特点，使得近代闽南侨乡外廊式建筑单体的表现给人以轻松、自由的感受。而我们透过这些非常规变化的景象可以联想到，闽南华侨和工匠们在建设过程中并没有永恒的终极完美的理想追求，也没有固定的程序化营造制度的束缚，他们自由任意地创造着各种表现形式。这和欧洲古典建筑中讲究严谨秩序和精确比例的精神追求是不同的，也和现代主义建筑讲究功能理性的信仰是有差异的，更和闽南封建时代的礼制建筑是有重大区别的。尽管这些欧洲古典、现代主义、闽南传统等建筑形式也都或多或少地影响着近代闽南侨乡外廊式建筑单体形式的生成，但是它们在很大程度上却已经成为近代闽南侨乡人进行自由的浪漫主义表现的要素。自由是人性的解放，是人文关怀的重要体现。通过近代闽南侨乡外廊式建筑单体所呈现的自由表现景象，可以体验到当时的建设者们冲破权威束缚的快乐，因自由而释放出来的创造能量是巨大的。

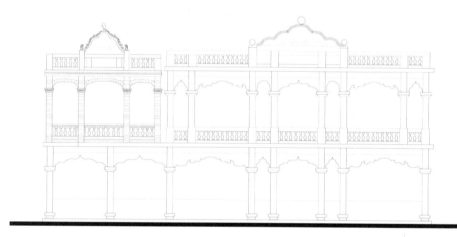

图 4-133　晋江衙口南浔村怀德别墅外廊梁的动态变化（1947 年建）

图 4-134　晋江罗山镇中乡村
柯子板宅外廊的动态感（1948 年建）

图 4-135　晋江庄财赐宅
（1950 年代）❶

---

❶　图片出处：http://www.jjjjb.com.cn/html/2009-11/02/content_177843.htm。

第二，具象符号的应用引发"形象化人情世界"之联想

近代闽南侨乡外廊式建筑单体变幻景象并非完全是抽象的，它不时有着各种各样的生动具象的石雕、砖雕、彩瓷等的描写与刻画的附加。这些具象的刻画让观者体验到建筑中浓郁的人情味。有的雕刻着植物花鸟和动物图案，如，晋江金井镇丙洲村王仔吹兄弟楼的外廊内壁上的几幅青石雕刻图案（图 4-136）就十分迷人，上面雕刻着植物、花鸟、动物图案，并且各幅均组成完整的构图，图案上还有"观望玉鹊"、"迁乔来雀贺庾岭一枝春"等文字点题，引发人们诗意想象。再如，同村的瀛中街 66 号宅外廊内壁上雕刻着形象的植物和花鸟图案。在某些建筑的外廊梁体和山花上也常有花鸟纹样，不同图案各有表意。有的雕刻着历史故事，如在泉州洛阳桥南村刘维添宅、晋江池店镇溜石村玉杯楼、晋江金井镇丙洲村的海天堂构等的外廊内壁上有着各式各样的水车堵做法，上面用泥塑、剪粘、交趾陶等工艺刻画着古代的历史故事，宛如一幅长画卷，耐人寻味。有的外廊式建筑单体的山花上雕刻着轮船、汽车等形象化的图案，如玉杯楼。有的外廊式建筑单体上还有宗族、忠孝等训教文字，如玉杯楼的外廊内壁门楣上刻有"徽国宗风"、"出入有度"、"忠孝传风"等字样。一些诗词歌赋也常被华侨和工匠们直接雕刻在外廊上，如金井镇王仔吹兄弟楼二层外廊处就雕刻有"月落乌啼霜满天，江枫渔火对愁眠"、"好鸟枝头亦明友，落花水面皆文章"等诗句（图 4-137），除了用作建筑的装饰功用外，还对观者有文学教化作用。近代闽南侨乡外廊式建筑单体上所时常出现的具象装饰以及文学字画等，片段式地唤起人们对自然、世俗人情等场景的想象，增添了建筑的浪漫色彩。

图 4-136　晋江金井镇丙洲村王仔吹兄弟楼的外廊内壁上的青石雕刻图案 ❶

---

❶　华侨大学建筑学院测绘资料，本书作者参与指导。

图 4-137　晋江金井镇丙洲村王仔吹兄弟楼二层外廊内壁的诗句

第三，精致的建筑景观细节引发宜人的情景感受

虽然近代闽南侨乡外廊式建筑单体景象多样变幻，但有个共同点是，在多数单体中并不缺乏宜人的尺度处理。比较欧洲的外廊式古典建筑——"帕提农神庙"和近代闽南侨乡的任何一幢外廊式建筑，可以发现后者的建筑尺度远远小于前者。或许欧洲的外廊式古典神庙是为神而建设，而近代闽南侨乡外廊式建筑是为人而建设的。在近代闽南侨乡外廊式建筑单体变幻景象中，可以看到丰富多样的精致处理。有的在外廊梁体上进行各种彩色装饰，如石狮大仑蔡友铁宅（20 世纪 40 年代建）（图 4-138）；有的在外廊山花和檐口上进行丰富的细节刻画，如厦门鼓浪屿福建路 28 号住宅（1935 年建）（图 4-139）；有的在外廊的柱子上做各种精细刻画，如厦门鼓浪屿笔山路 19 号，外廊柱子装饰纷繁使得尺度亲切宜人；有的在外廊的栏板上做精细化处理，如厦门鼓浪屿鹿礁路 113 号住宅，外廊二层栏板用铸铁进行镂空装饰，使得建筑精细感大大加强；等等。这些丰富多样的精致化处理给人以人情味十足的感受。近代闽南侨乡外廊式建筑景象与观者之间建立了较为亲和的关系。

图 4-138　石狮大仑蔡友铁宅外廊梁体装饰

图 4-139　厦门鼓浪屿福建路 28 号住宅（1935 年）

（2）华丽的建筑景观感受

近代闽南侨乡外廊式建筑单体的多元变化景象让人充满华丽感受。这体现在以下两个方面。

其一，单体建筑常常成为装饰化的"舞台布景"。建筑、绘画、雕刻的界限时常不分。我们时常能够看到业主们在建筑上堆砌各种装饰，很多案例以现代美学标准来看，是相当"过分"的。如石狮大仑蔡孝明宅(图4-30)，外廊立面在阳光映照下光影变化丰富迷离；石狮大仑蔡友铁宅（图4-140），外廊柱、梁、栏板、山花等地方均满布各种色彩艳丽的装饰物，几乎不留空白。在近代闽南侨乡，即便是在某些崇尚简洁的外廊式建筑单体中，华侨们追求华丽感的心态仍然掩饰不住。如，前述之晋江金井镇丙洲村王宅（图4-141），外廊山花上题写"俭朴楼"，整幢外廊式建筑的处理较为简洁朴实，但在山花处却运用彩瓷剪粘工艺进行华丽装饰，"俭朴楼"三字也用耀眼的彩瓷做成，掩饰不住业主追求华丽的冲动。漳州天一总局和晋江深沪镇曾坑村的施宅（图4-142），业主更是几乎将外廊当作一层"华丽画布"进行处理。

图4-140 石狮大仑蔡友铁宅

图4-141 晋江金井镇丙洲村王宅

图4-142 晋江深沪镇曾坑村的施宅

其二，近代闽南侨乡外廊式建筑单体的色彩搭配常常是鲜艳的。红白搭配是建筑单体的常见外观色调。厦门大学芙蓉第二（图4-143）的外廊柱子为红色，梁体为白色，在外廊的三层拱券位置则采用红白相间的搭配处理。在厦门鼓浪屿金新河巷49号万全堂中（图4-144），外廊柱子有的采用红色有的为白色，一、二层的外廊梁体均为白色。应该说，虽然大多采用红白色彩搭配，但是单体在具体的搭配方式上却很多样，由此产生了丰富艳丽的变化。除此之外，蓝色、绿色等较为艳丽的颜色也经常点缀在建筑中，更显华丽景象。

近代闽南华侨和工匠们追求华丽炫耀感的心态可以从建筑单体的对联和题刻中得到

进一步的体验。在晋江池店镇玉杯楼的外廊柱子上刻有诗句："玉洁流光常觉门庭永耀，杯斟滋味还欣兰桂腾芳"。金井镇丙洲村海天堂构的外廊内壁有对联："湘芷芳馨读骚思爱国，江花绚烂擒笔忆赵庭"。同村王仔吹兄弟楼外廊柱子和外廊内壁上有诗："藩幕首开镔宏业艰难贻燕翼，瀛洲新启宇名家斧添著鸟衣"；"翠石放新光颜色南归增异彩，家风温雅兴涟漪西去泛群鹅"；"人杰信地灵看翠石鸟云入画，馀庆缘积德卜兰孙桂子腾芳"。金井镇瀛中街 66 号王宅的外廊处有对联："国运隆时新第宅，赐金对合耀门楣"。

图 4-143　厦门大学芙蓉第二

图 4-144　厦门鼓浪屿金新河巷 49 号万全堂 ❶

4.6.2　新奇遥远的情景感受

（1）新奇感层出不穷

近代闽南侨乡外廊式建筑单体变幻景象给人一个重要的体验是，新奇感层出不穷。如晋江池店镇溜石村朱宅，外廊"面"的感觉异常强烈，有观者风趣地说："朱家的外廊像是被钢板压出来的面具"（见图 4-85）。晋江庄财赐宅中（图 4-135），外廊直接设置于大厝建筑二层，底层为传统的封闭样式，二层却是开敞的西洋样式，矛盾景象出乎意料。在惠安东园埭庄中，闽南传统大厝建筑以各种方式在二层长出"外廊"的景象，同样给人以离奇之感。晋江济水楼（图 4-145）入口外廊梁体形状十分怪异，让人捉摸不透。晋江施宅（图 4-146），外廊柱子竟然设置在建筑的正中央，不符合一般的审美习惯。近代闽南侨乡外廊式建筑的柱式做法极为丰富，新奇样式层出不穷，为欧洲古希腊罗马时期的"五种柱式"所不能比。根据《鼓浪屿建筑艺术》一书中的研究，在鼓浪屿上，"几乎每幢（外廊式）建筑柱式都有不同的特点" ❷（图 4-147）。从柱头来看，有的采用爱奥尼和柯林斯花篮状柱头的结合，有的采用菠萝纹样，有的将中国传统雀替形态加以变形，还出现了南瓜菜叶状的柱头，等等，工匠们几乎是竭尽全力地即兴创造各种新奇形式。

❶　来源：林申供稿。

❷　吴瑞炳、林荫新、钟哲聪主编.鼓浪屿建筑艺术 [M]. 第 1 版 . 天津：天津大学出版社，1997：42。

图 4-145　晋江济水楼三层的复叶券，
券面雕饰心形勋及番草图案。屋檐
巴洛克山花，正中写英文德珑楼 ❶

图 4-146　晋江施宅外廊式洋楼，
柱子设置在正中央

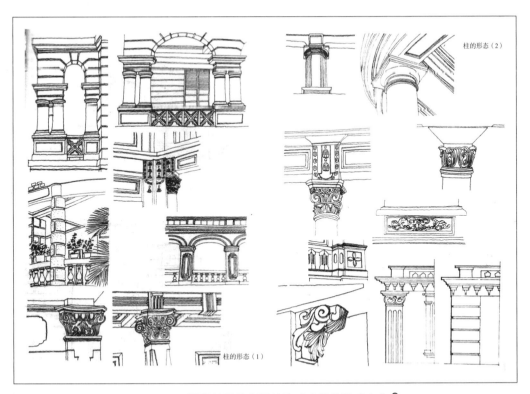

图 4-147　厦门鼓浪屿近代外廊式建筑的柱式变化 ❷

❶　图片出处：http://blog.sina.com.cn/s/blog_538557480100mahe.html。

❷　吴瑞炳、林荫新、钟哲聪主编. 鼓浪屿建筑艺术 [M]. 第 1 版. 天津：天津大学出版社，1997：43-44。

南朝梁刘勰《文心雕龙·体性》中云:"新奇者,摈古竞今,危侧趣诡者也"。应该说,"新奇"也是一种重要的美学感受。尽管在某些人看来"新奇"的含义是对古典规则的有意侮慢以获得廉价的显姓扬名,或者是获得发明创造的表面声望,如伏尔泰在其《漫谈鉴赏力》一书中就曾认为:"有的艺术家为了怕被人看成是单纯模仿者,独辟新的和罕见的途径,撇开了'其先辈念念不忘的自然朴素之美'。"在他看来追求"新奇"是堕落的。然而"新奇"作为一种美学感受却逐渐被人们所接受,艾迪生宣称:新奇是得到想象之乐趣的三大来源之一 ❶,"新奇使一个怪物也显得迷人" ❷。

近代闽南侨乡外廊式建筑单体变幻景象中层出不穷的新奇感,激发我们无尽的联想,甚至有身处幻境的离奇浪漫感受,仿佛行走在童话世界中,随时都会有新发现一般。在这里,有时你可以看到古典题材的正常结构被颠倒,有时可以看到古典题材的表现要素被肢解和重构,有时可以看到来自异国他乡的陌生题材突然出现,等等,迷幻般的场景竟能在现实中得以存现!作为当时的创造者,闽南华侨和工匠们或许是基于一种"满不在乎主义"的随心所欲的营造理念,方能缔造如此的场景。除了运用外廊式建筑类型是他们共同遵守的原则以外,在他们观念中几乎不遵守其他任何固定的法式。或许面对当时辛亥革命以后近代闽南侨乡突然间的建筑量需求的增长,多样化的没有束缚的随意表现才能加以适应,而这也偶然地促成了这种充满新奇感的建筑景观的形成(图 4-148 ~ 图4-151)。

(2)遥远的情境联想

近代闽南侨乡外廊式建筑单体多元变幻景象中除了有层出不穷的新奇感以外,也会有丰富多样的异域和历史的情境联想。笔者在实际考察过程中常有身临遥远境地的感觉,

图 4-148 "牌楼门" ❸ 式构图在近代闽南侨乡外廊式建筑单体也得到应用,引发新奇感受

图 4-149 外廊中央顶部的建筑处理缺乏逻辑性而引发新奇感

❶ 彼得.柯林斯.现代建筑设计思想的演变 [M].第 2 版.英若聪译.北京:中国建筑工业出版社,2003:41。

❷ 彼得.柯林斯.现代建筑设计思想的演变 [M].第 2 版.英若聪译.北京:中国建筑工业出版社,2003:33。

❸ 牌楼门,古埃及庙宇中门的式样,一对高大的石墙,夹着正中的门道。这种构图在古代两河流域建筑中也有出现。

图 4-150　引发新奇感受的近代闽南侨乡
外廊式建筑单体：晋江深沪镇施宅

图 4-151　引发新奇感受的近代闽南侨乡
外廊式建筑单体：石狮市大仑蔡宅

有时仿佛身处欧洲古希腊、古罗马境地，有时则宛若身处中世纪哥特建筑世界；有时有着巴洛克建筑的情境，有时又好像身处古代伊斯兰世界；有时因外廊式建筑单体具有现代主义风格而误将其认为是当代建筑，有时因外廊式建筑单体具有古越族遗风而误解其为遥远年代所建；有时仿佛身处中原古典世界，有时又觉得自己是在闽南乡土环境；不经意间还会偶尔怀疑是不是到了广东开平侨乡的碉楼区，又或是仿佛到了南洋殖民地。总之，有着丰富多样的历史和异域的情境体验。

事实上，近代闽南侨乡人在进行这些建筑创作的过程中，正是基于为了展现他们所迷恋的各种异域和历史世界的幻象而进行的。在他们看来，近代以前生活在清一色的闽南官式大厝建筑中是一种毫无生趣的现实无奈，他们更喜爱沉浸和迷惑于各种可爱的幻想之中，就像传奇里中了魔法的人物一样，只要看见了能够唤起他们想象并刺激他们心灵的任何历史和异域的建筑景象，他们便加以模仿，以满足他们猎奇的浪漫主义心态。

4.7　本章小结

本章主要论述了，在微观的建筑单体尺度层面上，外廊式建筑类型在近代闽南侨乡环境下产生了地域适应性的多元表现景象。

首先，阐明了出现这种多元表现景象与三个背因有关，即：建设者在建设过程中存在的主观竞争和客观差异的多向度营造行为；建设者受到多元文化影响，拥有丰富的建筑表现素材；建设者对"外廊式"建筑类型表现形式灵活性的理解和应用。

然后，剖析了近代闽南侨乡外廊式建筑单体的地域适应性多元表现的具体衍变景象。分析结果表明，从外观造型风格看，亚洲近代殖民样式、伊斯兰风格、欧洲古典时期形式、古典主义、哥特风格、巴洛克、现代主义、古越遗风、中华汉族古典风格、闽南传统大厝风格、广东碉楼形式等等各种建筑风格都分别在近代闽南侨乡外廊式建筑单体中有特色的表现；从内部布局看，近代闽南侨乡外廊式建筑单体既出现传统礼制布局的多样衍变形式，也有采用异国形制布局的多种表现；从构筑技艺手段看，外来的钢筋混凝土技术、传统石作砌雕技艺、地方红砖工艺、南洋地砖工艺、传统木作构造技术、灰塑剪粘装饰工艺等，也都各有特别的表现图景。针对独幢的外廊式建筑单体构成形式来看，常常体现为多元表现手段的矛盾性和复杂性组合特点；从各幢外廊式建筑单体之间的构成形式的比较来看，往往呈现较大的差异性，由此也产生了丰富多彩的近代闽南侨乡外廊式建筑单体衍变景象。

最后，本章还论述了近代闽南侨乡外廊式建筑单体的多元变幻景象不仅生动华丽，而且充满新奇体验，并经常能诱发体验者对遥远境地的联想，可以说，能够激发人们产生自由浪漫的情境感受。

第五章　近代闽南侨乡外廊式建筑的集联规划

5.1　近代骑楼街屋：一种特殊的外廊式建筑集联体

5.1.1　关于"外廊式建筑集联体"

外廊式建筑单体相互集合连接成为长条状的连续形态，称为"外廊式建筑集联体"。古今中外曾出现过许多"外廊式建筑集联体"，但并非所有的外廊式建筑集联体都可以被称为"骑楼"。

（1）古代东南亚与我国南方等地的外廊式"长屋"

在东南亚及我国南方地区古代建筑中（图5-1），曾经出现了很多外廊式"长屋"。"长屋"又称长房，即长度远远超过普通住宅的大型房屋[1]。在马来西亚东部地区沙捞越州的热带雨林中，可以发现外廊式长屋，由高架木桩支起，离地面2至3米，上面住人，屋下饲养家禽牲畜。传统的长屋充满民族色彩，多是竹木结构，以木板或椰树叶覆盖屋顶，周围有篱笆环绕，以防偷袭。长屋的结构主要分成三个部分：一是晒棚，供晾晒谷物和其他用途；二是居室，房间和卧室用木板做墙壁隔开，居住者一般都席地而睡；长的"外廊"是长屋的第三部分（图5-2），上有屋顶遮盖，是长屋用途最广的地方，既是家庭开会场所、活动中心，又是会客地点，重要的仪式与庆典都在长屋的外廊处举行。住在同一间长屋里的人互有亲戚关系，每当添丁进口，外廊式长屋就不断增盖。

图5-1　福建戴云村传统的外廊式长屋

图5-2　马来西亚传统长屋的外廊[2]

在浙江余姚河姆渡原始村落遗址第四文化层曾发现了外廊式的长屋遗迹，距今已有

---

[1]　杨昌鸣．东南亚与中国西南少数民族建筑文化探析 [M]．第1版．天津：天津大学出版社，2004：106。

[2]　图片出处：http://www.mtime.com/my/784445/blog/1103725/。

6900 多年。第一期的发掘发现，这里原来至少有三幢以上的长屋，长屋长度至少有 23 米，进深约 7 米，面水一侧还有一道宽约 1.3 米的外廊，外廊边缘设有木棂直栏杆❶。除了浙江余姚河姆渡遗址外，外廊式长屋形制的考古发现还有云南剑川海门口遗址及湖北忻春毛家嘴遗址。目前在贵州境内的苗族、侗族村寨也尚有遗存。在贵州榕江县，侗族的吴家大房子也是外廊式长屋（图 5-3）。房子中有 80 余口人，房屋总长 36.62 米，宽 10 米，一侧为通长的外廊，外廊后则是隔开的房间，隶属不同家庭户。榕江县的平流寨吴正恩等 8 户居住的干栏长屋，当地人称"七间屋"，系其祖父吴顺宁修建（图 5-4），距今已传了五代人，长屋进深方向，由前至后是宽廊（或长廊）、火塘间和卧室，为"前堂后室"的典型布局。另外，广西三江县武洛江林溪河一带的侗族"大团寨"全寨的一二十座房屋的廊檐（外廊）相接，楼板相通，可以走遍全寨不下楼。据研究，产生长屋居住形式的根本原因是其适应早期人类为获取食物而把力量联合起来的要求。其成员由血缘纽带联系起来。长屋对多种社会组织具有广泛的适应性。不论在原始氏族社会还是奴隶社会，或是封建父系大家庭社会，都出现过使用长屋的现象。

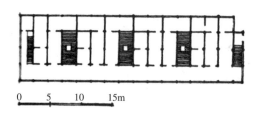

图 5-3　贵州榕江县侗族的吴家大房子❷

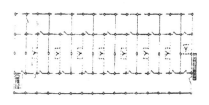

图 5-4　吴顺宁家族的外廊式大房子❸

（2）江南古代西塘老街的"廊棚"

在西塘老街的廊棚，单层的外廊连接成片。关于"廊棚"的由来，有多种说法，最有意思的莫过于这样一种传说：有位善良老板开了一家店，生意清淡。某一天来了位叫化子于店前屋檐下避雨，老板不仅给他吃还在门外搭了小棚为其遮雨。原来叫化子本是仙人，走后留下一行字："廊棚一夜遮风雨，积善人家好运来"。此后小店生意兴隆，老板索性在店的前面的屋檐下搭了个有砖有瓦有木架的廊棚，而且跨过小街直到河埠。后来，街上的商店纷纷效仿，慢慢地形成了长廊。传说虽美妙，却不能完全当真，其实西塘沿河长廊的形成有一个很长的过程。一般是沿河开设的商店，搭建在店前到河滩的一段，店与店相连，各家所建的廊棚也就形成了长廊。现在西塘古镇的"廊棚"还有 1300多米，主要分布在朝南埭、北栅街、南栅街、里仁街、朝东埭等。在福建武夷山下梅村

---

❶ 杨昌鸣 . 东南亚与中国西南少数民族建筑文化探析 [M]. 第 1 版 . 天津：天津大学出版社，2004：106。

❷ 杨昌鸣 . 东南亚与中国西南少数民族建筑文化探析 [M]. 第 1 版 . 天津：天津大学出版社，2004：110。

❸ 邹冰玉 . 贵州干栏建筑形制初探 [D]. 北京：中央美术学院论文，2001：22。

也出现了传统廊棚做法（图 5-5a、图 5-5b）。从廊棚具有商业性、公共性这一点看，和我国近代时期出现的"骑楼街屋"在功能性质上已经很相似了。

图 5-5（a）　福建武夷山下梅村传统廊棚下的生活　　图 5-5（b）　福建武夷山下梅村传统廊棚的沿河景观

（3）近代闽南侨乡出现的"非骑楼街屋"类外廊式建筑集联体

晋江金井镇丙洲村的王仔吹兄弟楼建于 1937 年，由两幢外廊式建筑单体联排组成，外廊相互连接，形成了连续的"六出规"造型（图 5-6、图 5-7）。再如，泉州惠安屿头村的杨氏兄弟楼，由四个兄弟所拥有的外廊式建筑单体相互连接形成联排式，当地人称之为"四排楼"，四排楼的外廊因为相互连接而在水平方向上形成连续的形态（图 5-8、图 5-9）。闽南人的家族观念是兄弟楼的形成原因之一，他们希望家族共同进步，当一人发家致富后，会资助其家族成员成家立业。家有兄弟的，只要是财力够充分，则往往建设兄弟楼，同时也向外界展示家族的团结。外廊作为一个能够充当门面的形象物，往往在兄弟楼中相互连续一体，即便兄弟楼各幢之间常会隔离开一个巷缝，在正面的外廊处往往还是相互接续的。这样便形成一个超长的外廊，更加突显门面效果。应该说，兄弟楼中的这种连续的外廊，属于私家场所，而且不具备商业性功能，几层外廊都是敞开式的，因此与近代意义上的"骑楼街屋"概念是不同的。

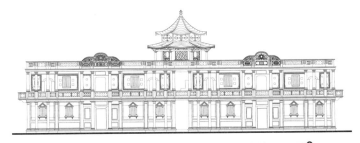

图 5-6　晋江金井镇丙洲村的王仔　　图 5-7　晋江金井镇丙洲村的王仔吹兄弟楼立面图 ❶
　　　　吹兄弟楼外观

❶ 华侨大学建筑学院测绘资料，指导教师：陈志宏、杨思声、王剑平等。

图 5-8　泉州惠安屿头村的杨氏兄弟楼立面图 ❶

图 5-9　泉州惠安屿头村的杨氏兄弟楼平面图 ❷

5.1.2　近代骑楼街屋：一种特殊的"外廊式建筑集联体"

（1）近代"骑楼街屋"是一种"外廊式建筑"（图 5-10）

《辞海》中对骑楼的释义为："南方多雨炎热地区临街楼房的一种建筑形式。将下层部分做成柱廊或人行道，用以蔽雨、遮阳、通行，楼层部分跨建在人行道上"。北京大学方拥先生在《建筑学报》中发表的文章"泉州鲤城中山路及其骑楼建筑的调查研究与保护性规划"，也是引用了《辞海》中对骑楼的定义 ❸。根据《辞海》中的描述看来有一点是可以肯定的，那就

图 5-10　台湾迪化街骑楼街屋 ❹

---

❶　华侨大学建筑学院测绘资料，指导教师：杨思声、陈志宏、郑妙丰等。

❷　华侨大学建筑学院测绘资料，指导教师：杨思声、陈志宏等。

❸　方拥 . 泉州鲤城中山路及其骑楼建筑的调查研究与保护性规划 [J]，建筑学报，1997（8）：17-20。

❹　出处：迪化街魅力之旅 . 李乾朗——古迹入门，网络地址：http://www.aerc.nhcue.edu.tw/4-0/teach921/student/9054009/a/beautiful%20image/buliding/new_page_2.htm。

是，"骑楼街屋"是一种带有"外廊"的建筑。华南理工大学吴庆洲教授在《建筑哲理、意匠与文化》一书中已将广州骑楼街屋的讨论放置在"外廊式商业建筑"之中❶。然而到目前为止，部分文献对骑楼是否是一种"外廊式建筑"仍存有不同看法。《现代汉语词典》中写道："骑楼，楼房向外伸出遮盖人行道的部分，骑楼下的人行道叫骑楼底"。事实上倘若根据《现代汉语词典》中的这一解释进行推理，某些下方可以作为行人通道的悬挑建筑物亦可以说是骑楼，这显然与大多数人对近代骑楼的实际概念理解不符。

（2）"近代骑楼街屋"并非简单的单幢外廊式建筑物，而是由许多外廊式建筑（通常是街屋建筑）单元集联规划而成

据林冲博士考证❷，"骑楼"一词是近代才有的专有产物，民国政府1912年于广州治理期间，广东省会警察厅公布了最早的建筑技术规范——《取缔建筑章程和施行细则》，制定骑楼条款，内容如下：

第十四条：凡堤岸及各马路建造屋铺，均应在自置私地内。留宽八尺建造有脚骑楼，以利交通。至檐前滴水，须接以水槽、水筒，引水透入明渠。不得另设檐棚，致碍行人，而伤堤路。

第十五条：凡在马路建造铺屋者，由门前留宽八尺，建造有脚骑楼。骑楼两旁不得用板壁、竹等类遮断及摆卖什物，阻碍行人。

从条款的内容可以看到，"骑楼"一词是伴随着街屋改造和规划出现的，它不是针对某个特定的私人建筑的建设而确定的形式手法，而是面向沿街建筑的建设而制定的公共集联制度。对此，学者彭长歆在《中国近代建筑研究与保护（四）》论文集中发表的文章"骑楼制度与骑楼城市"有着较为深入的论证❸，文中指出"骑楼（其谈论范畴限定在近代骑楼）首先是一种城市制度，然后才是一种特殊的建筑类型"，"在以往的研究中，通常将（近代）骑楼作为一种特殊的建筑类型，并从建筑形态和建筑文化的角度去探求其地域性或文化性格，而忽略了（近代）骑楼作为城市组织模式，特别是街道模式的原始定位"。为了证明这个基本观点，彭长歆在文中列举了诸多例证，提到，1822年英国莱佛士爵士在新加坡建设骑楼是与"市区发展计划"有关。1878年，香港政府颁布的《骑楼规则》为的是规范众多的城市商业铺屋的形式，改善居住拥挤混乱的情况。文中还举证了骑楼规划制度在近代岭南的发展情况，谈到骑楼制度作为一种城市与管理条例和1912年的广州程天斗工务部拆城筑路几乎同时出现，谈到1918~1920年广州市政公所期间，拆城筑路的城市策略已与骑楼规划制度高度统一，骑楼规划制度成为城市改良的既定方针已经相当全面，一系列与（近代）骑楼直接或间接相关的法令也得以制定和实施，如《广州市市政公所规定马

---

❶　吴庆洲. 建筑哲理、意匠与文化 [M]. 第1版. 北京：中国建筑工业出版社，2005：332。

❷　林冲. 骑楼型街屋的发展与形态的研究 [D]. 广州：华南理工大学建筑学院博士学位论文，2000：32。

❸　彭长歆. 骑楼制度与骑楼城市 [A]. 张复合主编. 中国近代建筑研究与保护（四）[C]. 北京：清华大学出版社，2004：130。

路两旁铺屋请领骑楼地缴价暂行简章》、《广州市市政公所临时取缔建筑章程》、《广州市市政公所取拘建筑十五尺骑楼章程》《广州市市政公所布告订定建筑骑楼简章》,等等。另外,彭氏还论及,骑楼作为一种建筑集联规划制度,在近代岭南乡镇街道改造过程中也得到广泛应用,对于规范沿街各幢建筑的建设起了重要作用。

（3）"近代骑楼街屋"作为一种"外廊式建筑集联体",从单元建设和集联规划特点上看,具有与其他外廊式建筑集联体不同的特征,这也是其受到学术界特别关注的重要原因

从单元建设的角度看,近代骑楼街屋中的外廊式建筑单元有着上部楼房"骑"在底层外廊上的形态特点。在维基百科中关于骑楼有如下注解,"建筑物一楼临街道的部分建成行人走廊,走廊上方则为二楼的楼层,犹如二楼骑在一楼之上,故称为骑楼"。在王增荣的论文《骑楼的意识形态分析》（发表于中国台湾建筑学会第三届建筑学术研究发表会论文集）中也有类似的提法。"骑楼"一词最早在广州《取缔建筑章程和施行细则》中是以"有脚骑楼"的形式出现❶,也暗示了楼房跨建并"骑于外廊之上"的形式特点。因此,剥离开近代骑楼是由建筑单元集联规划而成的属性特征,单纯看某个单元的骑楼建筑特点,"骑在外廊上的楼房"形式特点是其重要表现。当然,也有学者质疑近代骑楼建筑单元的表现是否一定要具备楼房跨建在底层"外廊"之上的特征,如日据台湾时期的许多亭仔脚为一层平房,后来演变为无论是一层或者两层以上的亭仔脚也都被很多学者们称为"骑楼"。

根据林冲博士的观点,从集联规划角度看,相比其他的外廊式建筑集联体,近代骑楼街屋具有如下特点:第一,临街规划。第二,骑楼的沿街底层外廊相互联排集合具有连续性,中间无物阻隔交通。第三,骑楼沿街底层外廊的集联规划必须留有足够的宽度以作为公共人行道的功能用途。第四,"骑楼沿街底层外廊在规划的产权上虽属各户私人拥有,但使用权上则是属于公共的"❷。第五,"骑楼各单元建筑的沿街立面一般作平齐的规划,不允许破坏平齐界面的凹凸,保持沿街景观的统一性。这也是与骑楼推行者规划骑楼的目的是为了美化环境,统一杂乱的街屋秩序是一致的"❸。

总的看来,近代骑楼街屋的集联规划特点,以"临街底层规划有连续性的、可作公共人行通道的外廊"为最核心的特点。至于近代骑楼街屋的单元建设,则一般具有"骑在外廊上的楼房之形式特点",但也不是绝对的。

（4）近代骑楼街屋与其他非骑楼街屋类的"外廊式建筑集联体"的比较

近代骑楼街屋作为一种特殊的外廊式建筑集联体,有别于前文述及的东南亚和我国南方古代的外廊式长屋集联建筑。虽然都具有外廊式集联建筑特点,但是古代东南亚和

---

❶ 到后来的《修正取缔建筑章程》,才去除"有脚"二字。

❷ 林冲. 骑楼型街屋的发展与形态的研究 [D]. 广州:华南理工大学建筑学院博士学位论文,2000:33。

❸ 林冲. 骑楼型街屋的发展与形态的研究 [D]. 广州:华南理工大学建筑学院博士学位论文,2000:33。

我国南方少数民族外廊式长屋在集联组织方
面并不像"近代骑楼"那样要求临街建设，
有的甚至出现在荒郊山区；而且它们的底层
连续外廊也并不作为公共人行之用，而是私
人领地，有时还会成为放置杂物的场所，外
来的入侵者会受到惩罚。同样可以理解，近
代闽南侨乡出现的外廊式"兄弟楼"集联建
筑虽然也是长条连续的外廊式建筑，但是却
不能被归为"骑楼"的概念范畴。

图 5-11　晋江陈埭镇的大乡村大北路 48 号

近代骑楼具有的建筑集联规划属性特征，使得我们能够对以下一些特殊案例能不能
称为"近代骑楼"有了判断的标准。如，闽南晋江陈埭镇大乡村大北路 48 号（图 5-11），
在建筑形式上类似"骑着的楼房"，但是缺乏"集联规划"，沿街与之相邻的建筑为传统
官式大厝建筑，显然建设者是取意"骑楼"之建筑形式但没有骑楼集联规划之意识，因
此笔者认为，并不能称其为真正意义上的"骑楼"。另外，在近代闽南侨乡，还有一些
建筑形式上类似"骑楼"的民宅，他们建设在花园之中，虽有"骑着的楼房"之意，但
因没有"集联规划"的含义，也不能称为"骑楼"。

有些学者将"骑楼"与西方的"拱廊"（Arcade）概念相等同，这种看法也是值得商榷的。
J. F. 吉斯特（ Johann Friedrich Geist，1983）的《拱廊：一种建筑类型的历史》（ Arcade，
the History of a Building Type）著作中，对西方拱廊的建筑历史和社会历史进行了全面而
详细的介绍。关于 J. F. 吉斯特谈到的拱廊，林琳博士也曾进行过述评，她写道："拱廊……
指的是 19 世纪一种狭窄、私密的街道，在大建筑集合群体（或者块）内部起分割和连
接的作用。……拱廊最初是一种步行街道，一个有起点和终点的空间，由周围的建筑物
围合覆盖而形成。……拱廊空间具有与街道相区别的三个要素：拱顶、整齐一致的立面
和专用的步行廊道。" ❶

应该说，西方 19 世纪的"拱廊"（Arcade）（图 5-12）与亚洲 19 世纪至 20 世纪初
的骑楼（Qilou）有着很多相同点，体现在，都是一种有顶的连续步行廊道规划，步行廊
道穿越且组织了集群建筑，而且步行廊道的产权是私人的，但使用上却是对外开放的。
只不过，亚洲近代骑楼在建筑形式上是属于外廊式建筑，底层廊下通道的一侧对外直接
敞开，而西方 19 世纪的"拱廊"则是穿越在集群建筑之中，似乎只能称得上是"内部
廊道"。这也是我们不能将"拱廊"简单地认为也是"骑楼"的原因。但值得关注的是，
19 世纪西方"拱廊"的发展时期和某些营造目的与近代亚洲骑楼十分相似，甚至在后来
城市发展过程中出现的衰败局面以及面临的保护问题都宛如亚洲骑楼的"西方版本"。

❶ 引自：林琳 . 国内外有关骑楼建筑的研究述评 [J]. 建筑科学，2006，22（5）。并参考：Johann Friedrich Geis. Arcade：the
History of a Building Type[M].First MIT Press paperback edition，1985。

图 5-12（a） 柏林 Kaisergaleries 拱廊内部（1909 年）❶

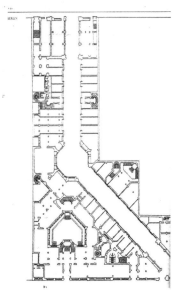

图 5-12（b） 柏林 Kaisergaleries 拱廊一层平面（1909 年）❷

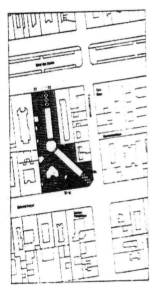

图 5-12（c） 柏林 Kaisergaleries 拱廊总平面（1909 年）❸

5.1.3　近代骑楼街屋在亚洲起源的有关讨论

探讨骑楼在近代以前是否就已经存在的问题是十分困难的。但是，限定了时间和地点，如近代、亚洲，这个问题便似乎有了探讨的可能。以下对近代骑楼在亚洲起源的部分学者观点进行讨论。

日本建筑学者泉田英雄在追溯骑楼在英国殖民地发展进程的研究结果中，推论亚洲最早的近代骑楼出现在斯里兰卡的科伦坡。而目前大多数海外学者认为，近代骑楼在亚洲兴起最早是出现在 1822 年莱佛士在新加坡的城市改造中 ❹。学者许政在"新加坡骑楼颉英"一文中写道："传说莱佛士 1820 年出任新加坡总督，……曾有过大雨中钻进轿子的尴尬经历，后来他总结多年的殖民经验，认为华人能向欧洲统治者提供满意的服务。而华人聚落中的联排店屚线条明朗，景观统一。相比之下，印度人的市场（Bazaar）虽也附带游廊，但是较为杂乱，也不利于健康。莱佛士从中获得灵感，命令政府规划部门在市中心布置专供华人经营的商业大街。并且特别要求在临街店铺前面设置贯通的公共步廊解决遮阳蔽雨问题。"❺ 莱佛士或许预见到"骑楼"这种类型将

❶　Johann Friedrich Geis.Arcade：the History of a Building Type[M].First MIT Press paperback edition，1985，P148-152。

❷　同上。

❸　同上。

❹　许政 . 新加坡骑楼撷英 [J]. 华中建筑，1999（2）：61-65。

❺　同上。

会具有传播和影响效应，于是杜撰新词"莱佛士店屋"（shophouse Rafflesia）❶。近期部分台湾学者提出的观点也值得关注。他们认为东南亚的骑楼虽然很可能是由莱佛士所推展的，但最早并不是出现在新加坡，而是位于印尼的爪哇。他们提到，莱佛士在1816~1819年曾任爪哇的代理总督，而目前所发现最早针对骑楼有规范的都市法规出现在相同年代的爪哇。❷

　　也有学者认为东南亚骑楼店屋的起源与中国有关。新加坡学者 Jon Lim 在对槟城和新加坡的店屋的研究过程中，将这一类型历史性地溯源到南宋时杭州等地的沿街建筑。他坚持这是"基本上的中国民间的建筑形式适应于殖民地文脉的一种情况"❸。新近的关于印度尼西亚店屋起源的研究支持这种观点，"印度尼西亚的店屋与在印尼岛国的华人聚落历史紧密相连。很多移民来自于南中国，是这一地区的建筑为在印度尼西亚的华人店屋提供了主要形式影响。建筑的各元素设计来抗拒潮湿的亚热带雨林气候及台风、强光等气候，传统的南中国建筑很好地适应了印度尼西亚的这些气候。"❹ 在马来西亚槟城和新加坡，还出现过一种连续的家居建筑前廊空间，也产生了连续的外廊人行道，这是一种类似"骑楼"的事物。骑楼外廊处的私人家庭生活气息浓郁，各家的外廊之间也出现了拱券门洞的空间限定，因此更像是中国传统建筑中檐廊的连续对接。在马六甲华人较多的地方，家居楼幢的前廊对接形成的廊道却出现带有舷窗（portholes）的分隔墙体，以至于形成只能实现视觉上的连续却不能穿行的集联对接的外廊，这也很像中国传统建筑中的窗景（图5-13、图5-14）。

图 5-13　马六甲街屋前廊的对接并不完全连通

图 5-14　马六甲街屋前廊的门洞和舷窗

---

❶　参见新加坡国立建筑系编辑的建筑学报1990年版 Von S.H.lim 论文"新加坡骑楼的起源"。同时参见：梅青 . 变幻的坐标与漂浮的历史——厦门华侨的聚落研究 [EB/OL].《二十一世纪》网络版第六期，http://www.cuhk.edu.hk/ics/21c/supplem/essay/0110016g.htm，2002。

❷　参见："槟城历史与文化" [EB/OL].http://www.zoompg.com.my/forum.php？mod=viewthread&tid=408&highlight=。

❸　J. S. H. Lim. "The 'Shophouse Rafflesia': An Outline of its Malaysian Pedigree and its Subsequent Diffusion in Asia"[M]，JMBRAS，66（Part 1），1993：47-67。

❹　Indonesia Heritage Vol.6: Architecture. Archipelago Press，1998：114。

图 5-15　1582 年的马尼拉涧内市场绘画 ❸

根据"调查百科"❶中的提法，近代亚洲骑楼可以追溯到中国南部的祖先们，或者能追溯到 1573 年的菲利普二世在菲律宾马尼拉的皇家大街（the Royal Ordinances），在早期的马尼拉，两层的住屋被联排建设在有外廊的底层上 ❷。在 1582 年的马尼拉涧内（图 5-15）（马尼拉早期华侨的最大市场，是当时菲律宾华侨零售业和手工业的中心），也发现了外廊式的连续街屋。16 世纪西班牙殖民者为了加强对华侨的控制和收税，在马尼拉城北与巴名河间的一荒地建立八连市场，在其周围设栅栏，让华侨集中在此地居住和买卖。直到 1784 年西班牙总督下令撤销时为止，这个市场共存在了 202 年之久。大量的中国商品被运往欧洲，满足欧洲市场的需求 ❹。从历史遗存的图画上可以看到沿街商铺相互接连，并且设置有连续外廊。中国华侨和西班牙殖民者在菲律宾的共同创造也可能是近代骑楼在亚洲起源的另一条重要线索。

综上看来，关于近代骑楼在亚洲的起源仍存在诸多争论，但是离不开中国华人华侨与英国殖民者、西班牙殖民者及东南亚当地人的共同创造。莱佛士或许是一个集大成者，官方的法制化推广对促进骑楼在近代亚洲的盛行有着十分重要的作用。

5.1.4　近代骑楼街屋在亚洲各地的历史实践

骑楼街屋在近代亚洲主要兴盛于东南亚的新加坡、马来西亚等国以及中国的南方大陆、中国台湾、日本等地。林琳博士对近代亚洲骑楼的空间分布的研究认为 ❺，近代亚洲骑楼在东南亚及我国东南沿海的广东、福建最集中。她提出在以广州为中心的大区域范围内，近代骑楼街屋的整体分布结构表现为 4 个圈层（图 5-16）。第 1 圈层为珠江三角洲核心圈，以广州及五邑地区为核心，成为骑楼空间分布的核心区域；第 2 圈层为粤东、粤西、粤北边缘圈，这一圈层的骑楼分布较均匀；第 3 圈层为琼桂湘赣闽台外围圈，这

❶　图片出处：http://encyclopedia.vestigatio.com/shophouse。

❷　参考：Mai-Lin，Tjoa-Bonatz.Shophouses in Colonial Penang[J]. Journal of the Royal Asiatic Society，Volume LXXI Part 2，1998：122-136。

❸　图片出处：王雪玲 . 早期菲律宾的华侨商业市场 [EB/OL].http://www.qzhqg.com/picture/2008/0529/picture_26.html，2008。

❹　据记载，1582 年建立的八连市场是这样的：市场用茅草与竹竿搭盖的铺舍，限华侨居留在市场内，聚货为市。货物以中国的丝绸为最多，所以西班牙人又称八连市场为生丝市场。华侨商船由中国载来的大批丝绸、瓷器、陶器、铁器、面粉、粮食、日用品等，都是在八连市场销售。华侨的船停泊在八连市场时，殖民当局即派官员检查所载来的货品，注册登记，征取 3% 的关税。当时的马尼拉市周围 8 公里的范围内，华侨经商者随处可见。当时的华侨有设摊摆卖的，也有种植蔬菜等以及经营杂货店（菜籽店）的等等。当时居住在八连的华侨人数很多，可以说是一个中国城。住在这里的华侨，在 16 世纪末年，通常在 2000~4000 人之间，此外每年大约有 2000 以上从事中菲贸易的商人在此临时居留。华侨店铺约有 200 间。

❺　林琳、许学强 . 广东及周边地区骑楼发展的时空过程及动力机制 [J]. 人文地理，2004，19（1）：53。

一圈层骑楼在空间分布上呈现为不均匀特点，有些省份如台湾、福建、广西、海南的骑楼城镇密度较高，有些省份如四川、江西等则呈现较低的密度。林琳博士认为这些地区的骑楼主要仍是受到广东骑楼文化的影响而产生的。第 4 圈层为外域圈，主要是指海外的新加坡、马来西亚、南亚等地，甚至拉斯维加斯、悉尼等地。❶

应该说，在林琳博士的骑楼"圈层理论"中，前三个圈层基本体现了国内近代骑楼分布规律。但是，是否可以将东南亚的骑楼仅仅当作围绕珠江三角洲骑楼核心区的外围圈，这一点仍是值得商榷的。因为不管从出现的时间还是骑楼空间分布的密集度以及官方的推动力度来看，东南亚的核心作用无可取代。另外，据华南理工大学林冲博士的研究，清末官员刘铭传在台湾就有亭仔脚的建设行为，甲午战争后日本人在台湾统治的 50 年期间也以官方形式对骑楼进行大量推广和建设，事实表明台湾近代骑楼也有着较为独立的发展动力（图 5-17）。

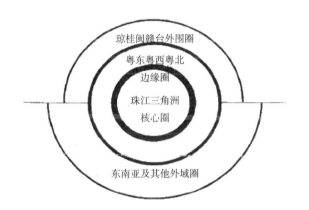

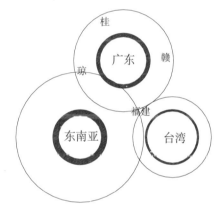

图 5-16 林琳博士提出以珠江三角洲为中心的骑楼空间分布的圈层理论 ❷

图 5-17 本书研究者提出在更大的区域范围内，骑楼空间结构呈现多中心的圈层分布

（1）近代骑楼在新加坡及东南亚一带的历史发展概况

新加坡骑楼在莱佛士的推动下得到广泛发展。新加坡的城市规划被分为几个区域，华人、印度人、马来人。在这些集聚区中都有骑楼的建设，骑楼也因各自的民族特点不同而显现不同的景观。在马来西亚，有相当数量的骑楼出现在 Kuala Terengganu，也有一些在 Kota Bahru，在槟城最出名的地方 George Town，可

图 5-18 1910 年的槟城街老照片 ❸

❶ 林琳、许学强.广东及周边地区骑楼发展的时空过程及动力机制 [J].人文地理，2004，19（1）: 53。

❷ 同上。

❸ 图片出处：http://wardsan.travellerspoint.com/145/。

看到丰富的骑楼形式（图 5-18~ 图 5-20）。在马来西亚的马六甲，骑楼则主要分布在一个相当小范围的中国城区域。泰国所出现最早的骑楼建筑则是由泰国的相关学者在 19 世纪前往新加坡考察后带回去的。

图 5-19　槟城 George Town 的骑楼外观　　　　图 5-20　槟城 George Town 的骑楼街景

（2）中国南方广东、广西、福建等地的骑楼发展

中国大陆南方骑楼的建设以广东为文化核心。近代骑楼在中国南方最早出现的地方是香港。1842 年香港被英国占领。由于一开始殖民者并未颁布统一法规，华人们任意建房，导致很多火灾、交通乃至疾病威胁。后港府分别在 1856 年至 1878 年颁布 "An Ordinance for Building and Nuisance"（《建筑和滋扰条例》）以及 "Verandah Regulation"（《骑楼（外廊）规则》），允许屋主在满足某些要求的前提下向公共地段突出建造 2 至 3 米作为步行道的外廊。在 1860 年代的香港皇后大道西的绘画中（图 5-21）可以看到骑楼的出现 。❶

广州及五邑地区，依靠强大的中心城市和海外华侨优势力量，形成骑楼密集中心，并沿海岸及西江、北江流域向多个方向扩散。在广东的客家文化区，也有不少的骑楼分布，但没有构成较密集和较典型的建筑形态❷。林琳博士采用拥有骑楼城镇密度，即以每千平方公里的国土面积上平均拥有骑楼城镇数量作为骑楼城镇密度指标，得出广东省骑楼城镇密度的空间分布特征（图 5-22）。图中可看出骑楼在广东的城镇密度具有由沿海向内陆、由河谷平原向山区、由南向北的递减规律。

图 5-21　香港皇后大道西（约 1860 年代）❸

❶　许政 . 泉州骑楼建筑初探 [D]. 泉州：华侨大学建筑系硕士学位论文，1998。

❷　同上。

❸　图片出处：http://www.daliyi.com/waixiaohua.html. 转引自《历史绘画》第 41 页。

受广东近代骑楼文化的影响，近代海南、广西、江西、福建等地，也出现了大量的骑楼建设。如海南骑楼形成了以海口及雷州半岛为中心、以北部湾为影响的琼雷骑楼文化圈层。广西北海、福建闽南骑楼得到了大量建设；在江西与福建交界处竟也能发现骑楼。如，在武夷山西麓中段，江西与福建交界的群山峻岭之中，有一座小县城叫黎川，在老城墙外沿着黎滩河，至今还保留着一条名为"十里街"的古街，如今虽不足十里，但保存下来的街衢仍有三里之长。从街口望去，两边竖立着长长的街楼，骑楼底层的外廊内壁和二层很多都是采用木质材料。房屋的上层供居住使用，底层是店铺。商铺沿袭着古老的传统，基本都是前店后坊或下店面、上住房的格局，有些骑楼还是 1943 年扩建改造古街时所修建的，当时在县长朱维汉（国民党政府）的主持下，将街道两边的平房店铺一律拆除，拓宽街面为 7.6 米左右，卵石或碎石铺路，店铺统一为二层骑楼式砖木结构建筑 ❶。

在距广东更远的四川等地也存在着近代骑楼。如四川东北部大竹县境内的"将军街"古建筑群，明末清初形成规模，民国 9 年（1920年），由开明士绅范先级等出资募资扩宽街道，修葺街面，民国 20 年（1931 年）抗日名将、国民党起义将领范绍增在上海借鉴希腊式建筑风格，制成图纸后回到此处独自出资改造兴建骑楼街，整条街道成"L"字形（困牛形），格调统一，风貌独特，全长 385.5 米，共 150间 ❸（图 5-23）。

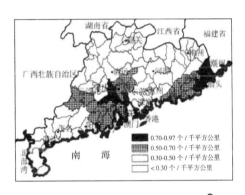

图 5-22　广东骑楼城镇密集度图 ❷

近代上海也曾出现过骑楼，据有关学者研究 ❹，"到了民国时期，法租界东端的金陵东路赫然呈现出一派南国景象：道路的两边骑楼林立，整齐划一；骑楼下人来人往，一楼都开设商店，市面热闹非凡"。1895 年之后，由于人口稠密、工商业发达、马路交通拥挤等问题，金陵东路进行改造工作。1902 年法国工董局制定了《公馆马路中之拱廊》办法，

图 5-23　四川东部大竹县境内的将军街
（1931 年）❺

❶ 图片出处：http://nj.newssc.org/lycy/system/2009/05/16/000234973.html。

❷ 图片出处：林琳、许学强 . 广东及周边地区骑楼发展的时空过程及动力机制 [J]. 人文地理，2004，19（1）：54。

❸ 图片出处：http://hi.baidu.com/qhgz/blog/item/00459923d8a2b344ac34de75.html。

❹ 朱亮，黄金玉 . 金陵东路骑楼街初探 [J]. 华中建筑，2008，26（7）：182-184。

❺ 图片出处：http://www.ngtraveler.cn/?uid-10-action-viewspace-itemid-2866。

兴建骑楼❶。办法中不仅详细规定了金陵东路骑楼的进深、开间、高度、柱子大小等的尺寸，也规定了过梁、楼板、墙基、转角、落水管的具体做法，还规定了管理、维持和赔偿的具体办法❷（图 5-24、图 5-25）。

（3）中国台湾的近代骑楼发展

骑楼在近代中国台湾又被称为"亭仔脚"，主要分布在台湾岛的西北岸。1887 年清末时期，刘铭传相继在台北城内之石坊街、新起街、西门街等街兴建亭仔脚街屋，是为推动台湾近代骑楼建设的发端❸。

虽然刘铭传对亭仔脚街屋在台湾的肇始起了重要的作用，但是真正将骑楼在台湾加以推广和大力发扬的却是日本人。1895 年台湾割让给日本。日本人占据台湾后，以都市卫生的观点，将亭仔脚看作符合台湾风土的理想家屋原型，"亭仔脚式街屋于是成为日治时期特殊的都市景观"❺。虽然"亭仔脚"一词早在刘铭传时代就已存在，但关于"亭仔脚"的正式名称，是到了 1903 年的《街路取缔规则标准》中，日本人才以"檐下步道（亭仔脚）称之，同时将日话称谓与闽南语称法记入，此后并以这两个名词同时称呼此种建筑空间"❻。在日本人内田勤的研究中也才清楚地阐述了亭仔脚的文字意涵："亭仔脚文字，同本岛知识阶层的人，一般正式的语法称停仔脚，简写为亭仔脚，发音为 Teng-a-ka，其中音调关系到亭仔脚的意思，亭为四阿屋就是天花板的部分，脚是顶住天花板的柱子。"❼。
1900 年日本人颁布《家屋建筑规则》，对亭仔脚设立准则有所限制，并授权地方官厅订

图 5-24　上海金陵东路骑楼街景❹

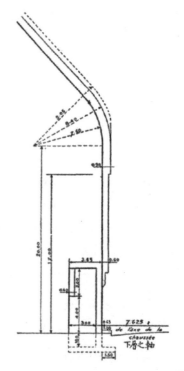

图 5-25　上海金陵东路骑廊之规定❽

---

❶ 陈炎林.上海地产大全，民国丛书（第二编）[M].上海：上海书店出版社.据上海地产研究所 1933 年版影印。

❷ 朱亮，黄金玉.金陵东路骑楼街初探 [J].华中建筑，2008，26（7）：182-184。

❸ 林冲.两岸近代骑楼发展之比较与探讨 [J].华中建筑，2002，24（7）：164-167。

❹ 图片来源：上海金陵东路街景图片 [EB/OL].http://www.nipic.com/show/1/62/cad4c6da34fcbd52.html，2010。

❺ 胡宗雄、徐明福.日治时期台南市街屋亭仔脚空间形式之研究 [J].台北：台湾建筑学报，第 44 期：97-115。

❻ 胡宗雄、徐明福.日治时期台南市街屋亭仔脚空间形式之研究 [J].台北：台湾建筑学报，第 44 期；同时参考：黄俊铭.清末与日据时期亭仔脚相关法规的发展历程——骑楼管理问题根源的探讨 [A].第二届建筑理论与应用研讨会论文集 [C].台中：东海大学，1996：146。

❼ 胡宗雄、徐明福.日治时期台南市街屋亭仔脚空间形式之研究 [J].台北：台湾建筑学报，第 44 期；同时参考：内田勤，亭仔脚——特特 に台南を中心にして，《地理学》第五卷第五号，台北市：古今书院，1937：38。

❽ 陈炎林.上海地产大全，民国丛书（第二编）[M].上海：上海书店出版社.据上海地产研究所 1933 年版影印：906。

定规范，此时正式开始将亭仔脚列入管理，1900 年公布《台湾家屋建筑规则》第四条如下："沿道路建筑之家屋，需设有遮蔽之步道，但经地方官厅许可者，不在此限。应设有步道之道路，遮蔽之宽度与构造由地方长官订定之。"❶1911~1927 年，台湾各地的城市建设正值高峰期，亭仔脚的建设形态随之逐渐普及全省，但是在建筑材料、构造和立面风格上都有了相比以前不同的演变。到了 1928~1945 年的日据末期，日本人对亭仔脚的法规更加趋于细致和成熟，1936 年制定之《都市计划令》更加明确地规定其设置准则。台湾近代骑楼的发展对海峡对岸的闽南也有着重要的影响。

5.2　近代闽南侨乡骑楼街屋的衍生成因

5.2.1　从骑楼街屋"传播论"到"地域适应论"

（1）关于近代亚洲骑楼发展的"传播论"

众多学者关于骑楼在近代亚洲各地的发展的研究是基于"传播论"的思想。目前看来主要存在以下几种传播理论。

其一，东南亚起源——传播到近代中国大陆南方等地

日本建筑学者泉田英雄认为近代骑楼最早出现在东南亚，而后推广至近代亚洲各地。他通过对骑楼在英国殖民地发展进程的研究，推论出最早的骑楼出现在斯里兰卡的科伦坡。进一步根据史料推论，东南亚的骑楼很可能是由莱佛士所推展的。如前所述，莱佛士在 1816~1819 年曾任爪哇的代理总督，而目前所发现最早针对"tive-toot-way"有规范的都市法规出现在相同年代的爪哇，随后 1819 年新加坡开垦，莱佛士遂将爪哇的都市计划法在新加坡搬用，马六甲、槟城也随后跟进。而泰国所出现最早的骑楼建筑相信为相关学者在 19 世纪前往新加坡考察后带回去的。泉田英雄认为以莱佛士制定的骑楼法令为开端，在东南亚其他殖民地、香港、台湾等城市规划建设中的骑楼几乎是同时普及起来的，骑楼在中国南部大陆城市的采用则较晚，是经由香港传播到广州之后才在各地城市乡镇中大量建造的。

持有骑楼从"东南亚起源而后传播到近代中国等亚洲各地"的传播观点的学者还有华南理工大学林冲博士，他认为骑楼"可以较为确定的是在 19 世纪初东南亚英属海峡殖民地，如新加坡、槟城、香港等华人地区即已酝酿发展，并借由殖民地统治的影响以及海外华侨的力量平行移入我国"❷。在这一理论的基础上，一些学者还深入研究了骑楼从东南亚传入我国后与中国传统街屋形式相结合的过程，如谢璇、骆建云将北海骑楼建筑分为三个发展阶段，第一阶段是直接照搬外来形式，第二阶段是不自觉地将外来建筑形式套用于本地传统建筑之中，第三阶段是具有中国特色的新骑楼建筑形式❸。或许可以

---

❶ 胡宗雄、徐明福.日治时期台南市街屋亭仔脚空间形式之研究 [J].台北：台湾建筑学报，第 44 期：97-115。

❷ 林冲.骑楼型街屋的发展与形态研究 [D].广州：华南理工大学博士学位论文，2000：摘要。

❸ 谢璇、骆建云.北海市旧街区骑楼式建筑空间形态特征 [J].建筑学报，1996（11）：43。

将这种东南亚起源而后传播至亚洲各地的骑楼传播理论，称为"东南亚—亚洲各地"传播论。这种理论目前得到大多数学者的认同。

其二，西方起源——东南亚推广——传播到近代中国等亚洲各地

针对骑楼的"东南亚—亚洲各地"的传播论，有学者提出疑问：在东南亚莱佛士所建设的骑楼样式中，必然会有一个借鉴的"原型"。于是，学界出现了近代骑楼传播的西方源头论。吴庆洲教授认为，骑楼与西方的敞廊式商业建筑有关，并在《建筑哲理、意匠与文化》一书中对其进行了大体阐述。日本学者藤森照信先生也认为西方古希腊等时期的外廊式建筑对近代亚洲骑楼的形成有着很重要的影响。这类骑楼的西方源头论的解释有其合理性，因为近代亚洲骑楼很多都有着

图 5-26　福建武夷山下梅村的传统骑楼

西方古典时期的建筑形式，而骑楼在近代亚洲的兴盛与西方殖民者来到亚洲的行为有关。这种传播理论可以称之为"西方——东南亚——亚洲各地"骑楼传播论。这种理论对骑楼的源头进行了西方追溯，然而仍存在疑惑的是，为何在中国古代南方也巧合地存在着类似近代骑楼形态的建筑集联体（图 5-26）。

其三，中国南方大陆起源——传播东南亚——再传播近代亚洲各地

台湾郭中端及其夫婿堀入宪二老师，曾认为骑楼形式是由中国广州或台湾渐渐发展，进而由商人或移民带至东南亚的。后来，又在近代中国南部城市改造中，由华侨带回大陆。中国学者杨宏烈先生认为，所有骑楼建筑都脱胎于粤中民居三间两廊传统格式，只是为适应商业高密度发展，作纵向竹筒式组合，并将着重展示商业化的西洋店面用于立面设计上，如此演变而成："骑楼建筑与我国南方普遍存在的干栏式建筑有传承关系。"[1]

这种理论可以称之为"中国南方——东南亚——亚洲各地"的骑楼传播论，其解释是基于下面的基础认识。毕竟传统的干栏式建筑遍布于华南的大部分地区，如福建山区的木骑楼也有类似于近代骑楼的空间属性。另外，福建与广东等地的近代骑楼无论在立面形式、构造方式、平面布局等方面都与传统街屋有明显的联系，正如李小静、潘安在《广州骑楼文化与城市交通》中认为："骑楼的平面形式源于竹筒屋"[2]。另外，华侨也确实会将家乡传统形式的建筑带到各殖民地，如《美国华侨史》中就写道："波特兰是俄勒冈州最大的华埠所在地。早期华埠始于 1868 年。起初华人租地建木屋居住，后华埠扩展，新建的房屋商店均用砖石砌墙，楼宇大多依照中国房屋式样建造，外面

❶ 杨宏烈 . 广州骑楼商业街特色的保护与创新 [J]. 中外建筑 1998（5）: 28.

❷ 李小静、潘安 . 广州骑楼文化与城市交通 [J]. 南方建筑，1996（2）: 11.

涂上一层黄色或白色的石灰。楼高两层，楼下开设商店，经营各式小生意，楼上为宿舍，房内有多层架床。"❶ 在华侨将骑楼移植到侨居地以后，又经历了另一演变过程，后当华侨的经济状况有所改善后，在回乡建房的传统观念影响下，将与西洋建筑风格结合的骑楼形式带回了侨乡。

（2）骑楼街屋发展的"传播论"的局限性

关于骑楼街屋发展的"传播论"，目前主要存在着以下两个问题。

其一，在目前的骑楼"传播论"中，不少学者持有对不同国家文化优劣性的偏见以及民族偏见的心态，以至于无法从综合的视角加以解释。很多学者常常试图将近代亚洲骑楼的兴盛归功于某个先进文化或者某个民族文化的功劳，或者仅仅是某个具体的精英人物的功劳，等等。关于这一点已有学者开始反思。如，日本学者 Tze Ling Li 在《A Study of Ethnic Influence on the Facades of Colonial Shophouses in Singapore：A Case Study of Telok Ayer in Chinatown》一文中谈到，新加坡的骑楼形成是在东西文化并存下产生的，不能仅仅从欧洲人的视角出发。新加坡似乎不能按照欧洲中心论的视角来看，随着时间的推移，其外来文化已经和本土文化进行了相当程度的融合。在新加坡，欧洲文化占一部分，另一部分是新加坡本土文化和来自华人地区的文化。近代新加坡"骑楼"的产生是一种能适应西方文化、本土文化和华人文化的综合事物。新加坡只是众多近代亚洲城市中的一个典例，由此看来，除新加坡外的近代亚洲范围内的骑楼的广泛兴盛，也不能简单地理解为是西方人、华人，或者东南亚人中谁先兴起而后再经由其他民族进行传播的发展方式。

其二，骑楼传播论存在的另一个问题是，它主要解释的是骑楼文化在各地之间的流动性传播问题，不能深入解释近代骑楼在某个具体的环境中得到衍生的原因。毕竟骑楼文化的传播只是骑楼在某处得到发展的因素之一。各地参与骑楼建设的人物、自然和人文环境等对于骑楼在当地的衍生也是重要的力量。如果过分重视骑楼发展的传播论的解释，往往会忽视了对其他方面的研究。

（3）关于骑楼衍生的"地域适应论"的提出

在笔者看来，"地域适应论"可以更全面和深入地解释骑楼在环境中的衍生规律。骑楼作为一种特殊的外廊式建筑集联休，在某个具体地域环境中的发展，是基于对复杂的地域环境的综合"适应"，不会仅仅只是简单地受到了外来文化的传播结果。调研结果表明，骑楼在近代闽南侨乡环境中的适应性发展，其综合成因有以下三方面：其一，与近代闽南侨乡城镇的拆城筑路的街道建设需要有关；其二，与来自南洋、广东、台湾等地的骑楼实践的影响有关；其三，与近代闽南侨乡外廊式建筑单体的大量建设的影响有关（图 5-27）。下面分别进行论述。

---

❶ 杨国标、刘汉标、杨安尧著 . 美国华侨史 [M]. 第 1 版 . 广州：广东高等教育出版社，1989。

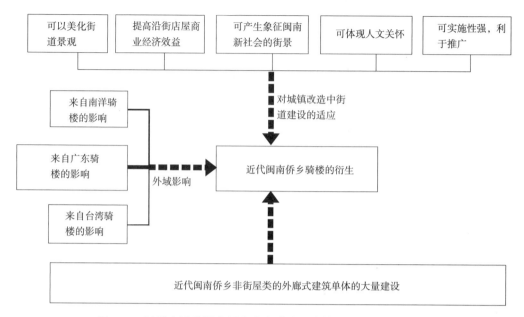

图 5-27　骑楼在近代闽南侨乡发生地域适应性衍生的原因示意图

5.2.2　近代闽南拆城筑路与骑楼街屋的适应性衍生

骑楼街屋在近代闽南侨乡环境下的兴盛在很大程度上是与当地的城镇街道改造需求相联系的。

前文已谈及，近代闽南侨乡人开始着手进行大量的马路和街道建设。在这个过程中，理性地寻找一种有效的街道改造模式是十分重要的。骑楼模式因为具有统一街道景观、提升商业经济效益、展现新社会风貌、满足当地人其他使用需求等功用而被近代闽南侨乡建设者们大量选用。

第一，应用骑楼模式具有统一近代闽南侨乡街道景观的美学效益。关于这一点，已有很多学者进行过阐论。

第二，骑楼街屋的聚集模式能够提升近代闽南侨乡沿街店屋的商业经济效益。做生意要成行成市，这是商家经营的普遍规律。当百货、专卖店、精品店、餐饮、休闲、酒吧、文化、旅游、娱乐、健身等多种商业店面集聚时，它们在空间上的联合会产生 1+1>2 的综合经济效应。另外，骑楼街屋的底层退让出外廊，看似一种空间浪费，实际上却能带来商业价值。它在无形中长时间地吸引着一股人流，对于商业的繁荣是有好处的。就像当今某些商城为了提供更好的商贸环境愿意牺牲用地而留出广场一样。

第三，骑楼模式的街景可以象征近代闽南侨乡新社会新时代的到来。广州在辛亥革命后，由民国政府推行骑楼建设，展现了一片新社会气象。当陈炯明来到漳州后，其大量推行骑楼计划的一个重要目的也还是基于改造旧社会、建设新社会的政治动机。

第四，骑楼模式能够被近代闽南侨乡人所采纳与其具有人文关怀性有关。骑楼下的外廊空间为人们提供了遮阳避雨的公共行走空间。骑楼的底层外廊，不仅可以作为人行通道，还可以作为每户的半室内外的活动空间，很多业主有时会在自家对应的骑楼外廊下摆上小桌小椅，喝茶聊天，享受半室内外的新鲜空气。另外，以外廊的方式相连接，也有利于邻里的交往。著名的法国女作家玛格丽特·杜拉斯的现代小说《情人》中，就曾描写到骑楼对于居住者所具有的人文关怀特点，文中写道："这种里弄房屋比大楼或独门独户住宅成本要低得多，与独家住户相比，更能满足一般市民居住区居民的需要。这里的居民，特别是穷人家，喜欢聚居，他们来自农村，仍然喜欢生活在户外，到街上去活动。不应当破坏穷苦人的习惯。所以，他的父亲叫人建筑成套的沿街带有骑楼的住房。这样，街道上显得非常敞亮可喜。人们白天在骑楼下生活，天太热，就睡在骑楼下面。我对他说，我也喜欢住在外面走廊里，我说我小的时候，觉得露天睡觉理想极了。" ❶

第五，骑楼模式在近代闽南侨乡街道建设及改造中具有较强的可实施性。在闽南郊县的很多街屋改造中，如漳州香港路、惠安洛阳街、永春五里街等，只是在沿街的部分进行拆旧建新的改变而已。建设者将原有街屋临街一段的底层退进形成外廊，并加建楼层，而原有街屋后面的天井、后房等保持不变，这种模式具有很好的可实施性。一方面，旧建筑可不必全部推倒，利于节约资源，也容易被业主所接受。在《厦门文史资料集》中曾记载 ❷，"马路用地四分之三的面积，要从原有房地划出来……为了弥补房地的损失，所以马路两旁人行道，大多规定可建骑楼或飘楼"，骑楼模式对于各店屋主人来说，是一个容易接受的模式。另一方面，有的传统街屋受到伦理制度的制约，不宜大范围改造。如，位于惠安洛阳街的街屋，后部很多都是传统的大厝，其厅堂位置规矩严格，是很难动迁的。因此，只在沿街部分进行骑楼表皮改造，既便于推行，又效果明显，是一柄都市改造利器。

总的看来，近代闽南侨乡的骑楼模式是和拆城筑路相辅相成的城市规划建设方式，其主要的出发点在于改善道路交通与补偿拆路房地损失，并由于适合华南沿海气候特征以及有利于商业经济、有着人文关怀性等多方面的功用而被广泛应用。

5.2.3　对广东、南洋、台湾三地骑楼实践的借鉴

（1）来自广东骑楼的影响

近代闽南侨乡骑楼的衍生无疑受到了广东骑楼实践的重要影响。广州是我国南方大陆近代时期最早由政府推动市政改造而建筑骑楼的都市。广州市民国初年市政建设将骑楼作为重要的街屋建设模式，其在实践中的成功鼓舞了省内其他城市的骑楼发展。随着广东人将民主革命事业推广到闽南，广东骑楼实践作为新社会的重要标志也被带到了近代闽南侨乡。这其中陈炯明、周醒南等人发挥了重要的媒介作用。

陈炯明是在近代闽南侨乡最早推行骑楼的高层领导者。他在广东的时候，有着丰富

---

❶ [法]玛格丽特·杜拉斯. 情人[M]. 王道乾、致布鲁诺·努伊唐译. 网络地址：http://www.tianyabook.com/waiguo2005/d/dulasi/002/001.htm. 同时参考：许政. 泉州骑楼建筑初探[D]. 泉州：华侨大学建筑系硕士学位论文，1998：20。

❷ 张镇世、郭景村. 厦门早期的市政建设[A]. 厦门文史资料第1辑[C]，1963：74。

的城市建设经验,参与了当地的骑楼实践❶。1912 年 1 月中旬陈炯明出任广州市都督后积极着手城市建设,在建设过程中十分重视城市街道景观的美化和统一,并将之法规化。在他担任广州都督期间,1912 年广东省会警察厅颁布了《取缔建筑章程及施行规则》,其中便有关于骑楼做法的规范要求❷。1918 年 5 月,陈炯明奉命率粤军从汕头出发讨伐福建军阀。同年 9 月至 1920 年 8 月,粤军驻扎漳州期间,陈炯明以"建设新社会"为己任,热心于旧城改造工作,与此同时也就将广东的骑楼建设经验带到了近代闽南侨乡,最早是应用于漳州的街道建设中❸。有了在广东的骑楼实践经历,陈炯明在漳州大量推广建设骑楼的做法不难理解。

近代闽南骑楼同广东一带骑楼有着千丝万缕的血缘关系❹。华南理工大学林冲博士曾通过形态图像学的分析法,对比闽南骑楼和广东骑楼在形式上的相近之处。他认为,广州民国初年骑楼的底层外廊是八尺宽一丈高以上,而漳州骑楼底层外廊的宽度在六尺和七尺左右,高度约 1 丈至 12 尺,从这一点可以看出大致仍承袭广东早期骑楼的标准。当时广州骑楼主要为砖木构造,漳州骑楼也是这样的结构形式。另外,漳州骑楼在窗户的分隔比例、窗户内设置铁栏杆或木栏杆防盗装置等细部上与广州骑楼很趋近。❺

应该说,近代闽南侨乡骑楼街屋的衍生,最早是基于来自广东的输入性影响,来自南洋、台湾等其他地方的影响则相对较晚。这一点与"非骑楼街屋类外廊式建筑"的发展情况有所不同。

（2）近代南洋骑楼对闽南侨乡骑楼街屋衍生的影响

从南洋归来的华侨也有很多是对南洋骑楼建设有了认识后,将其成功的建设经验引入了近代闽南侨乡。这其中起重要作用的是一些较有影响力的华侨,如黄仲训就曾准备将在南洋见识的骑楼模式应用到泉州的街屋建设中。"早在 1921 年,泉州人黄仲训从安南携带巨资归国,希望在新门街一带大量购买民房,准备建成'仲训街',而且是骑楼模式。"❻ 实际上,很多华侨在南洋就曾有过实际投资兴建骑楼街的经历,如法国女作家杜拉斯的现代小说《情人》中就曾提到,旅居安南的华侨曾叫人建设成套的沿街带有骑楼的住房❼。黄仲训在安南一定是看到了如此"利人利己"的景象,希望在故乡也以此模式成就一番事业。虽然黄仲训的意愿最终未能获得成功,但是却让我们得以知晓旅居南洋的华侨具有将其在南洋地所见识的骑楼实践转用到近代闽南侨乡的可能❽。

---

❶ 段云章、倪俊明编. 陈炯明集（增订本上卷）[M]. 第 2 版. 广州:中山大学出版社,2007:51-52。

❷ 黄俊铭. 清末留学生与广州市政建设 [A]. 第四次中国近代建筑史研讨会论文集 [C]. 北京:中国建筑工业出版社,1993。

❸ 方拥. 泉州鲤城中山路及其骑楼建筑的调查研究与保护性规划 [J]. 建筑学报,1997:18。

❹ 庄海红. 厦门近代骑楼发展原因初探 [J]. 华中建筑,2006（7）:144-145。

❺ 林冲. 骑楼型街屋的发展与形态研究 [D]. 广州:华南理工大学博士学位论文,2000:218。

❻ 许政. 泉州骑楼建筑初探 [D]. 泉州:华侨大学建筑系硕士学位论文,1998:20。

❼ [法] 玛格丽特·杜拉斯. 情人 [M]. 王道乾、致布鲁诺·努伊唐译. 网络地址:http://www.tianyabook.com/waiguo2005/d/dulasi/002/001.htm。

❽ 许政. 泉州骑楼建筑初探 [D]. 泉州:华侨大学建筑系硕士学位论文,1998:20。

　　著名华侨陈嘉庚先生在近代闽南侨乡也极力倡导新加坡的店屋建设模式（图 5-28）。他在所著的《住屋与卫生》一文中非常欣赏南洋的市区屋宅的规划，还特别提到了新加坡的街屋改造。他提到新加坡市政建设以前，"诸旧式屋宅，多尽地建筑，无论屋身长若干尺，均不留空地"，卫生条件和整洁程度均较差，但是"新加坡自民国十年（1921 年）起，将全市计划改革"，通过有效的市政措施，如规定某街若干尺阔，重新规划功能分区，限定房屋的建筑用地和改造图式，等等，最后达到"前街后巷构直有序，整齐美观"。此外，他还提到某些街道两边留有人行道（骑廊）等做法令人见之悦目开怀，精神为之爽快。通过对新加坡城市改造的亲身体会，他决定在回国后"必报告新加坡廿年来改善住屋，有益卫生诸事实，且言日后重建，应当取法，不可仍前由业主任意自建"❶。陈嘉庚先生所描述的新加坡街屋模式就是骑楼模式。

图 5-28　新加坡 AnnSiang 路和 Club 街的骑楼 ❷

　　事实上近代厦门的骑楼街屋与新加坡华人区的骑楼是有着相当文化渊源的，据《A History of Singapore Architecture》中记载，在新加坡的 Serangoon 路曾出现一排骑楼商业店屋，其建筑形态和厦门骑楼颇有许多相似之处 ❸。

　　（3）近代台湾骑楼与闽南侨乡骑楼的渊源

　　近代时期，虽然台湾被日本占领，闽南和台湾的骑楼建设交流仍然十分频繁。很多闽南人在台湾从事骑楼建设实践。如，兴建于清咸丰九年，被认为是"台湾早期在都市计划方面非常优秀的例子"的台北士林新街，至今仍维持旧时基本格局，是漳州人城市建设的杰作。主持新街建筑的灵魂人物是漳浦籍的贡生潘永清❹。

❶　陈嘉庚 . 南侨回忆录 [M]. 第 1 版 . 长沙：岳麓书社，1998：447-456。

❷　Tze Ling Li，A Study of Ethnic Influence on the Facades of Colonial Shophouses in Singapore: A Case Study of Telok Ayer in Chinatown，JAABE vol.6 no.1 May 2007：41-48。

❸　Jane Beamish and Jane Fer8uson. A History of Singapore Architecture[M]. 第 1 版 . 1985：66。同时参考：林冲 . 骑楼型街屋的发展与形态研究 [D]. 广州：华南理工大学博士学位论文，2000：244。

❹　参考：http://www.zongci.com.cn/2009/2/18/news_10436.html。

近代时期厦门市政会首任会长林尔嘉，就曾在台湾主持过街屋计划。他是于 1908 年成立的日据时期台湾建物株式会社的主要发起人与成员之一。株式会社成员"涵盖了台日两方极具名望之人士，以及建筑方面的专业技术者，该社成立之初即是为了协助台湾总督府推动家屋改良以及进行土地经营等事业，同时其资金有一半来自台湾总督府，可以说是一个半官半民的团体"❶。"成立时的委

图 5-29　台北府街与府中街骑楼 ❷

员包括木下新三郎、木村泰治、林尔嘉、李春生、辜显荣等"❸。"该社可以说是在社会关系及专业技术上都深具实力，而足以协助总督府执行土地及家屋相关政策"❹。"该社曾经规划设计了台北城内的街屋改建计划，并负有全权"❺（图 5-29）。林尔嘉又名林菽庄，祖籍福建龙溪。他的家族于清代乾隆年间在台湾发展成为富裕的家族，在当地具有相当的影响力。1895 年台湾被迫割让给日本后，林氏家族回到厦门并定居鼓浪屿。后来林尔嘉参与厦门市政建设，对厦门的骑楼街屋的计划决策有着重要贡献，这和他在台北参与骑楼街屋计划的经历有关 ❻。

两岸骑楼文化的交流是双向的。近代骑楼在台湾出现的时间要早于闽南侨乡，但是当近代闽南侨乡出现了骑楼后，两岸的骑楼文化就呈现了双向的交流态势。

5.2.4　闽南众多外廊式建筑单体存在的影响

同时代同区域存在的大量的非街屋类的单幢"外廊式建筑"，对近代闽南侨乡人建设骑楼街屋具有重要的影响。

当时的闽南人常感叹洋人租界地中的美丽风貌，受其影响进而积极进行华界地的市政街道改造，如《民国厦门市志》卷十七（实业志）记载："初，厦市街道狭隘湫陋，人烟稠密，因公共卫生不讲，以致疫病时作。光绪二十八年，外人乃向清廷上准，辟鼓浪屿为公共租界，外商资以栖止。其地清幽洁净，以较对岸，有如天壤焉。至民国 16 年，厦海军司令林国赓氏任司令，乃以周醒南氏会办堤工，将全岛市政大加改革，移山填海，

❶　陈正哲 . 借非官方人物之考察解析都市建设历史——以 1910 年代台北城内的建设为例 [A]. 张复合主编 . 中国近代建筑研究与保护（二）[C]. 北京：中国建筑工业出版社，2000：183-187。转引"野村一朗"的观点。

❷　陈正哲 . 借非官方人物之考察解析都市建设历史——以 1910 年代台北城内的建设为例 [A]. 张复合主编 . 中国近代建筑研究与保护（二）[C]. 北京：中国建筑工业出版社，2000：187。

❸　同上。

❹　同上。

❺　同上。

❻　梅青 . 变幻的坐标与漂浮的历史——厦门华侨的聚落研究 [EB/OL].《二十一世纪》网络版第六期，http://www.cuhk.edu. hk/ics/21c/supplem/essay/0110016g.htm，2002。

推陈出新,全岛街市码头,顿改旧观,蔚为近世纪之新式都市,大有助本市商业之发展。"❶
在追求模仿洋人租界风貌的过程中,"整齐"成为华界政府进行各项规划的一大追求。

其中,由于洋人租界中的建筑风貌呈现的是"外廊式"的统一特征,想必对华界地
人们起了重要的心理刺激。再加上"外廊式建筑"原则于 20 世纪初以后也已经逐渐被
华界地人们在私人建筑中加以广泛认用。于是不难推理,政府在进行连续的街屋改造过
程中,选用"外廊式建筑"营造原则作为统一街屋的控制手段并加以法规化定制是很容
易得到社会各界认同的。

不能否认,近代闽南侨乡骑楼街屋的真正产生与外域的影响有关;但是,有证据表明,
如果没有来自广东、南洋、台湾等地的影响,近代闽南侨乡环境中也有可能会自主衍生
出骑楼街屋这种特殊的外廊式建筑集联形式。如,在厦门海后滩租界,洋人们早期所建
设的殖民地外廊式建筑由于沿着堤岸连续建设,呈现整齐划一的特点,后来随着侨乡文
化时代的到来,华人华侨们继续遵守着堤岸规划,不断延续着外廊式建筑风貌,于是形
成了一条沿街界面整齐的外廊式建筑集联体,各外廊式建筑单体的底层竟也能成为行人
们的遮阳避雨的通道。这一点已经和成熟的"骑楼"模式非常接近了。

事实上在广州也出现了类似的情况。清末,两广总督张之洞在广州长堤大马路骑楼
街道规划的前身——"珠江长堤修筑计划"中,曾提出"马路以内通修铺廊"。学者彭
长歆认为,这个设想的提出与张之洞受到当时沙面北岸的殖民者所建设的"连续的"外
廊式建筑的影响有关❷(图 5-30)。在 19 世纪末以前的广州沙面租界中,洋人们有着整
齐的道路规划,而且建筑形式上多采用标准的殖民地外廊式建筑样式,方形盒子、连续
外廊,每幢建筑沿路界面呈平齐形态。这种连续美观的场景显然直接刺激了张之洞去规
划连续的铺廊(后演变成骑楼),他在当时的"札东善后局筹议修筑省河堤岸"和"修

图 5-30 广州早期的长堤马路:连续的外廊式建筑排列与后来广州骑楼街屋的最终衍生有关 ❸

❶ 厦门市地方志编纂委员会办公室整理.《民国厦门市志》卷十七《实业志》[M].方志出版社,1999:423.
❷ 彭长歆."铺廊"与骑楼:从张之洞广州长堤计划看岭南骑楼的官方原型 [A].张复合主编.中国近代建筑研究与保护(五)
[C].北京:清华大学出版社,2006:79-85.
❸ 彭长歆."铺廊"与骑楼:从张之洞广州长堤计划看岭南骑楼的官方原型 [A].张复合主编.中国近代建筑研究与保护(五)
[C].北京:清华大学出版社,2006:83.图片转引自:《广州百年沧桑》。

图 5-31 　近代香港湾仔天乐里街景：外廊式建筑沿街成片建设且底层形成连续步行廊 ❶

图 5-32 　近代香港中区街景：外廊式建筑沿街成片建设最终形成底层连续步行廊 ❷

图 5-33 　德化县上涌乡杏仁街（1924 年建）

图 5-34 　德化县上涌乡杏仁街立面片段（20 世纪初）❸

筑珠江堤岸折"等奏折、奏议中，就反复提到沙面租界的情况，并将其与毗连的华界作对比。于是，较为肯定的是，洋人租界中较为统一的外廊式建筑风貌的建设对于广州骑楼的最终发展起了一定的作用。

　　从香港的一些老照片中，也可以认识到近代外廊式建筑单体沿街成片建设最终发展成骑楼街道的历史事实（图 5-31、图 5-32）。

　　另外，在近代闽南侨乡，还出现了一种类似"骑楼街屋"形式的外廊式建筑集联形式，也有可能独立发展成"骑楼"。如，闽南德化杏仁街（1924 年始建），是一组类似于近代"骑楼街屋"的传统风格的"外廊式建筑集联体"（图 5-33、图 5-34）。体现为模仿当地众多的传统外廊式干栏民居，并沿着起伏的街道两侧而建，大部分建筑的底层沿街处都设有外廊（或者也可以理解为干栏的底层架空）可供行人勉强通行，并且多为

图 5-35 　闽南永春县传统手巾寮建筑的前部连续檐廊

---

❶ 香港博物馆编辑.香港历史图片 [M].第 3 版.香港：香港市政局出版，1986：65。

❷ 香港博物馆编辑.香港历史图片 [M].第 3 版.香港：香港市政局出版，1986：56。

❸ 华侨大学建筑学院测绘资料（指导教师：陈芬芳、刘毅军等）。

底商上宅的功能分布，这些特点与学界普遍共识的近代"骑楼街屋"概念已十分接近。虽然基于以下几点我们还不能轻易将其判断为近代"骑楼街屋"：如单幢外廊式建筑之间经常垂直断开形成露天巷道或者水平错开无法完全连续通行，很多建筑的二层及二层以上没有遵循"建设封闭墙体以形成跨建于底层外廊上的楼房之规则"，等等。尽管如此，它却暗示了从当地传统的单幢"外廊式建筑"集联发展到近代"骑楼街屋"的可能性。

在闽南永春县五里街附近的一些巷道中，发现明清时期遗传下来的传统手巾寮集联建筑的前部设置有连续的檐廊，虽然檐廊的进深较小，但是却有连续感，似乎也潜伏着衍变成近代骑楼的可能性（图 5-35）。

5.3　近代闽南侨乡骑楼街屋组群规划的地域适应性表现

5.3.1　组群规划布局形态的地域演变

近代闽南侨乡骑楼街屋的组群规划分为片状和线状两类[1]。从时间上看，经由片状往线状的演变；从空间上看，最早的漳州城区骑楼多环绕街区周边布置，后来建造的厦门城区骑楼也是呈现环状的布置方式。最晚建造的泉州城区骑楼则采用沿着一条大道布置的方式，在闽南各乡镇也是一般沿着一条主要街道呈线状布置。

在近代漳州城区出现了片状的骑楼分布。根据作者调研的结果发现，漳州城区的近代骑楼分布在青年路、北京路、台湾路、香港路、延安南路、修文西路和修文东路、厦门路、新华西路、新华东路等共约十来条街道上，形成了网格式的片状骑楼街道格局（图 5-36）。

近代漳州城区骑楼呈现片状分布的原因在很大程度上与政治决策有关。前文已提及，漳州城区的骑楼建设是由来自广东的陈炯明势力所推动。陈炯明在漳州建设骑楼的主要目的是要推进"新社会"风貌的尽快形成，其政治因素考量往往超过了当地商业经济的实际发展需求。在辛亥革命后，广州骑楼得到了蓬勃发展，并逐步形成了片状格局（图 5-37）。陈炯明从广州来到漳州后，极力追求将广州骑楼规划模式植入漳州，广州成片的骑楼分布方式也随之影响到漳州。然而，推动成片骑楼建设的背后缺乏经济发展的支持，由此也产生了漳州骑楼街屋特有的"规划布局成片发展，但是单体建筑改造不完全"的景象。漳州城区骑楼街屋单体建筑很多是在原有的传统街屋基础上将临街的传统民宅直接加以一层皮式的改造，后面的部分予以保留。

近代厦门城区骑楼街屋建设着手比漳州为晚，也形成了片状的分布特点。然而背后的成因却有很大不同。厦门城区成片骑楼生成的源动力除了有政府的推动外，背后的商业经济利益的驱使更是重要。这一点体现为具有大量的骑楼街屋房地产的开发，近代厦

[1]　方拥. 泉州鲤城中山路及其骑楼建筑的调查研究与保护性规划 [J]. 建筑学报，1997（8）：19.

门城区成片的骑楼与漳州城区有所不同，不是在原有的老城区中进行，而是在滨海的新区位置，而且也不像漳州城区的片状骑楼那样只是沿街表皮式的改造。当然，近代厦门城区的骑楼分布形成片状特点，与其接受南洋文化的影响较深有关，厦门是闽南三地中接受南洋文化影响最为强烈的地方，而在南洋的新加坡、马来西亚槟城等地的骑楼街屋往往都是成片布局的。这一点与漳州骑楼的片状布局更多地受到来自广东方面的影响有所不同。

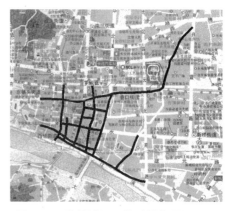

图 5-36　漳州城区近代骑楼街屋呈现网格片状布局 ❶

泉州城区的骑楼建设在闽南三地中最晚，呈线状特点。在宋元时代泉州曾是与亚历山大港齐名的商贸城，在明清时期，其传统商业街市比漳州、厦门规模更大、更繁华。特别是清代城南门外的"南门聚津铺"的万寿路、竹树港、聚宝街一带更是商业十分繁荣，泉州城区在南临晋江的街市也早已形成片状的商业街区。但是，近代泉州城区并

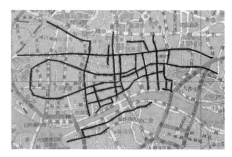

图 5-37　广州近代骑楼片状分布示意图

没有像漳州那样，直接将大部分的原有商业街区改造成"片状"骑楼布局，而只在原城区南北中轴线的南大街基础上将两侧街屋改造成一条线状骑楼，这便是如今的中山路（图5-38）。在泉州城区以外的各乡镇的近代骑楼街道也是呈现线状布局，如，位于永春蓬壶镇的三角街线状骑楼、南安诗山骑楼街（图5-39）、永春五里街骑楼（图5-40、图5-41）等。

图 5-38　泉州城区仅有一条　图 5-39　南安诗山骑楼街　　　　图 5-40　永春五里街骑楼
　　　呈线状布局的骑楼街 ❷

❶ 底图来源：漳州信息网；底图以外部分为作者绘制。
❷ 底图来源：方拥. 泉州鲤城中山路及其骑楼建筑的调查研究与保护性规划 [J]. 建筑学报，1997（8）：17。其余部分为作者绘制。

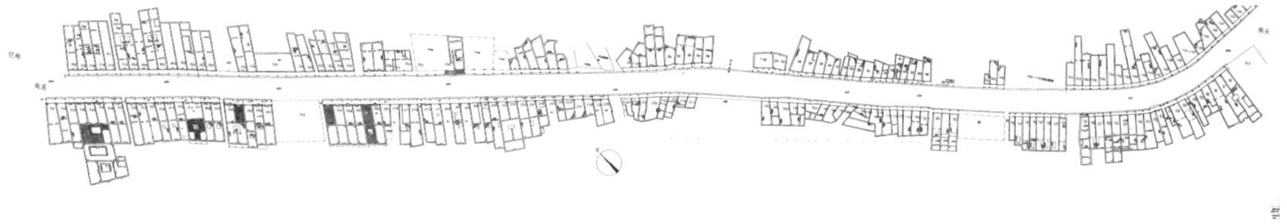

图 5-41 永春县五里街的线状骑楼 ❶

线状的骑楼规划布局在近代泉州城区以及各乡镇的出现，同样体现了对当地环境的适应。一方面在这些地方，资本主义商业化的发展相对较为缓慢；另一方面这些地方的人们受到传统封建思想的禁锢较多，一时间要全面接受"骑楼"模式较为困难。在中国古代城市中，由于"重农抑商"思想的左右，虽然在唐宋以后随着里坊制度的崩溃而曾出现了一些商业性的开放街坊，但是始终仍受到官方的压制。到了近代，在资本主义商业和政治文化的植入强度并不是太有力的情况下，沿某些街坊的"局部开放"而不是"成片开放"的折中格局或许是一项合适的选择。"线状"骑楼的出现，可以认为是一种折中的状态，是适应这些地方的特殊环境的表现。

5.3.2 底层连续步行廊空间尺度的地域特征

（1）"five-foot-way"空间尺度的地域适应性变化

莱佛士称新加坡骑楼中的底层外廊为"Five-foot-way"（五尺宽）。Foot 为英尺，一尺等于 0.305 米，五尺等于 1.525 米。这里常有一个误解，就是认为骑楼底层外廊要留出五英尺宽。实际上，据 Lee Ho Yin 对新加坡当地建筑法令的深入研究，"五英尺"指的是法规允许的最小宽度。它的原文是 "This continuous public covered wallway was popularly known as the 'five-foot way', due to the minimum depth required by law"❷。这种规定的潜在意思是，骑楼底层外廊的宽度可以根据不同的具体环境和需求而有灵活变化的余地，各地推行骑楼的政府也会制定不同的具体规范。

事实上，在近代亚洲各地的骑楼中，宽度和高度不同是常态，各地往往根据自己的切身情况而有不同的控制性规范。在近代广州，对骑楼底层外廊空间尺度的规范制定经历了一个演变过程：从早期的草定尺度，到中期的尺度调整并趋于标准化，再到后来的增加变化的灵活性。1912 年《广东省警察厅现行取缔建筑章程及施行细则》中就针对骑楼的底层外廊宽度和骑楼高度制定过规范，其中第十五条写道："凡在马路建造铺屋者，由门前留宽八尺（2.66 米），建造有脚骑楼。骑楼两旁不得用板壁、竹等遮断及摆卖什物，阻碍行人"。第二十一条写道："凡新建房屋店铺，如有楼者，由地面至楼底首层，最低

---

❶ 来源：华侨大学建筑学院 04 级本科测绘，指导教师：杨思声、陈芬芳、陈志宏。

❷ Lee Ho Yin, The Singapore Shophouse: AnAnglo-Chinese Urban Vernacular, Ronald G Knapp, Asia's Dwellings: Tradition, Resilience, and Change[M].New York: Oxford University Press, 2003：8。

不得矮过一丈（3 米），余层最低不得矮过九尺，……。"规范还规定骑楼的其余楼层为 2.7 米，顶层部分高度则可以为 2.4 米❶。在 1920 年广州市市政公所颁布了《取缔建筑章程及实行细则》，其中的第三十六条和第三十七条则规定：八十尺（26.6 米）马路准建十五尺（5 米）骑楼（底层外廊），底层高度不得低于十五尺（5 米）；一百尺（33.3 米）马路准建二十尺（6.6 米）骑楼，底层高度不得低于十八尺（6 米），并以十五尺（5 米）的底层外廊尺度作为当时广州骑楼街屋的主要建造规范❷。应该说，在 1920 年的《取缔建筑章程及实行细则》中，对广州骑楼底层外廊的宽度和高度限定比 1912 年的规范有了相当的涨幅。另有学者经过研究后认为，之所以加大骑楼底层外廊的宽度和高度与当时人口急速的增加有关，便于解决人流拥挤问题。到了 1924 年，广州市政公所改为市政厅，下设工务局，为了推进骑楼事业的发展，他们再次编写《取缔建筑章程》，使其成为《新订取缔建筑章程》，其中，为了能够让骑楼建设更具灵活性，章程中对马路及骑楼宽度的比例关系没有再列入规定之列，而是另外规定在各项辟路办法中❸。

在近代台湾骑楼中，沿街底层外廊空间尺度的法规制定十分注重"地方主义"的适应性。台湾最早的骑楼法规是 1896 年的《檐下通路管理取缔令》，阐述了骑楼管理与取缔和处罚问题❹，1900 年日本人制定的《台湾家屋建筑规则》，阐明了马路两旁要设置骑楼，1907 年《台湾家屋建筑规则细则》和 1909 年制定的《步道幅员起算标准》，制定了相关骑楼底层外廊步道的统一计算方法。但上述法规往往都仅注重原则性的规范以解决大范围的骑楼建设问题，在这些法规中也没能找到对骑楼底层步行廊道尺度的限定性指标。日本政府将具体的指标确定交由各地长官，这样是为了体现地方适用性精神，避免宏观层面过分的标准化制定导致的法规僵化和失效。1937 年日本人再次制定的《台湾都市计划令》和《台湾都市计划施行细则》，在《细则》第 74 条中，再次提到，"骑楼深度与构造，需由知事与厅长规定"❺。

（2）近代闽南侨乡骑楼街屋底层步行廊的地域适应性尺度变化

近代闽南侨乡骑楼街屋底层步行廊尺度大小是由骑楼建设者根据当地的具体情况而确定的。由于近代闽南侨乡的城乡差异以及漳州、厦门、泉州等城区的发展差异，骑楼步行廊的空间尺度在各地呈现较大差异性。调查近代闽南侨乡区域各地骑楼街屋的底层步行廊尺度可得出表 5-1 的结果。

❶ 林冲. 骑楼型街屋的发展与形态研究 [D]. 广州：华南理工大学博士学位论文，2000：102。

❷ 彭长歆. 岭南建筑的近代化历程研究 [D]. 广州：华南理工大学博士学位论文，2004：83。

❸ 赖裕鹏. "骑楼式"街屋比较之研究——以鹿港中山路与泉州中山南路为例 [D]. 云林：云林科技大学硕士学位论文，2006：41。

❹ 黄俊铭. 清末与日据时期亭仔脚相关法规的发展历程——骑楼管理问题根源的探讨 [A]. 建筑理论与应用研讨会论文集 [C]. 台中：东海大学建筑系，1996：141-148。

❺ 赖裕鹏. "骑楼式"街屋比较之研究——以鹿港中山路与泉州中山南路为例 [D]. 云林：云林科技大学硕士学位论文，2006：23-24。

近代闽南侨乡骑楼街屋底层外廊的宽度和高度调查表 表 5-1

市	城区或乡镇名		街道名称	骑楼柱廊宽度（w）	骑楼柱廊高度（h）
闽南近代骑楼	漳州	城区	香港路	约 2.5 米	约 3.7 米
			青年路	约 2.1 米	约 3.7 米
			修文西路	约 1.8 米	约 3.7 米
			修文东路	约 1.8 米	约 3.7 米
			台湾路	约 1.5 米	约 3.6 米
		乡镇	石码镇、海澄镇等地骑楼街	约为 1.8-2.1 米	约 3.6 米
	厦门	城区 主干道	中山路	约 3.3 米	约 3.6 米
			思明南路	约 3.3 米	约 3.6 米
			思明北路	约 3.3 米	约 3.6 米
		次干道	开元路	约 2.4 米	约 3.6 米
			大同路	约 2.4 米	约 3.6 米
	泉州	城区	鲤城中山路	2.7 米	约 3.6 米
		乡镇	惠安洛阳镇洛阳街	2.2 米	约 3.6 米
			永春县五里街	约 1.8 米	约 3.5 米
			德化赤水镇赤水街	最窄处 0.8 米，仅容 1 人通行	

从表中可以看出，骑楼步行廊的空间尺度是有差异的，而这应该是根据不同的经济发展水平、所在道路的商业价值、过往人群的密集程度等环境因素的不同而作出的适应性变化。厦门城区在近代是闽南侨乡区域的经济中心，泉州城区经济上次于厦门，而漳州城区虽然受到广东革命军的建设，其经济发达程度在闽南三地中处于最次。从厦门、泉州、漳州各城区中尺度最大的骑楼步行廊的相互比较来看，骑楼底层步行廊的进深呈递减态势（图 5-42）。而在同一城区里，位于主干道或商业价值较高的地带的骑楼步行廊往往比次干道或者支路的拥有更大的尺度，如厦门城区中作为主干道的中山路、思明南路、思明北路的骑楼步行廊的进深实测尺度就大于作为干道或者支路的开元路、大同路的骑楼步行廊实测尺度。近代闽南侨乡城区以外的乡镇由于经济和商业繁荣程度较为落后，骑楼底层步行廊的尺度一般比城区骑楼小，关于这一点以泉州市为例可以清楚地看出（图 5-43）。由此可见，骑楼底层步行廊尺度在近代闽南侨乡各地随着经济繁荣度的差异而呈现正相关的变化。

总的看来，近代闽南侨乡各地骑楼中的底层步行廊，大多是小于 2.7 米的进深。这一点与广州后来的骑楼很多是在 4.5 米进深的尺度差距较大。这一尺度差异有两个方面的原因，其一，有学者认为，在最初漳州骑楼的建设过程中，受到 1912 年《广东省警察厅现

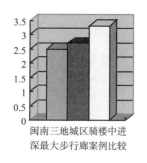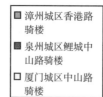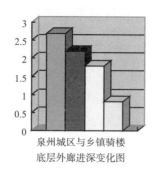

单位：米

图 5-42　近代漳州、泉州、厦门三地城区骑楼
进深最大步行廊尺度比较

单位：米

图 5-43　泉州近代城区骑楼与各乡镇骑楼底层
外廊进深的尺度比较

行取缔建筑章程及施行细则》中对骑楼底层步行廊尺度规定——八尺（2.66 米）的影响❶，
此后厦门城区和泉州城区的骑楼则是承接了漳州和广州初期骑楼的尺度特点❷。虽然后来广
州颁发了新的骑楼规范，将骑楼的空间尺度加以扩大，但是未能对近代闽南侨乡发生影响，
当地人仍然沿用着广州早期骑楼的尺度。其二，在近代闽南侨乡骑楼街道改造过程中，拆
城辟路的行为由于经费等问题，遭到当地居民强烈反抗，由此骑楼的步行廊宽度难以扩大。
如泉州中山路骑楼的建设过程中，市政局就曾遇到因拆城之举遭到激烈反对而最后无可奈
何地改变原计划方案的挫折。其三，近代闽南侨乡整体的经济繁荣程度不如广州也是一个
重要原因，商业人流较小，使得骑楼步行廊的空间尺度不必过大。到目前为止所发现的近
代闽南侨乡骑楼街屋中底层步行廊进深最小的案例是位于德化赤水镇的赤水街骑楼，最窄
处竟达 0.8 米，正常仅能容 1 人通行，两人迎面时，其中一人需侧身方能通过。

5.3.3　临街整体外观风貌的地域差异

　　在近代闽南侨乡，由于漳、厦、泉三地城区以及城
乡之间的具体环境的不同，也产生了骑楼街屋组群临街
整体风貌的地域适应性差异。

　　（1）"传统特色"的近代漳州城区骑楼街屋组群
风貌

　　近代漳州骑楼的临街整体风貌呈现较多的传统特色。
骑楼采用传统的坡屋面形式，铺红色板瓦（或黑瓦），并
且经常顺势出挑，用以遮阳挡雨（图 5-44~ 图 5-46）。这
种做法使得传统风貌特色浓郁。在漳州骑楼立面中段很多

图 5-44　漳州近代青年路骑楼街屋
体现的传统特征

---

❶　林冲 . 骑楼型街屋的发展与形态的研究 [D]. 广州：华南理工大学博士学位论文，2000：217。

❷　尽管厦门骑楼底层外廊有少数达到 3.3 米宽，但总体看来以 2.4 米的为多。

应用木板墙、"杆真墙"❶或者红砖等地域材料。漳州骑楼沿街的底层外廊往往也较为朴素（图5-47），大部分采用清水砖造方柱，下方多无柱础，上方也多无柱头，纵使有柱头时，也仅仅是简单的两层砖叠涩出挑成为线脚，上方并常用木横梁作为二楼楼板之支撑。柱子在形态上较无表现力。漳州城区骑楼的底层外廊柱子及二层的壁柱经常采用酱红色砖作，这与当地生产红砖有关，也与材料经济有关。学者曹春平认为，当时漳州石码的红砖，质地松软，较易风化，质次者呈酱红色，价格便宜。❷

图 5-45　漳州香港路骑楼片段 ❸

30 号　28 号　　26 号 24 号 22 号 20 号 18 号 16 号　　14 号　　14 号

图 5-46　漳州台湾路 14 号至 30 号骑楼街屋立面 ❹

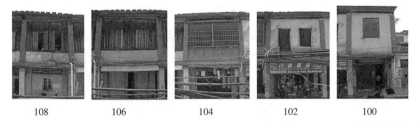

108　　　　106　　　　　104　　　　　102　　　　　100

图 5-47　漳州青年路 100 号至 108 号立面照片，底层柱子的处理均采用较为朴素的方式

　　前面谈到，近代漳州城区骑楼的"片状"空间布局体现了受到外域文化影响较多的特征，但是在临街的整体立面风貌上却体现为较传统的特点。其内在原因或可归纳为以

❶　传统杆真墙做法为，用竹篾或者芦苇编成骨架（也有采用木条作骨架的），其外侧抹泥或白灰。杆真墙的做法又称为"屏仔壁"。参见：曹春平. 闽南传统建筑 [M]. 第 1 版. 厦门：厦门大学出版社，2006：305。

❷　参见：曹春平. 闽南传统建筑 [M]. 第 1 版. 厦门：厦门大学出版社，2006：83。

❸　资料来源：华侨大学建筑学院 07 级本科测绘。指导教师：陈志宏、杨思声、袁炯炯等。

❹　同上。

下几点。其一，虽然陈炯明极力推行新社会建设并且模仿广州骑楼的片状布局特点，但是在实际的建设过程中，很多骑楼是在原有的古城街屋上通过沿街一层皮式的改造而形成的，与骑楼表皮相接的后部传统建筑很多都得到了保留。为了和传统建筑相和谐，政府认为允许沿用传统的建筑手法和坡顶处理方式是合适的。其二，习惯传统街屋的业主在面临骑楼模式的改造过程中，心理上很难一下子接受较为西洋化的风貌形象，于是也极力融入传统形象。其三，近代漳州城区骑楼的大量建设虽然由来自广东的政府官员所策划并有不少来自广东的技术专家参与，但是在实际的施工和建设过程中，真正的建筑施工和创意者是当地的传统工匠，他们多是沿用传统技艺来建设骑楼。即便他们在局部借鉴外来技艺的过程中，也不忘进行中西结合。其四，当时漳州的经济实力较为落后，难以应用造价较为昂贵的新材料和技术。林冲博士也提到，"漳州骑楼发展，主要是依靠政治原因，而非是经济因素所促成"，漳州的"经济实力不如广东富裕，而'洋式'店面骑楼在当时是所费不赀，造价高昂，如果没有雄厚财力作后盾，很难发展出这种建筑形态。财力有限，又要建筑骑楼，只有退而求其次尽量运用本土砖、木材料与技术"❶，"以致虽然具有骑楼外观形态，仍呈现传统砖木街屋面貌"❷。近代漳州城区骑楼所呈现的整体的传统风貌也影响了闽南各地方乡镇的许多骑楼。如，漳州所辖的石码（1919年）、海澄等镇，泉州永春县五里街骑楼（1920年）（图5-48），等等。这些骑楼很多也是在粤军"闽南护法区"的时期建设的，骑楼组群的整体风貌也是采用坡顶形式，沿街立面有大量的传统砖木材质（图5-49、图5-50）。

图 5-48　永春五里街骑楼街屋片段 ❸

图 5-49　永春五里街骑楼街道景观

图 5-50　永春五里街骑楼建筑景观

❶ 林冲. 骑楼型街屋的发展与形态研究 [D]. 广州：华南理工大学博士学位论文，2000：231-232。

❷ 同上。

❸ 出处：华侨大学建筑学院测绘资料，指导教师：杨思声、陈芬芳、陈志宏。

（2）"洋化特点"的近代厦门城区骑楼街屋组群风貌

相比漳州城区近代骑楼而言，近代厦门城区骑楼街屋组群风貌，整体体现为西化程度较强、沿街立面也较为精致的特点（图 5-51）。与漳州城区近代骑楼柱廊的朴素而缺乏变化的方形柱子做法不同的是，近代厦门城区骑楼的外廊柱子变化较多，显然更多地接受了外来时尚文化影响（图 5-52）。在厦门城区近代骑楼沿街立面上，可以看到外墙装饰主要以应用白色水刷石和水泥抹灰为主，造型风格可见诸多外域因素的影响，如，欧洲文艺复兴风格、巴洛克风格、新艺术风格、ART-DECO 风格等竞相出现。厦门城区近代骑楼立面更趋近于类似南洋新加坡和日本骑楼街屋的立面❶。闽南传统木板墙和红砖墙的做法在近代厦门城区骑楼外立面上较少出现，临街屋顶以平直的女儿墙或者檐口线脚收头的做法具有较强现代感。从闽南三地城区骑楼建筑的高度比较来看，厦门最高，这也表明了其洋化程度较强。

图 5-51　厦门城区中山路骑楼外观较为精致
　　　　　且西化程度较深

图 5-52　近代厦门中山路骑楼底层外廊
　　　　　变化多样的柱子

近代厦门城区骑楼之所以具有较为西化而精致的特征，与当地的经济实力较为发达有关。一方面，早在 19 世纪中后期，殖民者就在厦门鼓浪屿和海后滩开辟租界，兴办洋行，进行大量的投资建设，由此奠定了厦门在闽南经济领先的地位。另一方面，厦门港是近代闽南对外交流的主要通道，闽南很多侨汇是以厦门为窗口进入，华侨们回到闽南的第一站也是厦门。厦门成为近代闽南华侨精英们归国后所热衷聚集的地方，很多华侨回乡建屋，往往以能够在厦门拥有房产为荣，厦门房地产业呈现十分繁荣的景象。经济的发达使得业主对外域文化接受能力较强，他们追求时尚、渴望"先进"，向往在他们看来"高品质"的生活感受；经济的发达吸引了很多专业建筑师前来厦门，实际调研过程中发现，厦门城区骑楼建筑大多是有专业设计师进行设计的。这一点和漳州城区骑楼的建设多由传统工匠进行是有很大差别的。由此看来，近代厦门城区骑楼整体得以能够形成相对较为西化、时尚和精致的景观风貌，就是自然而然了。

❶　林冲. 骑楼型街屋的发展与形态研究 [D]. 广州：华南理工大学博士学位论文，2000：244。同时参考：陈志宏. 闽南侨乡近代地域建筑研究 [D]. 天津：天津大学博士学位论文，2005：164。

（3）"折中风格"的近代泉州城区骑楼风貌

泉州城区的中山路骑楼是介于漳州城区骑楼的趋于"传统特点"与厦门城区骑楼趋于"洋化特征"之间的"折中状态"。

以泉州中山路骑楼为例，可以看到沿街的底层外廊很多采用钢筋混凝土直梁，但又常施以植物纹样或花草纹样装饰点缀，显然受到闽南当地传统建筑中的梁上施以装饰或彩画的做法之影响，这让我们很难将其归属为"传统样式"还是"外来样式"，体现了折中与融合的特点 ❶。从骑楼街屋的临街立面屋身来看，泉州中山路骑楼立面中段的处理有着泉州传统多元文化特色和近代西方要素的折中：有的是受到传统伊斯兰文化的影响，采用不同型样的券形窗；也有的受到当地传统民居建筑的影响，雕刻着传统民居中的琴棋书画、花瓶等吉祥图案；还有的布设传统花饰和匾额。此外，西洋的立面处理手法也有充分发挥的空间。从骑楼屋顶风貌来看，泉州中山路骑楼以平屋顶临街（图 5-53），女儿墙的装饰手法多利用传统的烟炙砖，搭配绿色或者素色的葫芦栏杆，色彩对比强烈，在具有洋化特征的同时具有较为强烈的乡土化表现。坡屋顶设置在女儿墙的后部，与漳州城区骑楼的坡顶挑出和厦门城区骑楼多为平顶的做法都不相同。❷

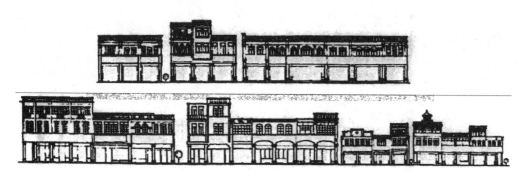

图 5-53　泉州鲤城中山路骑楼立面片段 ❸

近代泉州中山路骑楼出现这种折中特点反映的是其背后的特殊文化环境。其一，泉州华侨较多，他们很多回到家乡投资、捐资建设，由此泉州在近代接受外来经济和文化影响方面相比漳州较强烈。而由于泉州华侨近代出洋都要经过厦门港，厦门成为近代闽南最繁华的地方，泉州华侨在接受外来的经济和文化影响上又次于厦门。其二，泉州在古代拥有世界上多元文化的影响，传统文化的根基雄厚而有特色，因此在近代虽然受到新的外来文化影响，传统的文化仍然得以彰显。

❶　赖裕鹏."骑楼式"街屋比较之研究——以鹿港中山路与泉州中山南路为例 [D]. 云林：云林科技大学硕士学位论文，2006：84。

❷　参考：台湾赖裕鹏学位论文《骑楼式街屋比较之研究——以鹿港中山路和泉州中山路比较之研究》中的调查，泉州中山路骑楼的屋顶有女儿墙型，其中女儿墙型占 85.7%。

❸　资料来源：李雄飞、方拥等 . 泉州古建筑 [M]. 第 1 版 . 天津：天津科技出版社，1991。

（4）"乡土化"的近代闽南乡镇骑楼风貌

总体看来，相比厦门、漳州、泉州三个城区而言，近代闽南侨乡各乡镇环境更具乡土化特点，而且相互之间也有较大的地域差异。于是，各乡镇的骑楼街屋立面风貌相应地呈现为不同的特征。下面列举几个案例。

靠近内陆山区的德化县赤水镇赤水街骑楼（图5-54、图5-55），建于20世纪30年代至40年代。骑楼外廊柱子和梁体都是木构，底层外廊内壁为木板门，骑楼二层的外墙壁则是传统"竿真墙"的做法，屋顶都是黑瓦坡屋顶，这显然是对赤水镇当地传统建筑的传承。这一点我们可以从赤水街骑楼靠近山体外侧的背立面的形象得到深刻理解（图5-56），其背立面仍然保留着德化山区传统的木构干栏式民居形态，各骑楼单元背部根据山地的不同变化，有高低起伏的底部处理，干栏式的做法也各异，呈现出浓郁的乡土化特点。惠安县洛阳镇洛阳街骑楼，整体风貌体现为闽南地区经典的红砖白石搭配。由于惠安工匠的精湛技艺，骑楼的临街立面有着相当丰富的细部处理（图5-57、图5-58）。晋江沿海一带的乡镇骑楼在工艺表现上就不如惠安骑楼，往往体现为白色水刷石饰面的特征，骑楼建筑的处理较为简洁平淡，这是基于防止海气侵蚀以及建设年代上较晚的缘故（图5-59）。

图5-54（a）　德化赤水街骑楼（20世纪30~40年代）

图5-54（b）　德化赤水街骑楼底层外廊

图5-55　德化赤水街骑楼正立面（20世纪30~40年代）❶

---

❶ 来源：华侨大学建筑学院2006级本科测绘，指导教师：陈芬芳、刘毅军、彭晋媛、杨思声等。

图 5-56　德化赤水街骑楼背立面片段 ❶

图 5-57　惠安洛阳街骑楼　　　　　　　图 5-58　惠安洛阳街骑楼

图 5-59　晋江沿海一带的乡镇骑楼，由于普遍应用水刷石导致整体外观风貌呈现白色基调

5.4　近代闽南侨乡骑楼街屋建筑单元的地域适应性表现

5.4.1　骑楼街屋单元的空间形式

（1）闽南传统"手巾寮"与近代骑楼街屋单元空间

"手巾寮"为闽南方言，指平面狭长如手巾的独户式院落住宅。它以沿街巷密接联排的群体组合方式出现，沿街口具有较强的开放性，使用功能较为灵活。手巾寮式店屋产生并成熟于商品经济发达的中国南方传统工商城镇之中，是明清时期在南方传统工商城镇中大量存在的一种规范而又有灵活变化的建筑形态，有着强烈的地域性。手巾寮作为闽南传统民居中的一种沿街建筑（图 5-60），面宽一开间，约 3 至 4 米，纵深一般在20 米以上，现存实例进深有多至 50 米的，由多个天井组织，纵向发展。闽南传统的手

❶　来源：华侨大学建筑学院 2006 级本科测绘，指导教师：陈芬芳、刘毅军、彭晋媛、杨思声、陈志宏等。

巾寮是小商业、小作坊在手工业时代为争取更多的沿街店面而形成的。类似这种窄条形布局的街屋事实上曾遍布我国南方地区，如两广（称之为"竹筒屋"和"竹竿厝"，手巾寮在漳州又被称为"竹篙厝"）、闽台、浙赣、皖南与两湖等地区，也曾传播到台湾和东南亚等地，但各地的手巾寮的特点不尽相同。闽南传统手巾寮从功能上区分有两类：一种是前店后宅式，临街的房屋作为店铺或手工作坊，后面为住宅，晚期的二层手巾寮也有下店上宅的 ❶；另一种是纯居住性的，小巧亲切。

图 5-60　闽南典型的传统手巾寮平面图 ❷

　　闽南传统手巾寮式住宅或店屋，面阔都是单开间，进深方向上由廊或天井串联。廊在方言中称为"巷路"，天井则称为"埕"、"深井"。其基本布局，第一落是门口厅，厅前为檐下空间，厅侧为巷路，厅后为深井；第二落为祖厅、大房，侧面为巷路，祖厅梁架高大，装饰华丽，室内空间较高，祖厅的前檐（厅口）也较宽敞，祖厅、大房后又为深井；第三落是大房、后房、后院、水井、厨房等。如进深再长时，还可用巷路、深井贯穿第四落、第五落。

　　在近代闽南侨乡骑楼街屋单元中，经常出现类似传统"手巾寮"的空间布局特征。如在惠安洛阳街的某些骑楼单元中，北侧骑楼平面布局较多地保持着手巾寮的格局。图5-61是两落手巾寮与洛阳街120号骑楼单元平面的对照图，二者在一层的内部房间的

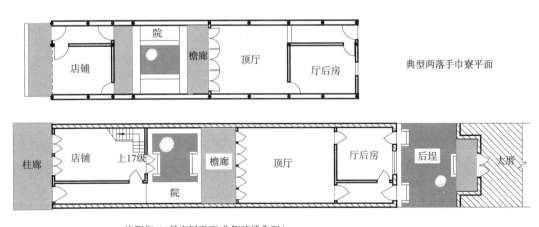

洛阳街120号底层平面(北侧骑楼典型）

图 5-61　两落手巾寮与洛阳街 120 号骑楼街屋单元平面的对照图 ❸

❶　傅晶. 泉州手巾寮式民居初探 [D]. 泉州：华侨大学建筑系硕士学位论文，2000。

❷　同上。

❸　杨思声、王珊绘制。

分隔和空间序列的组织几乎完全一样，所不同的仅是骑楼街屋单元在临街店铺中增加有一个小楼梯可上至二楼。惠安洛阳街北侧骑楼（图5-62~图5-64）的前半部分为临街多层骑楼，但是在后部则往往仅仅只建成一层，并且采用传统的手巾寮式的坡屋顶，内部也是沿用传统的木质板墙。骑楼的形成在这里也可被看成是从传统手巾寮建筑中加以临街改造的结果。近代漳州骑楼由于政府在规划改造的过程中也是采用临街一层皮式的骑楼改造方针，很多临街骑楼街屋单元的后部保留的是传统的"竹竿厝"（手巾寮）建筑，其存在年代的久远度一般大于临街骑楼。

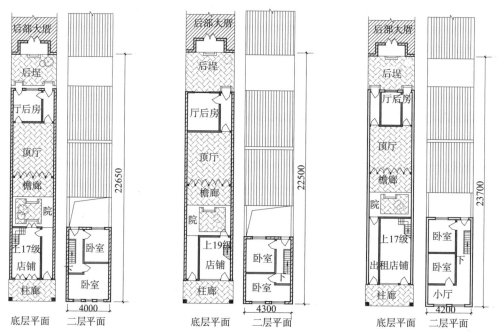

图 5-62　洛阳街 120 号平面图 ❶　图 5-63　洛阳街 164 号平面图 ❷　图 5-64　洛阳街 228 和 230 号平面图 ❸

　　传统手巾寮空间布局在骑楼街屋中的融合和应用，早在近代闽南侨乡开始建设骑楼以前就已经在外地发生了。据台湾学者研究，"早在清朝乾隆年间，鹿港与泉州蚶江口对渡，经贸上之往来使泉州人大量移入鹿港，并将泉州原乡的生活习惯、文化背景、产业经济与住居形式等带进了鹿港。其中也将一种面宽窄，进深长，且具有共同壁的'店铺住宅'引进鹿港，而其'住商合并'的空间机能也成为该种建筑形式的主要特色。" ❹ 这种形式后来在台湾的近代骑楼街屋建设中得到广泛融用。在南洋，由于华侨（主要

---

❶　测绘：杨思声、王珊。

❷　同上。

❸　同上。

❹　赖裕鹏．"骑楼式"街屋比较之研究——以鹿港中山路与泉州中山南路为例 [D]．云林：云林科技大学硕士学位论文，2006．

是闽南华侨）在 19 世纪以前的聚居，传统手巾寮建筑形式也先于近代骑楼的出现。在新加坡早期的近代骑楼建设中，也很容易发现闽南传统手巾寮建筑形式在其中的融用。

（2）"传统官式大厝建筑形式"在骑楼单元中的出现

图 5-65　近代漳州城区修文路上的传统大厝单元：在临街处添加了外廊以呼应街道的骑楼规划

在泉州惠安县洛阳镇洛阳街，可以发现只有一层的近代骑楼街屋单元案例，穿过底层外廊走进它的内部，竟然是一个完整的闽南传统大厝。在近代漳州，修文东路和修文西路上也可以发现在传统大厝形制的庙宇外加设外廊的案例（图 5-65）。这种现象说明对于近代闽南侨乡骑楼街屋而言，虽然商业效益是其空间布局的重要因素，但是却并非是唯一的决定性因素。有时业主为了表达对祖先的崇拜和宗族的信仰，往往也舍得放弃一定的经济利益。近代闽南人有时在骑楼街屋单元中建设闽南传统大厝式建筑，为的是沿继传统礼制。有时为了同时满足经济效益和传统礼制，还出现了一些在"狭面宽、长进深"的仿手巾寮式布局的骑楼单元的后部建设完整的官式大厝的例子，如洛阳街 164 号、228 号等（图 5-63、图 5-64），调研的结果表明这些骑楼单元的后落官式大厝一般和前面的"手巾寮"式骑楼单元同属一户人家所有。

（3）骑楼单元中出现"洋楼与大厝结合"的案例

在永春县五里街 333 号骑楼单元（图 5-66、图 5-67）中，可以看到，除了正面的骑楼外廊以外，整体内部空间布局为四落三进的传统合院式格局。从底层"外廊"进入骑

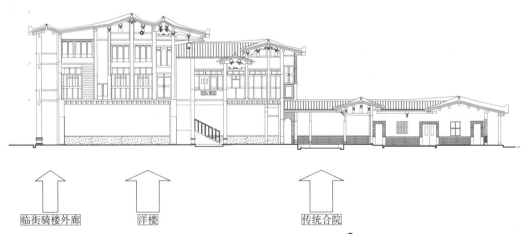

临街骑楼外廊　　洋楼　　传统合院

图 5-66　永春县五里街 333 号剖面 ❶

❶　华侨大学建筑学院 04 级本科测绘，指导教师：杨思声、陈芬芳、陈志宏。

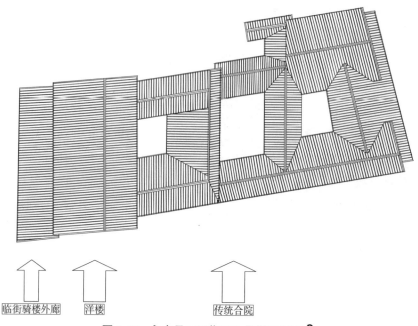

图 5-67   永春县五里街 333 号屋顶平面 ❶

楼街屋单元内部，最前面的一落为具有中西合璧特征的外廊式洋楼，两层高。而后的几落高度递减，为闽南传统官式大厝造型。这种洋楼和几进大厝结合的骑楼单元空间格局是非常特别的。这种现象的出现反映了业主复杂的文化心理：一则要满足政府的骑楼规划的需要，二则自己又对当时整个闽南侨乡出现的外廊式洋楼样式有着推崇心理，三则业主受到闽南传统合院建筑观念的深深束缚（图 5-68）。三种心态的

图 5-68   永春县五里街 333 号内部庭院景观

矛盾杂合，产生了如此特殊的骑楼单元空间布局形式。

5.4.2　骑楼街屋单元的功能特点

（1）"纯居住"功能的骑楼街屋单元的地域适应性衍生

在亚洲近代骑楼中，大多数情况下骑楼单元的内部功能是商住混合的，有的采用"底商上宅"格局，有的则是"前商后宅"格局。然而，在近代闽南侨乡骑楼街屋中，特别是在远离城区中心的乡镇地区的骑楼中，却出现了许多只有居住功能而没有商业功能的骑楼单元。如图 5-69 和图 5-70，它们是位于永春县五里街的骑楼单元，从其底层外廊内壁的门面处理上看，显然并不是为了适应商业功能需要而做：有的在底层外廊内壁的

---

❶　华侨大学建筑学院 04 级本科测绘，指导教师：杨思声、陈芬芳、陈志宏。

中央开间开设大门，大门两边为较密实的闽南传统民居中常用的竖条石窗户（图 5-69），安在中间大门洞上的门扇做了双层，最外一层为通透的样式并且加以装饰，体现了较为强烈的居家情调；而有的骑楼单元在底层外廊内壁的开间上开设了三个拱门（图 5-70），中间大两侧小，小门几乎只允许一人通行，为的是突出主要大门的入口形象。这些骑楼单元的外廊内壁的门洞的处理显然并不是为了招揽顾客之需要。走进这些骑楼单元的内部，发现竟然是民宅厅堂。不仅在永春县五里街骑楼中有着这种"纯居住"功能的骑楼单元，在漳州城区的骑楼建设过程中，也出现了类似的案例。

"纯居住"功能的骑楼单元的出现，表明了在近代闽南侨乡的微观环境下，某些业主个体兴建骑楼街屋并非基于商业动机。陈炯明所发动的漳州骑楼建设过程中，虽然当地政府大面积地将传统民宅进行沿街改造以期形成新社会风貌，但是由于当时漳州的经济并不发达，人们对商业空间的需求也并不紧迫，因此造成了骑楼街屋建设的政治意义大于商业经济意义的局面。由此产生的一个后果是，出现了许多仍然保留"纯居住"功能的骑楼单元。同样在闽南的永春县等边远县镇，政府对于骑楼街屋的统一性的推动和建设，有时也是超前于当时当地的商业经济发展需求的，纯居住功能的骑楼单元的存在也就较为普遍。

图 5-69　永春县五里街某骑楼单元底层外廊内壁：中间拱门两侧直棂窗的做法

图 5-70　永春县五里街某骑楼单元底层　图 5-71　南洋骑楼单元底层有很多是居住功能
　　外廊内壁：三拱门的做法

事实上，在马六甲、新加坡等地的华人社区中，也有许多骑楼街屋单元只有居住功能（图5-71），这些骑楼街屋单元的主人将底层外廊内壁加以华丽的家居门面装饰，有的有中国式匾额、题字，等等。这种情况表明了近代骑楼街屋的大量建设虽然很多时候与商业活动的兴盛因素有关，但商业活动并非是骑楼街屋得以兴建的必然条件。

（2）"商住功能灵活互换"的骑楼单元底层空间

近代闽南侨乡骑楼街屋单元中除了有"纯居住"功能的案例以外，还出现了一些底层的沿街商铺是兼具商业和家居两用功能的案例。这样的做法在近代漳州城区以及漳州、泉州两地的乡镇骑楼中常能看见。这种现象的出现与这些地方的商业活动发展呈现不稳定的波动变化状态有关。商业繁荣时，底层用作店铺，平时则可作为待客、起居的客厅，具有多功能特点。这些骑楼单元的底层门面，常常会做成一个大的可拆卸的木板门和一个小的木门相配合的样式，当不做商业活动时，可以只从小门进出，而在做商业活动的时候，将大的木板门全部拆下，就可以形成较为开放性的空间（图5-72）。实际上，这种商住合一的多功能的底层空间，在闽南传统手巾寮民居中就有出现。天津大学博士关瑞明先生认为，在闽南传统手巾寮建筑中，临街"店铺"经常是具有厅的功用，有时又被称为"门口厅"，门口厅的功能具有可变性，沿街建设手巾寮的店家，往往主观上把门口厅当作店面，或等待时机将门口厅转变为"店铺"（图5-73）。

图5-72　永春县五里街骑楼单元底层的木板门显示了商住两用的特点　　图5-73　闽南传统手巾寮门口厅门面

（3）传统"窗户柜"商铺模式在骑楼街屋单元中的延续

"窗户柜"是一种较为传统和原始的商业模式（图5-74）。它是在古代商业较不发达的情况下发展出来的一种商业经营模式，并不适应商业发展的壮大。但是，我们在近代闽南侨乡的某些骑楼单元的底层店铺中，竟然发现仍有"窗户柜"商业模式的存在。如图5-75中位于安溪县尚卿乡卿华路的不少骑楼单元，购物者并不能进入内部而只能在外廊下进行交易活动，体现了传统商业文化在近代骑楼空间中的传承。

图 5-74　近代以前传统商业建筑中的　　图 5-75　安溪尚卿乡卿华路近代骑楼街屋底层外廊内壁
　　　　　窗户柜形式　　　　　　　　　　　　　　的窗户柜

（4）"祭祀功能"在骑楼街屋单元中的大量存在

根据统计，在近代泉州中山路骑楼街屋单元中，设置有"神明厅"的占7成以上。在永春县的五里街骑楼中，更是几乎家家都设置有神明厅（图 5-76）。神明厅的位置多数出现在二楼临街或者临着外部空间的位置（图 5-77），这是因为，对于当地人来说，神明厅的上面一般不能设置其他房间，否则是一种对神明不敬的行为。神明厅最好能直接通过窗户或者门对着室外，体现着背有依靠、前有开阔场的风水思想。因此设置在骑楼的二层临街处，是较为理想的选择。

除了住户自家拥有神明厅以外，近代闽南侨乡骑楼街中，也常会出现一些完全承担公共庙宇功能的骑楼单元建筑（图 5-78），它们很多时候是在骑楼街道建设过程中，于原有的古庙旧址基础上加以"骑楼化"翻修而成，因此从外形上看，往往尽力保留着不同于周边骑楼单元的特征。

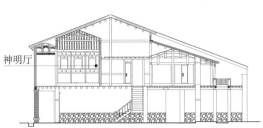

图 5-76　永春五里　　图 5-77　永春五里街 358-360 号骑楼单元的　　图 5-78　泉州洛阳街中完全承
街 358-360 号骑楼　　　　　　　神明厅位置示意 ❶　　　　　　　　　　　担公共庙宇功能的骑楼单元
单元内的神明厅

❶　华侨大学建筑学院 04 级本科测绘，指导教师：杨思声、陈芬芳、陈志宏。

5.5　近代闽南侨乡骑楼街道的美学意义

5.5.1　时间之廊与漫长画卷

简·雅各布斯曾说道，"街道及其两边的人行道，作为一个城市的主要公共空间，是非常重要的器官，当你想象一个城市的时候，是什么会首先印入脑海？街道。如果一个城市的街道看起来充满趣味性，那么城市也会很有趣；如果街道看上去沉闷，那么城市也会显得沉闷的。"[1]根据这一说法，近代闽南侨乡骑楼街道的建设显然大大提升和丰富了城镇景观。相对于没有设置骑楼的街道而言，骑楼街道中的沿街底层外廊的做法，显然增加了美学感受。这是由于"视差"的作用。"视差"在英文字典中的定义是"由于观察者的实际变化而引起对象好像在移动"。我们经常会有一个经验，如一个人驾驶一辆快车，那么远处的目标，相对于近处的树木或者电线杆，似乎和汽车一样正以同等速度向前奔驰。在建筑中，它意味着当一个人经过或穿过列柱时，柱子不仅看起来彼此相对在变换位置，而且相对于穿过柱子或在柱子后面被看到的一切，看起来也在变换位置[2]（图 5-79）。由于视觉的原因，当人们在骑楼的底层外廊下活动时，能在其间产生"行走的快感"，在其中凝结了"时间"，恍若一条"时间之廊"。外廊下每两根柱子之间所构建的框景，不断地在人们于其中行走的过程中变换着画面。

近代闽南侨乡骑楼街道充满趣味性的很重要一点还在于，两侧骑楼街屋立面为街道行人展示了一幅丰富的背景图画。吉伯德认为，街道是一个周边以成群的住房将其包围的空间，这些住房形成了街道的一系列画面[3]。近代闽南侨乡骑楼街道两侧由密集建筑围合而成，沿街每一骑楼单元的立面都会采用不同的处理方式，或差别甚大，或差距甚微。这些都会

图 5-79　"时间之廊"的视觉印象

[1] Jacobs，Jane.The Death and Life of Great American Cities[M].Random House，New York，1961，and Penguin Books，Harmondsworth，1965：39。转引自《广场与街道》，转引自 Hegemann，Werner and Peets，Elbert.Op cit，p.140。

[2] 彼得.柯林斯.现代建筑设计思想的演变 [M].英若聪译.北京：中国建筑工业出版社，2003：15。

[3] Gibberd，F.Town Design[M].Architectural Press.London，2nd edn，1955：230。转引自《广场与街道》，转引自 Hegemann，Werner and Peets，Elbert.Op cit，p145。

图 5-80　泉州鲤城中山路骑楼沿街立面片段（1920 年代至 1940 年代建）

带来人们视觉上的丰富感受。如在泉州中山路骑楼立面上（图 5-80），有的单元采用伊斯兰风格，有的单元则具有巴洛克特点，有的单元受到装饰艺术风格（ART-Deco）的影响，等等，变化十分丰富。前文曾谈到近代闽南侨乡外廊式建筑单体有多元风格的表现，在骑楼街屋连续的立面上，这些多元风格表现在各骑楼街屋单元立面上似乎是随机出现并且有着各种混杂、变异的表现，形成了一张长而丰富的"街道画卷"。事实上，近代亚洲各地的骑楼似乎都能感受到这种丰富生动的街面画卷之意。20 世纪 90 年代，闽南出现了不少新骑楼，这些新骑楼在工业化的施工方式以及人们讲究效率的心态作用下，立面处理单调重复，相比当地近代（20 世纪 10~50 年代）的骑楼街道而言，让人感觉沉闷（图 5-81）。

图 5-81　泉州湖心街新骑楼片段（20 世纪 90 年代末建设）

5.5.2　宜人亲切的尺度感受

（1）近代闽南侨乡骑楼街道的 D/H 值：舒适的比例

芦原义信在《街道的美学》一书中，谈及街道宽度（D）与两侧建筑外墙的高度（H）之间存在着一定的比例关系。他认为：当 D：H=1 时，街道与建筑之间有某种匀称而稳定的存在；当 D：H>1 时，随着比值增大，建筑物之间的远离感加强，超过 2 的时候则产生宽阔之感；当 D：H<1 时，建筑物之间开始相互干涉，并且逐渐形成一种封闭状态。与芦原义信的观点有差别的是，西方学者埃塞克斯曾提到，"高宽比为 1：1 的街道还是不够紧密以形成街道的舒适感，但在 1：2.5 的高宽比下，其开放程度仍然是能被人忍受的。"❶通过调查泉州近代中山路骑楼街和洛阳骑楼街的 D/H 值来看，属于较为舒适的比例关系（表 5-2）。

泉州近代中山路骑楼街和惠安洛阳镇骑楼街的 D/H 值　　　表 5-2

	D 值（单位：米）	H 值（单位：米）	D/H 值
泉州近代中山路骑楼街	12	8	1.5
惠安洛阳镇洛阳骑楼街	9	7	1.3

❶ County Council of Essex.Op cit. 转引自：克利夫·芒福汀. 街道与广场 [M]. 第 1 版. 张永刚等译. 北京：中国建筑工业出版社，2004：151。

（2）近代闽南侨乡骑楼街道的宜人尺度

芦原义信认为当两个街道的 D/H
值相同时，并不能说这两个街道就具
有相同的尺度，这里还有一个"绝对
尺度"问题，即绝对数值同人的关系。

对比泉州近代洛阳街骑楼和泉州
当代的湖心街骑楼（20 世纪 90 年代
建设），发现二者的 D/H 值差不多，
但是在绝对尺度上却有着巨大的差别
（图 5-82）。凯文·林奇在总结外部空
间尺度时，把亲切的距离范围定在 40

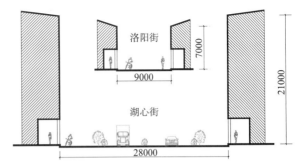

D/H值相等的洛阳街和湖心街的绝对尺度比较

图 5-82　泉州近代洛阳街骑楼和当代湖心街骑楼绝对尺
度比较

英尺（12. 19 米）之内，而 80 英尺（24. 38 米）以内是适宜人的良好尺度。近代泉州洛
阳街骑楼街道的宽度（约 9 米）在亲切距离范围之内，泉州当代湖心街骑楼街道的宽度（约
28 米）则超过了良好尺度范围，两侧骑楼之间的交流较为淡远。近代闽南侨乡骑楼街道
是人行或以人为主的空间，人们可以在两侧骑楼建筑之间自由穿行，街道狭小亲切仿佛
触手可及。功能至上的现代化街道，车速越来越快，街面越来越宽，人与街的关系疏离，
街道生活的人性化乐趣正逐渐远离我们。

5.5.3　整体统一的界面印象

（1）连续性的外廊以及相关要素的重复运用

正如黑格曼和佩茨指出的，街道建筑设计的一大难题是，"把大量因业主不同品位
和实际需要而引起的个人需求同必要的协调元素甚至是作为整体结合起来的难度，如果
没有这种完整性，一条街道便会变成一个断然充满矛盾的参差不齐的不和谐体系"❶。根
据芒福汀的说法，为了达到街道的统一性，在欧洲古代曾出现一个强有力的方法，那就
是通常把地面上的群体建筑集结在一块。用于此目的的一个重要的古典手段是在建筑底
层运用柱廊或者拱廊。在英国，这种通过沿街设置连续外廊来统一街道景观的理念被诸
如尼古拉斯·霍克斯·莫尔这样的建筑师所采用，他在 1735~1736 年设计了"一条有拱
廊的围合街，宽 30 米（110 英尺）"❷。而建筑师纳什在关于 Quadrant 的早期设计，实际
上是将整个里真特大街的设计拟想成一个连续柱廊的规则立面❸。同样，在绍斯波特，玻
璃拱廊贯穿了勋爵大街的整个长度，目的同样是提供一个更加形式化的柱廊；它保护部

❶　克利夫·芒福汀 . 街道与广场 [M]. 第 1 版 . 张永刚等译 . 北京：中国建筑工业出版社，2004：154。转引自 Hegemann，
　　Werner and Peets，Elbert.Op cit，p.187。
❷　Downes，Kerry.Hawksmoor，Thames and Hudson，London，1980：86。
❸　Summerson，John John Nash，Architect to King George IV，Allen and Unwin，LONdon，1935：59。

分街道免受雨淋，并且作为一种建筑元素把聚集的建筑物统一起来，避免了杂乱无章。在克利夫·芒福汀看来，绍斯波特的拱廊把普通的街道建筑提升到了一个高水平的城市设计层次❶（图 5-83）。

图 5-83　绍斯波特勋爵街的连续外廊 ❷

如果承认上述欧洲人通过设置底层连续外廊来达到街道统一性的做法是成功的，那么近代闽南侨乡骑楼街道的衍生，无疑也应该被认定为是一项高水平的城市设计。通过底层连续步行廊的营造，有效地控制了临街的无序建设。

如果只是关注沿着街道建设底层连续外廊，还并不一定就能带来街道的统一性。在克利夫·芒福汀所著的《街道与广场》一书中，曾谈到诺丁汉的铁匠街，这是一条骑楼街，但是由于有的是传统的样式，有的采用现代的形式，有的尺度较大，有的尺度较小，

图 5-84　诺丁汉的铁匠街 ❹

不能形成和谐的街面肌理，于是街道外形被破坏，失去了统一感❸（图 5-84）。近代闽南侨乡骑楼街屋除了底层外廊的连续和统一外，在同一条骑楼街中一般使用通用的材料，以及协调的建筑细部和手法，从而加强了街道整体感。如，泉州洛阳街的近代骑楼，普遍应用红砖和白石，在骑楼临街立面上都加以当地的雕刻和砌筑工艺，虽然每个开间都有微差或者个性化的新创造，但是由于手法上的统一，反而增加了生动感。从屋顶轮廓线的印象看，近代闽南侨乡的同一条骑楼中往往也遵循着相似的重复要素。如，近代漳州骑楼的屋顶大多采用坡屋顶形式，虽然高低不一，但是却在一个和谐的变化范围内。

（2）临街建筑的面状形态

近代闽南侨乡骑楼街屋的立面也很少有过多的凹凸来破坏街道的平齐感，而是呈现较为明显的面状形态。这种面状形态在西方人看来，对于街道的统一感的建立是极为重要的。克利夫·芒福汀就认为，"有很多的因素对统一的街道设计有用，最重要的应该是：建筑物的形式看起来应呈面状而非块状。当建筑的三维形式感很强的时候，建筑的体块感在街景中占据主导地位，空间失去了地位。沿街建筑如果有变化的形式、风格和处理

---

❶　克利夫·芒福汀 . 街道与广场 [M]. 第 1 版 . 张永刚等译 . 北京：中国建筑工业出版社，2004：155-156。

❷　County Council of Essex.Op cit . 转引自：克利夫·芒福汀 . 街道与广场 [M]. 第 1 版 . 张永刚等译 . 北京：中国建筑工业出版社，2004：151。

❸　同上，P154。

❹　同上，P154。

方式,空间也就失去了其鲜明的特征"❶。阿尔伯蒂也认为,"如果……两边的住宅位于一条平直的线上,并且没有一幢是凸出来的",那么城市街道"会被赋予更多的高贵"❷,街道有必要规规矩矩并且以规则的方式进行组织。

（3）第一次轮廓线的清晰表达

芦原义信在《街道的美学》一书中把建筑临街外墙面称为建筑的"第一次轮廓线",而把建筑临街外墙的凸出物和临时附加物所构成之形态称为建筑的"第二次轮廓线"。他认为如果"第二次轮廓线"呈现无秩序和非结构化的"含糊轮廓",那么将会对"第一次轮廓线"的表达产生负面的影响,以至于形成混乱的街景。于是,如果要使街道更美观,则必须尽量减少"第二次轮廓线",或把它们组合到"第一次轮廓线"中。

以芦原义信的理论进行分析可以发现,近代闽南侨乡骑楼街道的"第一次轮廓线"的表达都较完整（图5-85）。其中,影响第一次轮廓线完整表达的"第二次轮廓线"的主要构成因素是广告招牌,而骑楼为广告招牌的设置往往都留出了空间。从图5-86中可以看出,骑楼空间中的广告位A、B和E基本不影响"第一次轮廓线"。广告位C常以文字、花纹、动物等浅浮雕形式存在,并且即便有变化程度较大的高浮雕存在也不会破坏立面的整体性。广告设置在D的做法,在近代闽南侨乡骑楼街屋中只有在厦门骑楼中才有出现,它们往往成排地设置,与"第一次轮廓线"相协调,从而有机地融入"第一次轮廓线"。如果在骑楼街道中,只是孤立地在某些骑楼单元的外表面设置D,将会出现"第二次轮廓线"的无序。当然,近代闽南侨乡骑楼街屋广告的设置往往能够不破坏"第一次轮廓线"的景象,其中一部分原因在于骑楼本身设置广告具有统一性规划的特点,另一部分原因也与那时当地的商业气氛相对较为落后,设置广告的动力较弱有关。

  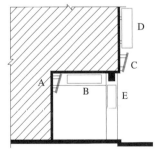

图5-85　漳州香港路及泉州永春五里街骑楼街景:第一次轮廓线　　　图5-86　近代闽南侨乡骑楼
表达均较为清晰　　　　　　　　　　　　　　　　　　　　底层外廊设置广告的地方
大致分5处❸

❶ 克利夫·芒福汀.街道与广场[M].第1版.张永刚等译.北京:中国建筑工业出版社,2004:152.

❷ Alberti, L.B.Op cit.Book IV, Chapter V, P75.

❸ 杨思声、王珊绘制。

5.5.4 地域场所的精神认同

场所感是人的记忆、感受与价值等情感因素与环境之间相互作用而产生情感意义上的反应❶。Shumaker 与 Taylor 认为场所感最明显的特征就是人们会居住在个人认为有安全感的地方，并使用所拥有的领域，而且这种情感依附与个人对场所的亲密程度有关。好的场所让人们感觉好像出生地一般，具有家的安全感和庇护感❷。

根据 Shumaker 与 Taylor 的观点可以分析得出，近代闽南侨乡骑楼街道给当地人以较为强烈的场所认同感。这是因为，大多数的近代闽南人对"外廊"具有相当深厚的情感，很多人家中的"洋楼"都有外廊，洋楼中的"外廊"是一处可以让他们能够体验到近代新式家庭起居生活的地方。而当他们行走在骑楼街道的底层"外廊"之时，这种家庭或家园归属的记忆得到了链接，人们因此有了地方的归属感。从安全感的角度看，骑楼底层外廊能为人们遮蔽阳光和抵挡风雨，犹如一把"保护伞"。此外，由于近代闽南侨乡骑楼街道的尺度较小，街道两侧骑楼街屋距离较近，使得行人视线总是被限定在街道内部，而这一点被认为是引发舒适的街道体验的重要原因。克利夫·芒福汀曾认为"一个人的印象越被限定在街道内部，那生动的场面就会越美妙：当个人的视线总是有可注视之处而不至于消失在无限里的时候，他的体验是舒适的。"❸

台湾作家紫苏曾经写过一段关于台湾骑楼柱廊里发生的事，抒发的是对骑楼的底层柱廊与自然四季对话的生命感动，而其所描绘的这种具有地域场所精神的情境在近代闽南侨乡骑楼街道中同样存在。她写道：

"家附近的街道，最近充满了新生命现象。不知道为什么，附近商家的骑楼屋檐下，出现了一个个小小的鸟巢。本来夏天山林里的蝉鸣，在都会森林里听闻不得，但是小燕子的饥饿啁啾声，却让街道热闹起来……小燕子是家燕家族的新秀，亲鸟飞进飞出忙碌得很，……每年春天这群燕子会飞到这里孕育子嗣，五六月正是繁殖期。……不过，这阵子在骑楼屋檐发现的鸟巢，似乎都像是商家人们帮忙购置的，因为一式一样很规格化，……走过街道骑楼，竟有不一样的感触。"❹

5.6 本章小结

本章主要论述了在中观的街道景观尺度层面上，近代闽南侨乡出现了特殊的外廊式建筑集联体——"骑楼街屋"的地域适应性衍生景象。具体分述了以下内容。

---

❶ Hummon D M. Community attachment in Altman&SM Low Place attachment [M].New York. Plenum Press，1992：253-278。

❷ Tuan Y. F. Space and Place: The Perspective of Experience（J）. London Minneapolis，1974，89：150-162。

❸ 克利夫·芒福汀. 街道与广场 [M]. 第 1 版 . 张永刚等译 . 北京：中国建筑工业出版社，2004：145。

❹ 王珊 . 泉州近代与当代骑楼比较研究 [D]. 泉州：华侨大学建筑系硕士学位论文，2003：52。

首先,经过辨析,阐明了"骑楼街屋"与"外廊式建筑"虽非一个概念,但却关系紧密。"骑楼街屋"是一种外廊式建筑集联体,但它却与外廊式的"兄弟楼"民宅、外廊式的家居"长屋"等其他集联体有不同的特殊性表现,具体体现为与连续的街道建设和街屋改造相关联,连续街屋的底层外廊相互联排集合,并且顶部跨建楼房。骑楼街屋的衍生,也表明了外廊式建筑类型在近代闽南侨乡环境下的繁荣发展有了特殊的"升华"。

然后,深入分析,阐明骑楼街屋在近代闽南侨乡的衍生与当时闽南的拆城辟路背景、与来自南洋、广东和台湾三地骑楼实践的影响、与闽南当地众多外廊式建筑单体涌现的影响有很大关系。为了和环境相适应,近代闽南侨乡的骑楼街屋在组群规划和单元建筑方面都有相应的地域演变。闽南三地骑楼街屋的组群规划经由片状往线状的演变,骑楼底层步行廊的规划尺度并无标准法规,在闽南各地有灵活变化的尺寸,且总的尺度比较广东早期骑楼呈现较小的特点;临街的骑楼组群风貌也有特色的地域适应性变化,以城区为例,有"传统特色"的近代漳州城区骑楼街屋组群风貌、"洋风特点"的近代厦门城区骑楼街屋组群风貌、"折中风格"的近代泉州城区骑楼组群风貌;从城区到乡村,骑楼组群风貌体现为乡土特色越发浓郁的演变趋势。从近代闽南侨乡骑楼街屋单元建筑布局角度研究的结果则表明,有的沿承闽南传统"手巾寮"建筑空间形式,有的采用闽南"传统大厝建筑形式",还有出现"洋楼与大厝结合"的单体布局案例,呈现明显的地域特色。

最后,本章还阐述了近代闽南侨乡骑楼街屋给人以特别的街道美学感受,街道充满趣味性,体现了吉伯德所认为的"街道画面"景象;骑楼的底层连续外廊史是创造了彼得·柯林斯所曾分析到的"视差"效果,人们在骑楼底层外廊下能产生"行走的快感",其中凝结了"时间",恍若一条"时间之廊"。近代闽南侨乡骑楼街道的尺度宜人,很多都在凯文·林奇所认为的亲切距离范围之内。骑楼街道的整体感强,每一条街道都有自己的统一性风貌特色,并且能够引发人们的地域场所认同感。

第六章 近代闽南侨乡外廊式建筑文化景观价值

6.1 在中国近代建筑史中的特殊地位

近代闽南侨乡环境下的外廊式建筑兴盛和繁荣景象的揭示，在中国近代建筑发展史中具有特殊的地位。它打破了既往日本学术界的这样一个基本认识，即认为"外廊式建筑"在中国近代的大量兴建只局限在19世纪末以前，一旦进入20世纪以后就逐渐衰落。事实上，不仅仅是近代闽南侨乡（发生在20世纪上半叶时期），我国南方其他许多地方，如广东开平、潮汕等地，同样发现在20世纪上半叶外廊式建筑迎来了建设的高潮。

6.1.1 "外廊式建筑"对中国近代建筑发展的影响

（1）学术界关于"外廊式建筑"是中国近代建筑原点的争论

"外廊式建筑"在中国近代建筑史中具有重要地位，尽管关于它是不是中国近代建筑原点的学术争论仍然在继续。日本学者很早就注意到"外廊式"对中国近代建筑的影响。藤森照信先生发表的文章"外廊样式——中国近代建筑的原点"认为"在中国近代建筑刚开始的时候，绝不像后来所表现的那样多姿多彩，而只有一种样式"，就是外廊样式，可见其重要性。此文一经发表，便在中国建筑史学界激起波澜[❶]。

对于藤森先生的学说，有学者给予认同，有学者则提出异议。异议者有浙江大学杨秉德先生，他写道："日本学者的研究工作比较细致深入，而且调查范围遍及日本、韩国、中国及一些东南亚国家，其研究成果是值得我们借鉴的。问题在于，藤森照信在对'外廊样式'这一课题开展了比较全面、深入的研究工作后，却以偏概全，引申出'在中国近代建筑刚开始出现的时候……只有一种样式'的结论，这是对中国近代建筑史缺乏整体研究的片面结论，这一论述不符合中国近代建筑史发展的客观事实……，立论失之偏颇。"[❷] 然而，学者刘亦师则认为，如果暂且不论外廊式建筑是否是早期西方建筑进入中国唯一的建筑样式，仅就"外廊式建筑广泛出现于领事馆等殖民主义机构，使中国城市景观由此发生了彻底改变……外廊式建筑'原点'的地位庶几无疑。事实上，经藤森先

---

❶ [日]藤森照信.外廊样式——中国近代建筑的原点[J].张复合译.建筑学报，1993（5）：33-38。

❷ 杨秉德.早期西方建筑对中国近代建筑产生影响的三条渠道[J]，华中建筑，2005（1）：159-163。

生的介绍之后,'外廊式'在近代建筑史中的'原点'一说也被广泛接受。"❶

（2）"外廊式建筑"在中国近代建筑发展史中的重要地位

虽然争论仍在继续,但"外廊式建筑"在中国近代建筑发展史中所发挥的作用却是不能否认的。

其一,"外廊式建筑"的发展贯穿中国近代建筑发展史的始终。藤森对外廊式建筑与中国近代建筑史关系的研究具有提纲挈领的作用。在藤森先生提出外廊式建筑是中国近代建筑的原点后,国内许多学者进行了后续的研究,其中以南方学者的贡献最为突出。他们从时间和空间上拓展了"外廊式"建筑对中国近代建筑的影响范围,更为全面地描绘了外廊式建筑在中国的分布状况。近些年的研究表明,从时间上看,除了19世纪末以前外廊式建筑对中国近代建筑有影响外,20世纪初至20世纪中叶外廊式建筑在中国近代建筑发展中也大量出现,这一点补充了藤森先生在"外廊式建筑"研究中的不足。从空间上看,藤森先生所认为的观点:"外廊式建筑在近代中国的发展主要集中在早期的殖民租界",也逐渐得以校正。外廊式建筑原则在非殖民租界的避暑地、南方侨乡地,甚至清末和民国的某些官方建筑中也得到了大量的应用,远不止局限于早期殖民租界地。此外,外廊式建筑对中国近代建筑的影响也不仅仅局限于买办式的建筑,而是影响了政府衙署、民间住宅等;不仅仅出现于通商大埠和城市发达地区,也出现于偏远的、城市化程度较低的地区。

其二,外廊式建筑对中国建筑的近代转型起着重要作用。首先,"外廊式"的应用有助于调和复杂的中外建筑文化矛盾。史学界已有共识,中国传统建筑在向近代转型的过程中,如何处理中外文化冲突是一大重要任务。而"外廊式"建筑类型（也是抽象的建筑营造原则）作为近乎国际化的人类经久文化元素,不仅能够得到洋人,也能得到华人华侨的认同。将其应用在建筑上对于实现中外建筑文化的沟通是有益的。罗西认为,建筑类型可联系不同时空中的建筑并实现它们之间的对话,这种理论正在此处得到体现,而从这个角度看来,中国近代外廊式建筑与人类原始茅屋中的外廊式建筑甚至人类未来世界中的外廊式建筑也是能够发生对话的。❷

其三,"外廊式"建筑类型作为一种宽泛灵活的建筑原则,它的应用对于中国建筑近代转型过程中,包容多元复杂的文化内容具有重要意义。前文谈到,著名的建筑理论家昆西（Quatremere de Quincy）曾说过,"'类型'不是指被精确复制或模仿的形象……正好相反,人们可以根据它去构想出完全不同的作品"。在实际的建筑应用中,外廊式建筑类型既可以采用钢筋混凝土材料,也可以用木结构技术来表现,既可以做成西洋特征、南洋特点、中华汉文化特色的建筑形式,也可以有其他更新、更复杂、更奇异的建

---

❶ 刘亦师. 从外廊式建筑看中国近代建筑史研究（1993-2009）[A]. 张复合编. 中国近代建筑研究与保护（七）[C]. 北京: 清华大学出版社,2010: 9。

❷ 杨思声,肖大威,戚路辉. 外廊样式对中国近代建筑的影响 [J]. 华中建筑,2010（11）: 25-29。

筑表现，提供了较强的灵活适用性，由此也产生了中国近代丰富多样的外廊式建筑实物。

由此可见，"外廊式建筑"在中国近代建筑发展史中具有重要地位。

6.1.2　中国近代的几类外廊式建筑区域繁荣景象

如果对中国近代的"外廊式建筑"发展区域进行分类，则可以发现，大致出现过几类外廊式建筑区域繁荣景象。较为重要的有，殖民地外廊式建筑、避暑地外廊式建筑、侨乡地外廊式建筑。

（1）中国近代"殖民地外廊式建筑"繁荣景象不能与"外廊式建筑"发展景象相等同

殖民地外廊式建筑指的是殖民环境下衍生的外廊式建筑。其外廊式建筑的文化表现上具有殖民文化特征。前文已论及"殖民地外廊式建筑"在我国的时空分布是，鸦片战争至19世纪末以前的各主要城市租界或外国人居留地，如广州沙面租界、厦门鼓浪屿外国人居留地及海后滩租界、上海外滩租界，等等。

要注意的是，"殖民地外廊式建筑"与"外廊式建筑"是两个不同的概念。在中国近代建筑史学界容易出现下面两种学术曲解：

其一，错误地将"殖民地外廊式建筑"简单地等同于"外廊式建筑"。藤森照信的"外廊样式——中国近代建筑的原点"一文中就对二者的概念没有明晰的区分，该文中常以"外廊样式"来指代"殖民地外廊样式"。张复合先生显然看到了藤森先生的这一点不足，于是在注释中写道："此文所论'外廊样式'（Veranda Style）专指欧美殖民者在其殖民地所建外廊建筑，有的研究者称之为'殖民地外廊样式'（CoIonial Veranda Style）似更为准确。中国的近代建筑史研究者以前惯称之为'殖民地式'（Colonial Style）。"❶然而，在1993年后的中国近代建筑史研究中，不加区分地将"殖民地外廊式建筑"与"外廊式建筑"概念相混用和替换的情况也有很多，某些学者竟将中国近代建筑史中出现的有外廊的建筑都理解为殖民地外廊式建筑，对此做法应该提出异议。

其二，认为"近代殖民地建筑"就一定具有"外廊式"特征的观点也是错误的。我国近代建筑史学研究中，经常将殖民地建筑理解为具有"外廊式"特点，这显然是一种曲解。虽然近代殖民地建筑中有很多具有外廊式样，但是也有一些没有采用"外廊式"的案例，如位于北方的南岗华俄道胜银行（1902年）。因此不能简单地将二者进行一一对应的概念上的链接。

（2）近代中国"避暑地外廊式建筑"的发展

中国近代"避暑地外廊式建筑"指的是在我国近代避暑地环境下衍生的外廊式建筑，其文化特征上具有"近代避暑文化"特点。避暑地外廊式建筑常常表现出较为悠闲、自

---

❶ ［日］藤森照信.外廊样式——中国近代建筑的原点［J］.张复合译.建筑学报，1993（5）：33-38。

然化等特点。近代我国的避暑地外廊式建筑主要分布于几大著名避暑地，包括庐山、鸡公山、北戴河、莫干山以及福州的鼓岭、湖北的莪山避暑地 ❶，等等。20 世纪初，民国知名人士在江西庐山、浙江莫干山、河南鸡公山、河北北戴河以及福州鼓岭等避暑地大量购买、改造、仿造洋人在 19 世纪末就已有建设的外廊式别墅（图 6-1、图 6-2）。这使得避暑地成为外廊式建筑的集中地，据《庐山别墅大观》一书描述，1990 年所存庐山避暑地近代别墅中有 600 幢具有敞开式外廊，这约占 1980 年代所统计的 1000 余幢幸存近代别墅的 60% ❷。这些避暑地外廊式建筑，形态组合较为自由，常采用当地的石材和木材，体现出追求与自然环境相融的特点。值得一提的是，中国近代避暑地外廊式建筑中所蕴含的思想颇有美国景观设计师安德鲁·杰克逊·唐宁（Andrew Jackson Downing）所发展的风景建筑学理念之意，而唐宁曾被认为是推动美国 19 世纪至 20 世纪初的外廊式住宅流行的重要贡献者 ❸。中国近代外廊式避暑地建筑，很多是由民国华人精英所建。它们也常常成为富裕的中产阶级们模仿的建筑样板。

图 6-1 庐山脂红路 170 号别墅（20 世纪初）❹

图 6-2 莫干山国民党元老张静江的静逸别墅（1920 年代）❺

（3）近代我国南方"侨乡外廊式建筑"的繁荣

近代我国南方侨乡环境下产生了外廊式建筑的繁荣景象。其空间分布包括我国近代南方的广东五邑、潮汕、福建闽南、广西北海等侨乡地，时间分布则处于 20 世纪初至 20 世纪中叶。从广东开平侨乡碉楼申遗办公室的统计资料中可以看到，在调查的 1927 幢近代碉楼建筑中，建设有外廊的就有 1073 幢 ❻。中国南方华侨们对"外廊式"的狂热

❶ 王炎松、郑红彬 . 鄂西北近代外廊式建筑群——莪山别墅初探 [A]. 张复合主编 . 中国近代建筑研究与保护（六）[C]. 北京：清华大学出版社，2008：420-428。

❷ 罗时叙 . 庐山别墅大观：人类文化交响乐 [M]. 第 1 版 . 北京：中国建筑工业出版社，2005：53。

❸ Scott Cook.The Evolution of the American Front Porch[EB].http：//xroads.virginia.edu/~CLASS/AM483_97/projects/cook/first.htm。

❹ 图片出处：http://www.517jx.com/jingdian/detail.asp?id=158。

❺ 图片出处：http://ltrichard.blogbus.com/logs/8024395.html。

❻ 程建军 . 开平碉楼：中西合璧的侨乡文化景观 [M]. 第 1 版 . 北京：中国建筑工业出版社，2007：126。

追求不仅反映在众多的应用数量上，而且体现在丰富的建筑表现上。他们将"外廊式"与其所能接触到的各种侨乡传统建筑形式相融合，产生独特的表现形式。如，在广东开平侨乡，外廊常运用于碉楼的顶部，产生"外廊式碉楼"❶；在广东梅州侨乡，外廊运用于土楼外围，形成"外廊式土楼"建筑，等等。除了将"外廊式"与传统建筑相结合外，各地民间华侨们还赋予其以自由浪漫的表现，他们竞相猎取古今中外新奇异的建筑元素，以近乎非理性的组合方法演绎出奇异效果。中国近代南方华侨们对"外廊式"的热情直到20世纪下半叶仍有余温。

（4）近代闽南侨乡外廊式建筑的发展是我国近代南方"侨乡外廊式建筑"繁荣潮中的特殊一支

从上述的中国近代外廊式建筑区域发展类别看，近代闽南侨乡外廊式建筑是我国近代南方侨乡外廊式建筑繁荣发展体系中的一个重要分支。它与近代中国"殖民地外廊式建筑"，与近代中国"避暑地外廊式建筑"在景观表现上有着较大差异，与南方广东等其他侨乡外廊式建筑发展也有着地域特征上的不同。

6.1.3　与近代中国"殖民地外廊式建筑"的关联与比较

（1）历史渊源

近代闽南侨乡外廊式建筑的衍生与近代中国殖民地外廊式建筑的发展具有时间上的先后承接关系，也有空间上的邻近关系，同样还有文化上的渊源联系。近代闽南侨乡也成为近代中国继"殖民地外廊式建筑"的兴盛之后的又一处有大量外廊式建筑爆发式增长的区域。

首先，时间上的先后承接。近代闽南侨乡外廊式建筑的发展时间是在19世纪末至20世纪50年代左右，正好与"殖民地外廊式建筑"在近代中国的发展时间（鸦片战争至19世纪末）是一个前后衔接的关系。也就是说，当殖民地外廊式建筑在近代中国开始逐渐消逝后，近代闽南侨乡外廊式建筑却迎来了建设的高潮。

第二，空间上的邻接。近代闽南侨乡外廊式建筑的发展在空间上与中国近代殖民地外廊式建筑的发展有着叠合与邻接关系。殖民地外廊式建筑曾经在鸦片战争至19世纪末的近代厦门鼓浪屿和海后滩租界中得到繁荣发展。到了20世纪初，随着厦门租界的侨乡

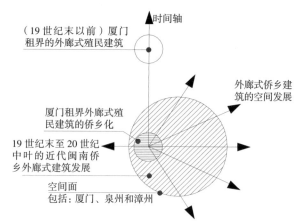

图6-3　20世纪上半叶近代闽南侨乡外廊式建筑发展与19世纪末以前厦门租界的殖民地外廊式建筑的关系

---

❶　在开平，顶部建有外廊的碉楼到近代才出现。

化转变，这些殖民地外廊式建筑被华侨们所认购、接受，并转而成为"侨乡地外廊式建筑"中的一类。而在同属闽南地区的厦门非租界地、泉州各地以及漳州各地侨乡，外廊式建筑也得到了广泛发展，二者在地理空间上体现为发展的邻接关系。如果我们绘制一个分析图，就能更清晰地理解这一点（图6-3）。

第三，文化渊源联系。殖民文化与近代闽南侨乡文化有着渊源联系。"殖民文化"是洋人来到亚洲后，所创造出的结合西方文化和东方文化的临时简陋的文化混合体。而近代闽南侨乡文化则是华侨将海外文化引入闽南本地后，与侨乡本土传统文化相结合的文化混合体。二者之间的历史渊源在于，都是在近代时期全球移民大浪潮中发生的文化现象。"殖民文化"对"近代闽南侨乡文化"的兴起具有重要的催生作用，而且近代闽南侨乡文化所接受的外域文化影响有很多是来自"殖民文化"。近代闽南华侨出洋地点主要是南洋的新加坡、马来西亚、菲律宾等地。这些地方是欧洲人重要的"殖民区域"，华侨们显然容易受到当地殖民文化的影响。此外，19世纪末以前厦门租界的殖民文化对于近代闽南侨乡文化的形成来说也是重要的源头之一。于是不难理解，殖民文化下兴起的外廊式建筑做法显然对闽南侨乡外廊式建筑的兴起以及相应的演绎表现会有着重要的影响。

（2）差异比较

近代闽南侨乡外廊式建筑繁衍景象与中国近代殖民地外廊式建筑的发展有着很大的不同（表6-1）。

"近代闽南侨乡外廊式建筑"与中国近代"殖民地外廊式建筑"发展景象的差异比较　表6-1

比较内容		近代闽南侨乡外廊式建筑发展	近代中国殖民地外廊式建筑发展
演绎表现上的差异	外廊式建筑单体衍变特点	造型华丽、装饰较多。有着多元文化的丰富表现	多为简陋的方盒子式形态。外廊式建筑内的功能、装修、甚至结构技术较为粗陋
	外廊式建筑集联体建设	外廊式的兄弟联楼、外廊式长屋时常出现，骑楼街屋得到建设	较少出现外廊式长屋，并未出现骑楼街屋的建设
建设背景的不同	建设者	闽南侨乡大众，特别是华侨和侨眷	外国殖民者
	建设者对"外廊"的心态	华侨身份的象征，进步文化的表征物。对外廊的南方气候适应性的深度理解	殖民者身份的表征，作为"临时"的生活权宜。对"外廊"在中国北方的气候适应与否较无经验

其一，从单体建筑的表现上看，殖民地外廊式建筑的形态表现一般来说较为单一，基本是简单的方盒子式，外廊则大多为连续拱券或者柱廊，凹凸变化较少，建筑处理有简陋感和临时性特征（图6-4）。相比之下，近代闽南侨乡外廊式建筑的形体变化生动，具有丰富的多元化表现内容，如在近代侨乡泉州，就可以看到很多重视外廊门面功能的民居（图6-5）。在这些民居中，华侨们将外廊当作一种门面背景进行装饰，各种泥塑、彩瓷、石雕等竞相附加，呈现十分华丽的景象。另外，"外廊"在近代闽南侨乡建筑中

图 6-4　19 世纪末以前在厦门鼓浪屿的外廊式
殖民建筑，形态单一，外廊处理较为朴素

图 6-5　20 世纪 40 年代在闽南侨乡的外廊式建
筑，重视外廊的门面作用，并加以华丽装饰

的结合位置也较为灵活多变，有的外廊位于院落后落部分，有的外廊则偏于合院建筑一
角，甚至出现一些十分怪异的组合方式。

　　这种差异的存在与业主的心态不同有关。殖民地外廊式建筑是在殖民者基于"临时
性"的心态下建设的，与当时多数外国人的短期行为有关，许多人并不打算久留，只是
抱着探险的心理想"捞"一把就走。相比之下，近代闽南侨乡外廊式建筑是在华侨们基
于"表现功成名就"与"永久置业"的心态下得到建设的。侨乡人常将外廊当作一种门
面处理，其上竞相附加各种华丽的装饰、文字等，以达到富丽堂皇之效果。殖民者常常
由于要表达政治身份的归属性，选择类似的殖民地外廊式建筑形式。在近代闽南侨乡，
业主和工匠们的竞争意识却使得外廊式建筑的表现丰富多彩。除了心态以外，技术条件
上的差别也是产生这种不同的原因。近代殖民地外廊式建筑的兴建处在 19 世纪末以前，
那时的殖民者在财力方面较为缺失。由于路途遥远，殖民者在搬用西方较为成熟的建筑
技术、设计师和工人上存在着困难，殖民地外廊式建筑的设计往往由洋行打样间的匠商
从事，这些非专业"建筑师"大部分不谙熟正统的欧洲本土设计，而且由于尚未融入殖
民地本土的建筑体系中，殖民者在运用当地材料和技术工人方面也颇为生疏。相比照而
言，近代闽南侨乡外廊式建筑得到大量兴建的时间是在 20 世纪初，海外的闽南籍华侨
往往将大量的投资汇往闽南侨乡，财力方面较为富足；从建筑技术的角度看，一些上海
等地的工匠们得以来到闽南从事建筑业，促进了当地的技术进步，而闽南本地的传统工
匠也积极将纯熟的传统建筑技术与近代外来建筑技术进行融合运用，并且创造出了各种
混合技术。这使得近代闽南侨乡外廊式建筑能有更多样的技术表现。

　　其二，从外廊式建筑集联体的衍生方面看，近代闽南侨乡外廊式建筑的发展中出现
了骑楼街屋，而中国近代"殖民地外廊式建筑"中则几乎看不到连续的骑楼街屋的出现。
这和近代闽南侨乡环境出现了城镇街屋的大规模改造背景有关。相比之下，殖民地外廊
式建筑在中国近代兴盛时期（鸦片战争至 19 世纪末期间），实际的建设量还是相对较少的，
尚未着手进行成片的街道改造及建设。

6.1.4　与近代中国"避暑地外廊式建筑"的关联与比较

（1）发展历程上的独立平行

在时间上，近代闽南侨乡外廊式建筑的兴盛是在 19 世纪末至 20 世纪 50 年代，这一时间段与中国近代避暑地外廊式建筑的兴建时间——19 世纪末期至 20 世纪抗日战争，具有同时性。从空间上看，中国近代避暑地与近代闽南侨乡并无邻接，交通的联系上也不是特别便利。于是二者之间在发展过程中的相互影响并不像殖民地外廊式建筑对近代闽南侨乡外廊式建筑的影响那么直接，二者的发展更多地呈现平行的状态。

（2）景观表现上的差异比较（表 6-2）

近代闽南侨乡外廊式建筑的演绎表现与中国近代避暑地外廊式建筑有所不同。其中有两个方面值得注意。

"近代闽南侨乡外廊式建筑"与中国近代"避暑地外廊式建筑"发展景象的差异比较　　表 6-2

比较内容		近代闽南侨乡外廊式建筑发展	近代中国避暑地外廊式建筑发展
演绎表现上的差异	外廊式建筑集联体的建设	外廊式兄弟联楼、外廊式长屋时常出现，大量骑楼街屋得到建设	较少出现外廊式长屋建筑，并未出现骑楼街屋的建设
	外廊式建筑单体衍变特点	形态变化丰富，建筑华丽艳俗，很多具有传统乡土特点	建筑表现趋于自然化，讲究朴素，不追求艳丽装饰
差异形成的背因	建设者	闽南侨乡大众，民间人士为主要建设者	著名人物，如蒋介石、江精卫等
	建设者对"外廊"的心态	"外廊"常被建设者当作炫耀财富的门面	"外廊"常被建设者当作与自然亲密对话、静闲之处
	社会文化环境根基上的差异	古代及近代多元文化的汇聚	自然风光、世外桃源

第一，近代闽南侨乡出现了"骑楼街屋"这种特殊的外廊式建筑集联体，而在中国近代避暑地中，外廊式建筑一般却不形成连续的街景，避暑地的外廊式建筑之间常常是茂密的植物相互隔离，有着与自然相渗透的特点。如，庐山牯岭别墅群房屋分布在河谷两侧的山坡上，公用建筑布置在谷地中部，建筑不形成连续的立面，没有形成街景，时隐时现。建筑在平面上分布的离散性与大自然的随机状态有机地结合在一起(图 6-6)。

第二，以单幢外廊式建筑进行比较，可以发现近代闽南侨乡外廊式建筑有着较为强烈的人文色彩的附加。如，晋江金井镇丙洲村的王植核宅（图 6-7），外廊的建设显然充当门面作用，通过"三出规"❶的形态变化、外廊顶部的山花装饰等等手法吸引人们的目

---

❶　闽南语，出规为出挑或突出的意思。

光。外廊的前地空间为条石铺砌而成的石埕，这是闽南人在传统大厝式民居中就应用的建筑手法。王宅外廊后的建筑组成部分，底层采用白色石材，二层应用红砖，这也是传承了闽南传统民居的做法。整体风格具有较强的人文色彩。而近代我国几大避暑地中的外廊式建筑单体则较多地体现自然化特点。如位于庐山的"美庐"（图6-8），有敞开式外廊，廊柱以不规范的石块砌成，粗糙的柱面显得自然；建筑的外窗和门的上部都用细木条拼接成，有着木质的、回归自然的细腻感；整体沉浸在绿色环境之中。再如秦皇岛北戴河避暑地的某近代外廊式别墅（图6-9），外廊柱子和外廊后建筑的外墙也采用了不规则石材，屋顶则是朴素的木结构框架，体现了业主对建筑自然化的追求。在庐山近代避暑地的某些外廊式别墅中（图6-10），还可以看到外廊柱梁的仿木构做法，而且柱身十分纤细，与建筑周围的林木形态十分协调，很好地融入了山林之中。

为何近代闽南侨乡外廊式建筑的演绎特点会与近代中国避暑地外廊式建筑有如此大的差异？或许以下三点原因值得关注。

其一，业主素质上的差异。在中国近代几大避暑地兴建外廊式建筑的业主，主要是华人著名人物或者是来华的西方传教士等，如蒋介石、汪精卫、冯玉祥、著名文学家赛珍珠一家，等等。这些业主往往拥有较高的艺术和美学素养。他们对于人与自然相和谐的审美情趣往往能超越普通百姓，他们对回归自然和散淡人生的建筑美感更有着较深的体验能力。相比之下，在近代闽南侨乡，外廊式建筑的业主一般都是在海外创业的华侨，他们有着较强的实干精神，在文化修养上则体现为较为世俗化的特点，在建筑艺术的表现上则相对较为直白和具象。

其二，业主心态上的差异。中国近代避暑地建筑的建设者们的心态往往是归隐的。他们建设避暑地建筑（主要是别墅）的初衷是要忘掉尘世的喧嚣，以一种淡泊的心境去充分享受大自然的美感。叱咤风云的人物也有常人心态的时候，避暑地别墅就是他们这种心态泛起时最佳的栖息所。庐山避暑地的开辟者李德立在开发庐山的最初就是要创造这样的意境，他在《牯岭开辟记》中曾写道："寄居期间，古庙遗迹，隐约可见。在这寂寞荒凉之中，只有古刹一所傲然独立。孤寥景象，更添上一点隐遁之风。"于是不难理解，中国近代避暑地外廊式建筑单体在表现上常常体现为不追求华丽外表和新奇形式，重视环境的处理和意境的创造。不在意内外的建筑装修，外观充分显露所使用材料的本质美，室内空间更不着意豪华，甚至有意使用粗糙墙砌体的表面，不进行粉刷，在室内增加一点野趣。从使用要求出发，除了一般的粉刷内墙，几乎再找不到什么多余的线脚和花饰，简约和净化到再没有什么多余的了。其追求取向与东方人最深层文化底蕴，"大势无形，大智若愚"一致。相比之下，近代闽南华侨们的心态是不甘寂寞的。他们对社会活动是积极入世的态度，如参与投资、捐资，华侨们相互之间有着竞争和攀比的气氛，追求进步，炫耀财富，等等。于是，近代闽南侨乡外廊式建筑的表现就显得世俗化，具有喧闹感。

图 6-6　从庐山牯岭山顶望避暑地（1920 年代）❶

图 6-7　晋江金井镇丙洲村王植核宅（1940 年代建）

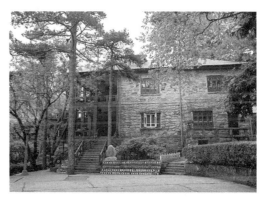

图 6-8　庐山近代外廊式别墅："美庐"❷

图 6-9　秦皇岛北戴河避暑地的某近代外廊式别墅

图 6-10　庐山近代的外廊式别墅❸

❶ 图片出处：冯铁宏．庐山早期开发及相关建筑活动研究（1895-1935）[D]，清华大学硕士学位论文，2004：65。转引：Albert H.Stone J.Hammond Reed.Historic Lushan The Kuling Moutains.HanKow:the Arthington Press，Religious Tract Society，1921。

❷ 图片出处：http://hi.baidu.com/zpf1969/album/item/bb04d33cc19c84fe7d1e71b7.html#。

❸ 图片出处：http://www.5163u.com。

其三，两地社会文化环境根基上的差异。近代闽南侨乡的历史文化积淀很深，如泉州在宋元时期是与埃及亚历山大港齐名的世界贸易港口，多元文化曾在这里汇聚。在近代外来文化的冲击下，闽南侨乡外廊式建筑出现了伊斯兰、巴洛克等各种历史建筑文化元素的存现，而近代拆成辟路、商业街改造等城镇化进程，也使得骑楼街屋这种特殊的"外廊式建筑"集联形式得以衍生。相比之下，中国近代避暑地的自然风光资源虽很多在古代就曾被发现，但后来游踪渐趋罕至，近代初期当避暑地的开发者发现那里的时候，它们几乎是一片世外桃源。在这些避暑地中出现的外廊式建筑群没有城镇化的喧嚣，更谈不上商业的发达。于是不难理解，这里虽然有大量的外廊式建筑的出现，却没有出现类似我国南方侨乡骑楼街屋这种特殊的外廊式建筑集联体的建设。

6.1.5　与近代广东"侨乡外廊式建筑"的关联与比较

（1）与近代广东五邑侨乡外廊式建筑的比较（表6-3）

与外廊式建筑在近代闽南侨乡环境下得以兴盛的情况相类似，广东五邑侨乡在20世纪上半叶也有着大量的外廊式建筑的兴建，包括"骑楼街屋"这种特殊的外廊式集联体、外廊式碉楼以及外廊式的"庐居"。

当地碉楼的兴建虽然可以追溯到近代以前（图6-11），但是具有"外廊样式"的碉楼的兴建却是在近代时期才发生的事。据研究，五邑碉楼的产生最早是出于要防范水灾的目的。当地传

图6-11　开平最早的碉楼：迎龙楼（明代）

统民居为三间两廊，每遇洪灾村庄常沦为泽国，所以当地人兴建起墙体厚实、楼层较高的碉楼。应该说在近代以前就已有碉楼❶。但是近代以前的碉楼数量较少，建筑形式上也较传统，较少受到海外建筑文化的影响。到了19世纪末至20世纪中叶，随着外来文化的影响，碉楼才得到大量兴建。据统计，开平现存的1833座碉楼中，有1490座是1912年至1937年期间建的，占了81.3%。

如前所述，近代广东五邑侨乡碉楼中，有很多都建设有"外廊"。从广东开平碉楼申遗办公室统计资料中可以看到，所调查的1927幢碉楼建筑中，建设有"外廊"的就有1073幢❷。除了外廊式碉楼的出现以外，20世纪初，五邑侨乡还出现很多外廊式的两至三层的"庐居"，"庐居"又称洋楼，是一种类似别墅的建筑❸。

❶ 作为五邑之一的开平现存建造年代最早的位于三门里的迎龙楼就是由于防御洪水兴建起来的，迎龙楼的兴建时间在明代嘉靖年间。参见程建军. 开平碉楼——中西合璧的侨乡文化景观[M]. 中国建筑工业出版社，P67。

❷ 程建军. 开平碉楼：中西合璧的侨乡文化景观[M]. 第1版. 北京：中国建筑工业出版社，2007：126。

❸ 程建军. 开平碉楼：中西合璧的侨乡文化景观[M]. 第1版. 北京：中国建筑工业出版社，2007：39-40。

"近代闽南侨乡外廊式建筑"与"近代五邑侨乡外廊式建筑"发展景象的比较　　　　表 6-3

比较内容		近代闽南侨乡外廊式建筑发展景象	近代广东五邑侨乡外廊式建筑发展景象
差异之处	防御性程度差异	外廊式建筑的防御性较弱，外廊式碉楼建筑实例很少	外廊式建筑竟有很多体现出较强的防御性，产生了较多的外廊式碉楼建筑。外廊常常被设置于碉楼顶部或倒数第二层
	传承当地传统建筑文化上的差异	很多近代外廊式建筑传承了闽南传统建筑文脉，如传统官式大厝形式、地方红砖工艺、石作石雕工艺等等	很多外廊式建筑传承了五邑传统建筑文脉，如传统"三间两廊"民居形式、传统灰砖工艺等
	受外来文化主导影响的不同	闽南华侨多在南洋 外廊式建筑形式表现受南洋文化的影响较深	五邑华侨多是在美国、加拿大、澳洲。外廊式建筑形式受到了欧美城堡建筑的影响
相同之处		繁荣时间上均集中在 19 世纪末至 20 世纪中叶 均体现为外廊式建筑类型在地域环境中的三重尺度的繁荣景象：群体大量繁生，骑楼街屋大量涌现，外廊式建筑单体衍变形式丰富多彩	

　　将近代闽南侨乡与近代广东五邑侨乡外廊式建筑发展景象进行比较，可以看到二者均呈现了侨乡文化特征❶。然而，尽管如此，由于两地社会环境、历史积淀、外来影响的不同，外廊式建筑景观表现上的差异还是明显的。下面讨论三点。

　　第一，近代闽南侨乡外廊式建筑相比近代广东五邑侨乡外廊式建筑，在防御性的表现上较弱（图 6-12）。近代广东五邑侨乡的社会治安相当混乱。据记载从 1912 年至 1930 年间，开平发生较大的匪劫事件就有 70 多宗，甚至连中学校长和县长也被劫持过。华侨常常不敢在家里住宿。当地官匪勾结，政治腐败，治安恶劣，匪盗猖獗，"一个脚印三个贼"的俗语在民间广为流传。于是，当地民众不得不团结起来，集合多家力量，进行自我保卫。当地人建设了多层的碉楼，最高有盖至九层者❷。为了满足防御性需求，碉楼中的"外廊"常常设置于顶层或者倒数二层。外廊式庐居建筑中，外廊一般也不设置在底层，而是在二层及以上，并且常常退后。相比之下，近代闽南侨乡的外廊式建筑，很多都在底层就开始设置有外廊，这样的布局显然不是从防御性的角度出发。从骑楼街屋的兴建方面来看，在近代五邑侨乡，高达两层的骑楼柱廊十分常见，其中开平侨乡赤坎镇骑楼被戏称为"耸着肩"的骑楼，这也和当地人们的防御性心

图 6-12　近代广东开平与闽南侨乡两地外廊式建筑单体开放性程度之比较

---

❶ 关于中国近代南方侨乡文化特征的论述，可参考本书作者发表的论文。杨思声，肖大威.中国近代南方侨乡建筑的文化特征探析 [J].昆明理工大学学报（理工版），2009（2）：64-67。

❷ 吴招胜，唐孝祥.从审美文化视角谈开平碉楼的文化特征 [J].小城镇建设，2006（4）：90-93。

图 6-13　近代广东开平赤坎骑楼和闽南泉州骑楼的比较

态有关，而在近代闽南侨乡骑楼街屋中有两层高度的柱廊是极为罕见的（图 6-13）。

第二，在传承当地历史建筑文脉上，二者也是有差别的。近代以前，闽南传统建筑主要是红砖白石的官式大厝建筑，并且有着相当复杂的多元的建筑历史文化积淀，在近代外廊式建筑的兴建过程中，受到了它的影响（图 6-14）。在广东五邑侨乡，近代以前的传统建筑主要以三间两廊式民居为主，间或有碉楼的出现，建筑材料上以灰砖为主。在近代兴起的外廊式建筑建设中，也不难看到所在地的传统建筑文化特征的遗传（图 6-15）。

图 6-14　闽南传统大厝民居对当地近代外廊式建筑的影响

图 6-15　广东五邑传统"三间两廊"民居对近代当地的外廊式庐居（或碉楼）的影响

第三，两地外来文化影响的不同，导致外廊式建筑表现上的差异。近代广东五邑侨乡的华侨多是在美国、加拿大、澳洲等地，被当地人称"金山客"，华侨多是前往这些地方淘金。因此从外廊式建筑的表现上看，五邑地区更多地会受到欧美建筑文化的影响，而外廊式碉楼就与欧美的城堡样式的影响有关（图6-16）。近代闽南华侨多前往南洋，从总体上看，其外廊式建筑的演绎表现受南洋文化影响相对较深，建筑形式常常显得轻盈、通透（图6-17）。

图 6-16　广东开平侨乡外廊式建筑呈现的厚重感与其受到欧美城堡建筑的影响有关 ❶

图 6-17　近代闽南侨乡外廊式建筑呈现的轻盈特征近似于东南亚外廊式建筑

（2）与近代广东梅州侨乡外廊式建筑的比较

在近代广东梅州侨乡，也出现了外廊式建筑的建设。它们与近代闽南侨乡出现的外廊式建筑相比，也有自己独特的地域传统特色。如建于20世纪20年代的联辉楼（图6-18），"外廊"设置在土楼的外围，受到当地传统土楼民居的深深影响。或者换句话说，是当地传统土楼民居到了近代时期被"外廊"化了。这种现象的出现与"近代闽南侨乡外廊式建筑的发展常会出现沿承当地传统官式大厝民居形式的情况"具有异曲同工之处。

---

❶　左图为开平华侨寄回的明信片。图片来源：程建军.开平碉楼：中西合璧的侨乡文化景观 [M].第1版.北京：中国建筑工业出版社，2007：21。

图 6-18　广东梅州联辉楼（20 世纪 20 年代）❶

6.2　南方亚热带建筑景观的典型展现

6.2.1　南方湿热地带近代建筑景观的典型代表

在某种程度上说，外廊式是我国南方及东南亚湿热气候条件下的近代建筑景观的重要特征。而本书所论及的近代闽南侨乡区域的外廊式建筑的三重尺度的繁荣演绎则是一个代表性的缩微景象。"外廊"对热带和亚热带气候环境十分适应，近代它在我国南方和东南亚气候条件下得到了盛行。时至今日，那里的建筑师们在研究建筑如何应对炎热气候的过程中,也十分重视对"外廊"的关注。马来西亚建筑师杨经文曾花费数年研究"外廊" ❷。南亚印度建筑师查理斯·柯里亚在其建筑理论研究和实践创作中也十分重视对"外廊"这一建筑元素的气候适应性的关注。

外廊在近代闽南侨乡环境中的适应性繁荣,偶然间创造了一个相当"理想"而"完整"缩微场景，以至于可以由此表征"我国南方和东南亚地区"作为一个热带和亚热带气候文化区域在近代时期所呈现的外廊式建筑全面兴盛的宏观景象。近代闽南侨乡外廊式建筑的建设，群体数量众多，几乎占据了当地近代建筑的全部。这正好与我国南方和东南亚地区在近代时期外廊式建筑的大量存在相对应。近代闽南侨乡外廊式建筑的单体变化丰富，俨然是一处外廊式建筑单体各式变化的"博物馆"，这也正好能够表征我国南方和东南亚地区不同文化环境下的外廊式建筑单体的丰富变化景象 ❸。此外,近代闽南侨乡

---

❶　图片出处: http://www.meijiang.gov.cn/Article.asp?id=10748。

❷　缪朴.亚太城市的公共空间——当前的问题与对策 [M].第 1 版.司玲、司然译,北京:中国建筑工业出版社,2007:37。

❸　在我国南方以及东南亚各地区，由于相互之间受到海洋或者山体的阻隔使得各微观环境上保留着丰富的地域差别，与此同时近代时期这里受到各种殖民文化的冲击，使得整体环境变得更为复杂多元；由此产生了外廊式建筑单体在近代时期的我国南方以及东南亚地区呈现出的是非常丰富的变化景象。

还出现了特殊的外廊式建筑集联体如骑楼街屋、外廊式的兄弟联楼等等，这也对应了我国南方和东南亚地区在近代时期出现了大量的骑楼街屋建设以及众多特别的外廊式"长屋"的衍生情况。

6.2.2　与北方寒冷地带近代建筑景观的差异性

作为南方热带和亚热带地区近代建筑发展的代表性景观之一，近代闽南侨乡外廊式建筑的地域适应性繁荣景象与北方寒冷地带的近代建筑景观演绎情况甚为不同。

从单体建筑上看，北方近代建筑往往呈现出封闭厚实的特征，"外廊"的应用相对退化。如，1910 年建设的北京六国饭店外立面，采用欧洲古典主义的构图形式，几乎没有使用外廊（图 6-19）。而近代闽南侨乡同样采用古典主义构图形式的集美学村尚忠楼（1918 年建），外廊在整个建筑中占据相当大的比重，外廊在正立面的应用也使得建筑在阳光下的阴影层次丰富，显得通透灵巧（图 6-20）。再如，对比天津的一幢近代别墅（图 6-21）与闽南侨乡晋江池店镇朱宅（图 6-22），可以看到外廊在朱宅中的应用使得建筑显得轻盈、通透，开放性强，可以由此想象人们经常在这一半室内外的外廊灰空间中享受着清爽凉风的场景，而图中位于天津的这幢近代别墅，外墙敦厚，仿佛成了房屋主人对抗室外环境的盔甲，半室内外的灰空间几乎找不到。这种情况的出现，与北方寒冷地带的人们在建筑营造的过程中往往主要重视抵御严寒有关。

图 6-19　北京六国饭店（20 世纪初建）❶

图 6-20　闽南集美学村尚忠楼（20 世纪初建）❷

在近代北方也出现了集联建设的商业街屋，然而却很少出现骑楼街屋景象。如北京前门的大栅栏商业街区建筑（图 6-23），辛亥革命后至新中国成立前，这一地区是北京市综合性商业中心和金融中心，沿街店铺林立，有谦祥益绸缎庄，天宝、三洋、开泰等金号，更有兴华园澡堂，祥益号、瑞蚨祥绸缎庄、瑞蚨祥西鸿记等名店。据考证，在近代时期，这里的沿街店铺很多都是"门面建筑"，大部分是由原来的旧房子改造而成的，业主对建筑门面加以商业化装饰处理。有的用砖发券，券旁做柱墩；有的在正面山墙或

❶ 资料来源：http://cfqsa.com.cn/2010/0409/6906.html。
❷ 资料来源：集美陈嘉庚故居档案室。

女儿墙上做半圆形或者其他复杂形式，其上再装饰繁琐花纹；有的做西式假窗，等等❶，十分华丽。然而，在这些门面式的商铺建筑中，罕见有在沿街底层处设置外廊的❷，整条街景给行人以较为严实的感受。这种街道景观与近代闽南侨乡骑楼街道的差别甚大，后者以沿街底层外廊的兴建作为商业街建设的统一性规则，这样一来不仅使街道在阳光下有着较多的阴影空间，而且街屋形象轻盈、通透（图6-24）。近代时期商业街景的南北方差异可见一斑。

图 6-21　天津近代别墅

图 6-22　晋江池店镇朱宅

图 6-23　1920~1930 年代的北京前门商业街❸

图 6-24　近代闽南侨乡商业街（多为骑楼式）

　　我国北方近代建筑在发展过程中，外廊式建筑也偶有出现，它们大多产生于 19 世纪末以前，并且由不熟悉中国北方气候环境的外国殖民者所推动。如烟台的英国领事馆、北京的日本公使馆（1886）、英国公使馆，等等。然而，由于这些殖民者建设的外廊式建筑与当地的气候环境并不适应，很多外国人在使用过程中往往因此抱怨，甚至在纬度稍低些的上海，情况也是如此。如 1848 年在上海建的法国领事馆，就曾被它的主人誉

❶　张复合 . 北京近代建筑史 [M]. 第 1 版 . 北京：清华大学出版社，2004：29。

❷　在廊房头条的某些店面二层有发现局部的"外廊"痕迹，但是进深狭小。

❸　张复合 . 北京近代建筑史 [M]. 第 1 版 . 北京：清华大学出版社，2004：29-33。

为一座四面通风的小房子，"冬不御寒，夏不避热"，更有人评论这些北方外廊式建筑"绝无建筑之美，宜夏不宜冬，造屋者似仅以夏季为念，而不知冬季之重阳光也。"❶ 20 世纪初以后，外廊式建筑在中国北方近代建筑中就开始衰退了，被寒带建筑取而代之。比较上海外滩在 1849 年及 20 世纪初期的两幅画面，可以得到进一步的认识（图 6-25、图 6-26）。近代闽南侨乡的情况却大不一样。19 世纪末以前，殖民者在闽南的鼓浪屿及海后滩租界大量建设了外廊式建筑，到了 20 世纪上半叶，当殖民者在我国北方逐渐放弃外廊式建筑的建设的时候，闽南侨乡的外廊式建筑发展却得以继续繁荣，并且在 20 世纪 20~30 年代迎来了建设高潮。

图 6-25 绘画作品：《黄浦江上的赛艇》1849 年上海外滩全景，多为两层外廊式殖民建筑 ❷

图 6-26 20 世纪上半叶黄浦江外滩 ❸

6.3 对骑楼研究的启发

6.3.1 "骑楼"与"外廊式建筑"概念的学界辩论与厘清

关于"骑楼"与"外廊式建筑"概念的关系，目前学术界仍有一定的分歧。从华南理工大学吴庆洲教授、林冲博士以及华侨大学诸多学者的观点来看，普遍认为骑楼是外

❶ 伍江. 上海百年建筑史（1840-1949）[M]. 上海：同济大学出版社，2008。

❷ 出处：杨秉德. 多元渗透 同步进展——论早期西方建筑对中国近代建筑产生多元化影响的渠道 [J]. 建筑学报，2004（2）: 72。

❸ 此图为晋江金井镇丙洲村海天堂构业主收藏。

廊式建筑中的一种 ❶。不过，以学者刘亦师为代表的观点却认为，"骑楼不应被包括在外廊式建筑的范围内" ❷，他在《从外廊式建筑看中国近代建筑史研究（1993-2009）》一文中写道：

"2000 年以后，一批期刊和学位论文以分布在粤、闽、桂及海南等地的骑楼为题，均不约而同地将骑楼当成'外廊式'建筑的一种......然而，从建筑形态看，到底'外廊式'建筑是一层或二层的单幢别墅建筑，还是四层、五层的成片建设、连成一排的骑楼建筑？二者之间有什么联系和区别？......骑楼与前述谈的外廊式建筑有根本不同。按《辞海》的释义，外廊式建筑的'廊'上无楼层（除非外加一层廊）。而骑楼的"廊"因其上尚有楼层住人，仿佛骑在人行道上从而得名骑楼.......因此，严格来说，骑楼不应被包括在外廊式建筑的范围内。" ❸

然而要注意的是，要真正厘清二者之间的概念，还是要回归"定义"本身的设立问题。自中国近代建筑史学界首次提出"外廊式建筑"概念至今，尚未有学者对其进行过清晰且令人信服的能够为学者们所普遍接受的通用定义，这或许便是目前引发学术界各种歧义的根源。

假设以本书前面对"外廊式建筑"的定义来理解，"骑楼"确是可以被包括在外廊式建筑的范畴之内。这其中包括两个方面的解释。其一，"外廊"的定义被设立如下：指的是一个处于整幢建筑室内与室外之间的有顶的过渡空间，其中对外敞开面通过柱子限定着与室外的界限。照这样的定义，骑楼的底层步行廊是一种"外廊"，这一点是不容怀疑的。其二，"外廊式建筑"在本书中被解释为一种带有外廊的建筑，其本质是一种建筑类型，或者说是一种存在于心理层面的建筑营造原则，根据这种外廊式建筑原则是可以产生不同的外廊式建筑表现形式的。"骑楼"也是一种应用"外廊式建筑"原则的建筑形式，只不过具有较为特殊的表现内容，于是也可以肯定地将其归属为"外廊式建筑"的概念范畴。

将"骑楼"包含在"外廊式建筑"的概念范畴中是有益的，它有助于打破目前中国近代建筑史学中将"外廊式建筑"研究与"骑楼街屋"研究分立进行的局面，

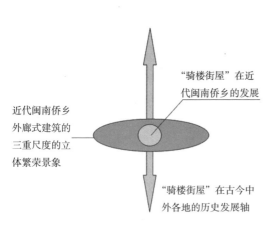

图 6-27 "骑楼街屋"与近代闽南侨乡外廊式建筑
发展关系的示意图

---

❶ 刘亦师. 从"外廊式建筑"看中国近代建筑史研究（1993-2009）[A]. 张复合主编. 中国近代建筑研究与保护（七）[C]. 北京：清华大学出版社，2010：23。

❷ 同上。

❸ 同上。

有助于探讨二者之间的关联性。中国近代建筑史的研究，是日本学者较早地提出了"外廊式"的概念并进行了系统研究，而对"骑楼街屋"的研究更多地为我国学者所推动，到目前为止，二者之间的研究仍存在着各自进行、相互脱节的状态。本书以近代闽南侨乡外廊式建筑文化景观的探讨为契机，将"骑楼街屋"的发展纳入"外廊式建筑"发展体系之中进行一体化的研究，结果发现，"骑楼街屋"的衍生只是近代闽南侨乡环境下外廊式建筑发生地域适应性繁荣景象的一个特殊层面，即外廊式建筑在城镇街道景观尺度层面的繁荣。相信这对于后续的骑楼研究是有重要的启发价值的（图 6-27）。

6.3.2 "骑楼"与"非骑楼类外廊式建筑"繁荣的同时性问题

本书的研究结果表明，骑楼街屋在近代闽南侨乡得到大量建设的同时也伴随着所处区域环境下的其他"非骑楼街屋类的外廊式建筑"的兴盛。事实上，这种现象在我国南方其他侨乡也是常见的。"骑楼街屋"20 世纪上半叶在我国南方的广东、广西、福建、海南、云南等侨乡均有大量分布，而这些地方在近代时期大都同时拥有其他非骑楼街屋类的外廊式建筑的大量建设。这种景象的出现基本与下面的两个原因有关。其一，这些地方除了政府等公权力机构在骑楼街屋政策推动过程中体现为对"外廊"的喜爱外，个人特别是华侨在私人建筑的建设过程中，也有着对"外廊"形式的积极认同和采纳。由此产生了"连续的骑楼街屋"与"非街屋类的外廊式建筑"的同时兴盛。其二,这些地方的"骑楼街屋"的建设与"非骑楼街屋类外廊式建筑"的建设有着相互促进和影响。当地人在各自的民宅建设以及学校、医院等的建设过程中对"外廊式建筑类型"的认同，显然对于公权力机构推行骑楼街屋政策并付诸实施提供了良好的背景环境。反过来看，公权力机构推行和实施骑楼街屋政策后，最终也会影响民众个体在私人建筑的建设过程中的样式选择。骑楼街屋中的成排连续的外廊效果显然对当地人的民宅或其他非街屋类建筑的建设有重要影响。以近代闽南侨乡为例，可以看到骑楼街屋的建设与非街屋类的外廊式建筑建设之间的关联性：骑楼街屋在 20 世纪 20 年代和 30 年代最盛，而这段时期正好是当地"非骑楼街屋类外廊式建筑"建设的高峰期。下图说明了近代闽南侨乡"骑楼街屋"与"非骑楼街屋类外廊式建筑"在发展上的互动影响（图 6-28）。

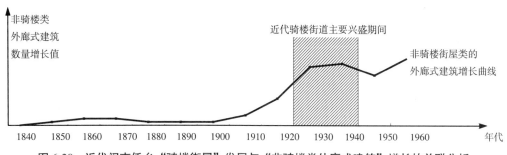

图 6-28 近代闽南侨乡"骑楼街屋"发展与"非骑楼类外廊式建筑"增长的关联分析

6.4 对闽南侨乡近代地域建筑研究的启发

6.4.1 特殊认知切面的剖现

在既往的闽南侨乡近代建筑研究中，常以功能分类学的方法，将其体系化地理解为由洋楼民居、骑楼商住建筑和嘉庚校园建筑❶ 构成的景象。然而，这种基于功能分类学的认识视角，并非唯一的认知方式。正如意大利学者罗西提到："功能分类是一种实用和带有条件的标准，和其他一些标准相当，因为分类具有一定的实用性。这些分类的作用显然更多地告诉人们有关分类的观点，而不在于谈论元素本身。"❷

本书在对闽南侨乡近代建筑的研究过程中，引入了"类型学"方法，从既往的"分类"研究转而探讨经过归类过程而生成的某种"类型"本身的生存和表现规律，并以"外廊式建筑"这一特殊类型为切入点，探讨其在近代闽南侨乡地域环境中的演绎规律。这一研究视角和研究结果也让我们得到一个与既往不同的关于闽南侨乡近代建筑地域性景观的新认知切面，即，外廊式建筑类型在近代闽南侨乡环境下产生了富有特色的地域适应性的繁荣演绎景象。

6.4.2 "外廊式类型"促成的"领域融解"

外廊式建筑类型不仅在闽南侨乡近代的各功能性建筑领域中得到普遍应用，在不同的建筑景观尺度层面上（区域群体建筑、集联街屋建筑、单体建筑）也都产生了繁荣的演绎表现，甚至关于近代闽南侨乡建筑的"外廊式类型"记忆也大量出现在雕刻、纸扎、摄影、语言学、文学等其他非建筑学领域之中。这种现象如果以意大利建筑类型学者阿尔多·罗西的理论看来，可以称为领域的"融解"现象❸。换句话说，通过各建筑学或者非建筑学领

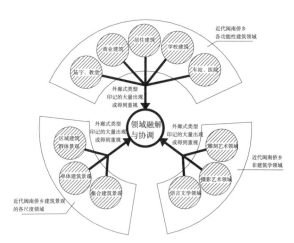

图 6-29　基于外廊式建筑类型得到重视而产生的近代闽南侨乡"领域融解"现象示意图

域中的外廊式建筑类型的大量涌现，使得各领域之间产生了特殊的"融解"和协调现象（图 6-29）。

---

❶ 方拥先生在华侨大学建筑系指导的诸多论文便是基于这种分类方式展开的。另外学者陈志宏在其博士论文"闽南侨乡近代地域建筑研究"中（天津大学博论），也包含着这样一种结论。

❷ [意] 阿尔多.罗西. 城市建筑学 [M]. 第 1 版. 黄士钧译. 北京：中国建筑工业出版社，2006：49。

❸ [意] 阿尔多.罗西. 城市建筑学 [M]. 第 1 版. 黄士钧译. 北京：中国建筑工业出版社，2006：11。

（1）近代闽南侨乡各种功能性建筑的"外廊式类型"协调现象

外廊式类型的应用跨越了近代闽南侨乡各种功能性建筑的领域界限，在嘉庚校园建筑、骑楼商住建筑、洋楼民居建筑中都有它的大量存在，它甚至出现在一些较为特殊的功能建筑中，如近代庙宇建筑（图6-30）、近代基督教建筑（图6-31）、近代陵园建筑（图6-32）、医院（图6-33）、车站（图6-34）、公厕建筑等。可见，外廊式建筑类型对近代闽南侨乡不同功能内容的建筑的灵活适用性。由此也产生了各种功能性建筑之间在形式上的协调景象。

图6-30　晋江金井英岱洪氏家庙（20世纪40年代）

图6-31　晋江金井基督教堂（20世纪30年代）

图6-32　泉州近代外廊
式陵园建筑
（20世纪50年代）

图6-33　鲤城惠世医院
李楼（1935年）❶

图6-34　泉州安海外廊式车站建筑
（20世纪20年代建）❷

（2）近代闽南侨乡各级建筑景观尺度层面上的"外廊式类型"和谐印象

"外廊式"作为一种建筑原则，在近代闽南侨乡范围内，不仅在小尺度的单幢建筑中得到特色生动的强调与表现，而且也出现在连续的街道房屋建设中，而由于采用"外廊式"的单幢建筑物的数量很多，更是影响了整个"区域建筑"景观的统一性风貌的形成。

---

❶　资料来源：泉州市档案馆提供。

❷　同上。

这种现象说明，"外廊式"作为一种类型，在沟通闽南侨乡近代的单幢建筑、集联街屋以及区域群体建筑上，具有很好的"桥接"功能。由此，也增进了近代闽南侨乡各级建筑尺度上的景观统一性。

"外廊式"建筑类型能够在近代闽南侨乡不同建筑景观尺度层面上得到繁荣发展，其背后反映的是从个体心理、集合心理到大众群体心理的一致性特点。对"外廊式"建筑类型的心理认同，不仅在个别业主、设计师或工匠兴建单幢建筑中得以发生，而且在政府和开发商或华侨团体集合兴建或改造街屋的过程中，也得到了合力的选择，更在闽南侨乡大众们的非理性疯狂下达到了群体认同的高潮。这有点像中国古代城市中，对合院的认用心理或者习惯，影响了单幢建筑、合院组群建筑，乃至整个城市风貌景观的塑造。意大利学者阿尔多·罗西曾认为"尺度的融解使得单体建筑物可以与城市的整体进行类比"，"城市的设计潜藏在单体建筑物中"❶。近代闽南侨乡外廊式建筑景观中所体现的"外廊式类型"可以在各级建筑景观尺度得到繁荣的现象，部分印证了罗西的这一观点。

（3）近代闽南侨乡建筑的"外廊式类型"记忆大量涌现于"非建筑学"领域

外廊式建筑类型对近代闽南侨乡人们的影响常常超出了一般的建筑学领域，显示了它对于当地人们生活影响的深度和广度。

在近代闽南雕刻艺术中，经常出现"外廊式建筑"题材的表现。如在集美鳌园的浮雕中，工匠们以青石雕工艺刻成"外廊式"洋楼（出现在 20 世纪中叶）形态（图 6-35）。我们还能发现当地人的纸扎艺术中时常出现外廊式洋楼（图 6-36）。近代闽南侨乡人还常运用相机大量记载着"外廊式建筑"类型记忆，留下了诸多历史照片（图 6-37~ 图 6-40）。这些都表达了当地人对"外廊式建筑"类型的深刻印象。

近代闽南侨乡方言中还曾衍生出一个专门表述"外廊"的流行词语——"五脚基"。它是在近代时期才被"创造"出来的，于当地得到相当广泛的流传，几乎家喻户晓。这也显示了外廊式建筑类型景象在当时人们心目中的地位❷。

作家们也常常追忆和感叹近代闽南侨乡曾经出现过的外廊式建筑景象。如有作家写道："不同时段，不同建筑，不同地方，不同人物，不同画面，造就出五脚基的各种风貌，造就出各式各样的故事，或惊悚，或温馨，或哀伤，或平凡，或热情，或冷漠，或鲜明，

❶ [意]阿尔多·罗西. 城市建筑学 [M]. 第 1 版. 黄士钧译. 北京：中国建筑工业出版社，2006：11。

❷ 根据台湾学者李乾朗的观点，"五脚基"是近代闽南华侨通过"错误"的解读而建立的特殊符号。在近代新加坡或马来西亚，由于西方人对商业街道的规划，出现了一个特殊的字眼："five-foot-way"，英文的实际意思是指"临街有骑楼的店铺住宅，因法规规定，所做成的宽五英尺的公共步行廊"。闽南华侨基于特殊的文化背景，一方面将"five-foot-way"直接翻译成中文，称为"五脚起"、"五脚架"或"五脚基"（其中以五脚基最为通用）；另一方面，除了语言文字的转译外，其所指代的意思——"骑楼底层的五尺宽廊"也发生了改变，转而泛指所有的"外廊空间文化体"。当然，其中"误解"过程的具体细节如今已难考证，但"五脚基"成为闽南人指代"外廊空间文化体"的符号却在近代闽南华侨文化圈（包括以闽南为中心的潮汕、台湾、东南亚的闽南华侨居住地）广泛传播，成为约定俗成的概念，一直沿用至今。参考：李乾朗. 台湾古建筑图解事典 [M]. 台北：远流出版社，2003。

图 6-35　集美鳌园以青石雕工艺雕刻而成的
"外廊式"洋楼

图 6-36　近代闽南侨乡葬礼上纸扎的外廊式洋楼 ❶

图 6-37　近代摄影师们以历史图片的方式记
录闽南侨乡（鼓浪屿上）外廊式建筑印象 ❷

图 6-38　近代摄影师们以照片方式记录闽南侨乡（集
美嘉庚校园中）外廊式建筑印象 ❸

图 6-39　近代摄影师们以历史图片的方式记
录闽南侨乡（厦门鹭江路骑楼）外廊式建筑
印象 ❹

图 6-40　近代摄影师们以历史图片的方式记录闽南侨
乡（厦门思明东路骑楼）外廊式建筑印象 ❺

❶　资料来源：上海市历史博物馆编 . 哲夫、翁如泉、张宇编著 . 厦门旧影 [M]. 第 1 版 . 上海：上海古籍出版社，2007：149。

❷　资料来源：上海市历史博物馆编，哲夫、翁如泉、张宇编著 . 厦门旧影 [M]. 第 1 版 . 上海：上海古籍出版社，2007：119。

❸　近代集美学村的部分校舍建筑。资料来源：上海市历史博物馆编，哲夫、翁如泉、张宇编著 . 厦门旧影 [M]，第 1 版 . 上海：上海古籍出版社，2007：135。

❹　资料来源：上海市历史博物馆编，哲夫、翁如泉、张宇编著 . 厦门旧影 [M]，第 1 版 . 上海：上海古籍出版社，2007：144。

❺　资料来源：同上。

或模糊，或阳光普照，或狂风暴雨。岁月留下斑驳痕迹的五脚基，窟窿处处残旧脏乱的地面，承载了几个世代人的生活，以及往来人群不同的心情和步伐重量。有些五脚基的画面 ... 只能靠上一代人的回忆和描述，自行想象缘悭一面的历史场景。"❶ 作家晓音的散文《雨季的骑楼》写道："记得那年在厦门，逛了一条保存完好的老商业街，是有骑楼的。漫步在廊柱林立、不足三米宽的过道，感觉像穿过时光隧道，去追寻过去时代的故事。似听到女人的木板鞋在石板街上敲出好听的声音，看见她们婀娜的身影在骑楼下飘过。心里有一种莫名的激动和兴奋，那感觉真好。"❷ 这种情况说明了在非建筑学专业人士心中，外廊式建筑类型在近代闽南侨乡的发展也曾是一项重要的记忆事件。

6.4.3 "外廊式类型"链接的"时空对话"

（1）"类型"研究引发"时空对话"

"外廊式"类型作为一种心理文化元素，为我们将闽南侨乡近代建筑链接到其他历史和地理环境中的建筑并且进行它们之间的对话提供了一个特殊的媒介。

在西方建筑类型学学者们看来，通过"类型"这一工具 ❸，某类建筑可以超越时间与远古时代或者历史上的任何时刻的同类建筑产生对话；同样地，"类型"也可以超越地理空间使得"类型建筑"发生关联。海外学者刘亦师在对广东开平碉楼的研究中，曾运用"类型"这一仪器，拓展了开平碉楼研究的视角。他以"具有防卫性"的建筑为"类型"，建构开平五邑碉楼与中国其他不同时空文化区域的"类似"防卫建筑的对话，如，川西北羌族和藏族碉楼、川中汉族碉楼、江西围子及闽粤土楼等 ❹。方拥先生在福建土楼研究中，也曾以"设防住宅"为"类型"，将中国传统土楼民居与西方的城堡建筑进行"对话"研究 ❺。应该说，从历史事件的角度看，这些不同时空中的同类型建筑并不一定都存在着营建事件上的关联，然而因为有了相同"类型"，对话研究得以发生。

（2）"外廊式类型"穿越历史的"联想"

"外廊式类型"的大量存在使得闽南侨乡近代建筑能够和历史上的其他"外廊式类型"建筑发生对话。就闽南特定的空间范围而言，远古时代就有"巢居"，在古越族时代也有很多外廊式干栏建筑。应该说，这些古代"外廊式建筑"在历史事件上并不一定与近代闽南侨乡外廊式建筑有直接关联，但是"类似性"的特征让它们产生了对话的可能。有学者在看到闽南侨乡近代建筑中大量出现的"外廊式"类型的应用现象后，曾发出当

❶ 说…五脚基 [EB/OL].http://blog.sina.com.cn/s/blog_4cce70110100i6x1.html，2010。

❷ 晓音. 雨季的骑楼 [EB/OL]. 网络文献：http://lizhi63.51.net/sb_py001.htm。

❸ 彼得·艾森曼为阿尔多·罗西的《城市建筑学》一书出版所写的序言。详见：[意] 阿尔多.罗西. 城市建筑学 [M]. 第1版. 黄士钧译. 北京：中国建筑工业出版社，2006：10。

❹ 刘亦师. 中国碉楼民居分布及其特征 [A]. 张复合主编. 中国近代建筑研究与保护（四）[C]. 北京：清华大学出版社，2004：114-124。

❺ 方拥. 设防住宅的调查研究 [J]. 建筑师，1996。

地"古越族干栏建筑文化"得到复兴的感叹。这显然是一种"心理层面上的共鸣"现象。虽然目前尚不能科学地证明人类远古时代的某种心理记忆能够被历代遗传，并在某个特定时刻重新爆发，但当代的研究者们对二者的类比联想与研究却从未间断。

同样是外廊式建筑类型的应用，近代闽南侨乡环境下的外廊式建筑与古越时代的外廊式干栏建筑，在文化表现特征上有着较大差异。从建筑单体表现来看，外廊式建筑类型在近代闽南侨乡环境下呈现的是丰富变幻的多元文化表现特征，建筑材料和技术也得到灵活表现。相比之下，闽南古越族外廊式干栏建筑的风格较为统一，而且建筑材料技术大部分都是木作。从建筑群体的整体发展角度看，外廊式建筑在近代闽南侨乡的群体发展呈现集中的快速爆发增长状态，具有突然性；相比之下，外廊式建筑在闽南古越族干栏建筑中的发展则是历久延绵，相对稳定和缓慢的。

（3）"外廊式类型"跨越地理的"对话"

基于"外廊式类型"的应用，将近代闽南侨乡建筑和同期世界其他地方的建筑进行"对话"研究，也将是一件十分有趣的工作。前文提及，美国在近代时期（从 1650 年至 20 世纪的中后期）曾经出现过外廊式建筑的大量建设，由于环境的不同，其外廊式建筑的演绎表现与近代闽南侨乡存在很多差异。从单体角度看，美国近代时期的外廊式建筑由于受到了欧洲文化的不断影响，在风格上常随着近代欧洲建筑风格的各式影响有着相应的变化，表现出与欧洲本土建筑文化直接的关联。相比较而言，近代闽南侨乡外廊式建筑单体表现，则时常体现为闽南古代传统风格、近代南洋风格、中华民族风格、间接欧洲风格等的融合，来自欧洲大陆建筑文化的影响往往有滞后性或者有更多的变异性。这种情况和近代闽南侨乡处于远离欧洲文化中心、中华传统文化圈的边缘、南洋文化圈的边缘有关。

前文同样论及，东南亚在近代时期也出现了大量的外廊式建筑。这一点和近代闽南侨乡外廊式建筑的发展是很类似的，并且也是有历史关联的。然而尽管如此，二者在文化表现上却是有差异的，其中最重要的一点是：偏向汉族文化还是趋于马来文化的选择（图 6-41）。

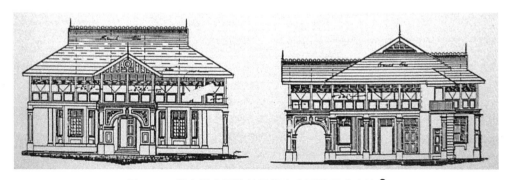

图 6-41　带有马来风格的近代东南亚外廊式建筑 ❶

❶　Ku-kab-lau for sathappa：from Lim。

6.5　本章小结

本章论证了近代闽南侨乡外廊式建筑的地域适应性繁荣景象在中国近代建筑史学研究、南方亚热带建筑研究、骑楼研究、闽南侨乡地域建筑研究等相关学术领域中所具有的特殊价值。

以藤森照信先生为代表的日本学者认为，"外廊式建筑"对中国近代建筑的历史发展有着极其重要的影响，甚至提出了"外廊式建筑"是中国近代建筑"原点"的论调。然而，他们仅仅关注了我国在"鸦片战争至19世纪末期"所发生的"殖民地外廊式建筑"的盛行现象，对"殖民地外廊式建筑"在近代我国南方侨乡等地所激起和催生的外廊式建筑"泛化"影响未能给予充分关注。本书通过对近代闽南侨乡区域的外廊式建筑繁荣景象的揭示，很好地厘清了这一历史盲点。不仅如此，作者还发现，虽然在某种程度上受到了"殖民地外廊式建筑"的催生影响，近代闽南侨乡环境下的外廊式建筑繁荣景象的生成却有着更为复杂的综合成因；与此同时，外廊式建筑在近代闽南侨乡所衍生的地域适应性的"三重尺度"的立体繁荣景象，则生动地表明了外廊式建筑对当地环境拥有"更深度"的适应性。

中国近代建筑史中曾出现过几类不同性质的外廊式建筑区域繁荣景象，如殖民地外廊式建筑（鸦片战争至19世纪末几乎影响中国各租界的近代建筑）、避暑地外廊式建筑（19世纪末至20世纪初在我国的庐山、莫干山、鸡公山等避暑地中大量出现）、我国南方侨乡外廊式建筑（19世纪末至20世纪中期得到兴盛）。作者认为，近代闽南侨乡外廊式建筑的繁荣是当时我国南方侨乡外廊式建筑兴盛潮中重要的一个区域分支。在此基础上，本章对近代闽南侨乡外廊式建筑的发展与殖民地外廊式建筑、避暑地外廊式建筑、广东五邑侨乡外廊式建筑等的发展情况进行了相关比较。

与近代我国"殖民地外廊式建筑"发展景象相比，近代闽南侨乡外廊式建筑的发展，拥有"骑楼街屋"这种特殊的外廊式建筑集联体的大量衍生。在单体表现上，近代闽南侨乡外廊式建筑往往呈现丰富多彩的多元变化，外廊常被当作门面进行华丽装饰，外廊的设置位置也是灵活多变、富有趣味；相比之下，殖民地外廊式建筑单体的形态表现较为单一，基本为简单方盒子式，建筑处理有简陋感和临时性特征。闽南华侨将外廊当作一种先进事物并赋予其光耀门庭意义，而殖民者在建设外廊式建筑的过程中，持有的却是一种临时性的权宜心态。

与近代我国"避暑地外廊式建筑"发展景象的"自然化"特点相比，近代闽南侨乡外廊式建筑景观有着较为强烈的人文色彩的附加，反映的是近代闽南侨乡人不甘隐遁、积极入世的心态。事实上，近代闽南侨乡外廊式建筑的繁荣景象是我国近代南方各侨乡地的一个缩影。在同期的广东五邑、潮汕等侨乡也都有外廊式建筑的地域适应性的"三重尺度"的立体化繁荣景象的存在，都有骑楼街屋的衍生。这些侨乡与近代闽南侨乡一起，共同构筑了一幅广阔、立体的近代我国南方侨乡外廊式建筑繁荣景观画卷。然而，由于南方各侨乡之间的环境差异，外廊式建筑景观也存在地域差异。如，近代闽南侨乡外廊式建筑与广东五邑侨乡"碉楼式特点的外廊式建筑"在景观表现上就差别甚大，与广东梅州近代所曾出现的"外廊式的土楼"建筑也有很大不同。

此外，本章还论述了近代闽南侨乡外廊式建筑繁荣景观对南方亚热带近代建筑风貌的代表性。与北方近代建筑相比，热带和亚热带建筑在外观上有着较多的阴影空间，建筑处理轻盈通透，而外廊式建筑的繁荣正好给出了典型的热带或亚热带景观印象。北方近代建筑往往较为封闭厚重，半室内外的灰空间较少。

本章还探讨了对骑楼研究的启示。认为近代闽南侨乡外廊式建筑发展中出现了"骑楼街屋"与"非骑楼街屋类外廊式建筑"的同时性繁荣现象。并阐述了产生这种情况的原因是由于官方自上而下的骑楼街屋政策推动与民间自下而上的"外廊"爱好的并存，由此产生了"外廊式建筑"发展的共振现象。在近代闽南侨乡，骑楼街屋的大量出现是在一片外廊式建筑群体呈现区域繁荣的景象下产生的，这种现象也广泛存在于我国近代南方的其他侨乡。

本章最后论述了通过近代闽南侨乡外廊式建筑繁荣景象的揭示可以从一个特殊的切面剖现闽南侨乡近代地域建筑景观的特色。再者，外廊式建筑类型作为一种"心理原则"，在近代闽南侨乡环境中不仅大量应用在当地的单体建筑上，而且在城镇街道、区域建筑上都得以强调和应用，甚至这种"心理原则意象"可以穿越建筑、城市、区域领域而大量渗透到当地的雕刻、家具、语言、文学等其他领域之中。运用意大利建筑类型学者阿尔多·罗西的理论看来，这是一种"领域融解"现象。这种现象的出现，也从另一个角度表明了"外廊式"类型记忆在近代闽南侨乡人们心中的重要地位。

第七章　当代保护和变迁问题探讨

7.1　近代闽南侨乡外廊式建筑文化景观记忆的当代保存

图 7-1　具有重要文物价值的厦门近代黄世金宅（外廊式建筑）正在被拆除 ❶

7.1.1　历史文化景观记忆在当代的保存问题

（1）历史文化景观保护对当代区域环境的意义

众所周知，全球化带来的文化趋同、千城一面已经成为中国城市或区域的通病。事实上，任何区域都是在特定的自然环境和地域文化背景中生长起来的，区域中的地与物都深深印记着历史时期区域自然环境变迁和地域文化变迁的足迹，许多有价值的历史印记就像是生命的足迹，是生长的资源，是财富，是宝藏，是特色。因此不难理解，历史文化景观 ❷ 的保护对于一个区域的发展的重要性。20 世纪 90 年代,对历史文化景观的保护工作开始提上议事日程，1992 年 12 月在美国圣达菲召开的联合国教科文组织世界遗产委员会第十六届会议将"文化遗产景观"正式纳入世界遗产体系 ❸。对历史文化景观遗产的保护工作在国际范围内全面展开。

---

❶　厦门老城区历史被毁 - 黄世金故居遗照 - 已被开发商夷为平地 [EB/OL].http://bbs.xmfish.com/read-htm-tid-790914.html，2007。

❷　"文化景观"一词，20 世纪 20 年代起已普遍应用。它指的是人类文化作用于自然景观的结果，包括有形的文化景观和无形的文化景观。

❸　文化景观遗产保护: 要凝固的历史和活态文化。

（2）历史文化景观在当代进行保护的困境

单霁翔先生认为，文化景观遗产保护是一个持续的过程，面临四个方面的挑战：来自保护理念方面的落后，来自开发建设方面的破坏，来自社会变迁方面的压力，来自生存环境方面的威胁。就目前我国的情况来说，由于文化景观遗产保护发展时间短，理论研究方面还相对薄弱，迄今为止，在我国还没有适用于指导文化景观遗产保护的专项法规、标准规范和实施准则。❶

（3）历史文化景观在当代实现保护的根本是对"记忆载体"的保存

从本质上讲，历史上出现的文化景观是一种现象。随着时间的流逝，它就成为一种历史"记忆"，这种"记忆"进而会遗传到当代区域环境中。对当代环境中的历史文化景观进行保护，实际是无法保护在过去历史时代曾经发生过的文化景象本身，而只能是保护其"历史记忆"。

我们知道，能够唤起人们的"历史记忆"的是承载它的物体或符号。于是可以肯定的是，保护区域环境中的历史文化景观记忆的一个根本的任务就是保护这些承载历史记忆的载体。对于建筑类的历史文化景观记忆保存而言，除了历史照片、文史资料和载体外，遗存下来的历史建筑物是更为重要的记忆载体，必须得到充分的保护，它们记录了极为丰富的历史信息。

在保护"建筑历史文化景观"的当代"记忆载体"的过程中，必须有合理的目标和相应的一套方法以便实际的操作。理论上说，只要能够唤起相关历史记忆的载体都有保存的必要，但实际上，如果仅靠零碎的记忆载体，难以让我们回忆并建构出过去的整体景观印象。于是，除了对零散的记忆载体要进行保护外，还应该积极试图让这些"记忆载体"能够唤起对过去历史的整体结构性印象。从具体的操作方法上看，首先，应对"建筑历史文化景观"对象进行研究和解读，发现其中的"价值系统"（包括价值的逻辑结构和各种具体表现）。然后，对其在当代的"记忆载体"进行系统化的保护设计，在保护设计的过程中一方面注重能够突出对历史文化景观价值主题的揭示，另一方面则应该尽可能多地展现各种零散的价值细节。这其中需要艺术化的构思和创造，形成一个保护方案。最后，将此保护方案加以深化，在符合实际可操作性的前提下，制定具体的保护规划及措施，特别是要注重与当代社会环境现实的结合。

7.1.2　近代闽南侨乡外廊式建筑文化景观记忆的保存现状

（1）作为重要的记忆载体——"实物遗存"的保护现状

大量遗存的建筑实物承载着人们对近代闽南侨乡外廊式建筑文化景观的记忆，但是这些实物遗存目前的保存现状不容乐观（图7-1），具体体现在群体风貌的丧失，单体建

---

❶　单霁翔谈文化景观遗产保护现状．新华网江苏频道，2010年4月10日。

筑物的破坏，骑楼街屋也有很多正在被毁坏。

近代闽南侨乡外廊式建筑群体的数量正在大量减少。在当代闽南城市中，随着大面积的商业开发、住宅建设等，历史建筑的保护面临着极大的压力，一些被有关部门判定为价值不高的历史建筑遭遇了清除厄运。如，在泉州涂门街清真寺旁的一座四层高的外廊式洋楼就被拆除改造成城市小广场，在泉州大桥边的一座近代外廊式洋楼民居也不知去处。《泉州华侨志》中曾经记载的黄仲训在新门街建设的外廊式洋楼，如今也不见了踪影。经过笔者的调查得知，由于新门街的改造，这幢近代外廊式洋楼早已在 20 世纪 90 年代末被拆除了。在闽南乡村，近年来由于乡民逐步富裕，大规模的农村自建房出现，很多乡民由于没有新的土地空间可供建房，于是在原有的老宅基地上直接进行

图 7-2　晋江池店镇溜石村的"四泉楼"（已被拆除）

翻建，使得很多近代时期非常有历史价值的外廊式洋楼消失，如位于晋江池店镇溜石村的"四泉楼"（图 7-2），在笔者的前期调研中曾有拍照记录，但是当笔者第二次来到此地的时候，却发现它已经被业主拆除并新建了民宅。可见，近代闽南侨乡外廊式建筑群体的实物遗存在当代环境下消逝的速度之快！出现这种情况的主要原因和人们未能充分认识到其文物价值有关。

就仍然保留下来的许多近代闽南侨乡外廊式建筑单体而言，也受到了不同程度的破坏。变化丰富且富有特色的近代闽南侨乡外廊式建筑单体的地域适应性表现在这种破坏中，渐渐失去了光彩。如，位于晋江围头村的王宅（图 7-3），外廊山花上的精美装饰被清除得一干二净，女儿墙也遭到了毁灭性破坏，美丽的窗子被砸碎。再如，位于晋江金井镇的蔡秀丽宅，外廊式建筑的内部已然大面积坍塌，精美的室内装饰破坏殆尽。另外，很多近代闽南侨乡外廊式建筑单体的精美石雕、砖雕、木雕等工艺表现，也都受到了毁坏。总的看来，单体实物的破坏主要来自如下几个方面的因素。其一，"文化大革命"时期的"破四旧"。为了砸毁一切封建主义和资本主义的思想残留，红卫兵们冲进这些民国时代兴建的外廊式建筑中，寻找任何与社会主义"矛盾"的事物加以毁坏，石雕人物被切去头颅、剔去鼻子，或者砍断手臂，成为缺鼻子少眼、五官不全甚至没头没脑的雕像；砖雕则被用铲子加以铲平，建筑上的各种楹联字画很多也都因为有着"小资"的意味而被抹去，并在抹平的表面重新写上革命性的标语。在这种情况下，有的业主为了能保住其家的建筑雕刻不被破坏，在红卫兵破坏之前用泥土将其封上，并自觉写上革命标语，方才躲过一劫。在笔者的实地访谈过程中，对于"文化大革命"导致的近代闽南侨乡外廊式建筑文物的破坏程度之深，许多业主都感到十分心痛。其二，无人居住导致的风雨侵蚀与偷盗。

近代闽南侨乡外廊式建筑满足不了人们对新的生活方式的需求。很多业主从这些建筑中搬出去。无人居住后，来自风雨和其他自然要素的侵蚀加快，人为的偷盗也加速了这种毁坏过程。很多盗贼将内部的木作门扇、雕花，甚至外廊下的人物雕刻整块拆下，进行变卖，流入古董市场。其三，对于没有从近代外廊式建筑中搬迁出去的业主来说，原有的空间格局也已经不适应人们的新生活需求，有些业主为了扩大使用空间，对外廊这一半开敞的空间进行随意改造，破坏了原有的外廊式建筑效果（图7-4）。有的业主随意分隔重新打乱内部空间，改变了原有的布局模式。这些粗鲁的改变带来的破坏使得原先丰富多彩的近代闽南侨乡外廊式建筑单体实物逐渐显得暗淡无光，往日的美好记忆正在一点点消失。

近代闽南侨乡骑楼街屋作为特殊的外廊式建筑集联体，其实物在当代也被大量破坏。如位于晋江金井镇区的骑楼街屋（图7-5），由于商业活动的减少，骑楼生活内容的改变，底层外廊被封闭，地方传统特色的街道景象因而丧失。泉州惠安洛阳镇洛阳街是一座凝

图7-3 晋江围头村王宅建筑被砸坏

图7-4 位于泉州鲤城区究史巷的近代外廊式民宅外廊被封闭破坏

图7-5 晋江金井镇区的骑楼，底层外廊被改造

图7-6 泉州洛阳街近代骑楼街屋某段的底层外廊被填闭，破坏了骑楼印象

结着地方工匠工艺表演的近代骑楼街道，有着远近驰名的精湛手工艺的惠安工匠们，在这条骑楼街上竞相展示其石雕和砖雕工艺，创造出了精美的洛阳街骑楼。如今这条骑楼街由于业主的自由改造，已然失去了往日的风采，骑楼底层外廊的连续性也受到破坏，很多业主为了更多地扩大底层店面空间，时常占用骑楼外廊，并加以改造，违背了骑楼精神，破坏了骑楼印象（图7-6）。厦门中山路近代骑楼街目前改成了商业街，但是沿街的广告和招牌，对原有的建筑立面也产生了较大破坏（图7-7）。

（a）   （b）

图 7-7　厦门近代中山路骑楼在当代被破坏

总的说来，近代闽南侨乡外廊式建筑实物遗存正在逐年消失或者被毁坏。

（2）其他记忆载体的保存现状

关于近代闽南侨乡外廊式建筑文化景观的历史照片、文献记录、口口相传也是承载记忆的载体，但它们的保存现状同样不容乐观。相关历史照片散落于各类书籍之中，政府各级档案馆中也没有专门的历史信息库的建设。各级地方志对这一具有特殊价值的文化景观也只是只言片语地记载着。口口相传的语言媒介更是难以让历史信息完整延续。

7.1.3　近代闽南侨乡外廊式建筑文化景观记忆的保护建议

对近代闽南侨乡外廊式建筑文化景观进行记忆保存的对策的提出，实际是一项复杂的设计工作。从价值的研究与挖掘到保护内容的确定以及保护手段的提出，其中还要考虑到操作的可行性。不同的保护专家或者保护设计人员会基于个人的观点，提出不同的保护规划及设计方案。下面笔者仅就个人思考谈一些建议。

（1）对近代闽南侨乡外廊式建筑文化景观的历史价值认定方面的建议

从前文的研究看来，近代闽南侨乡外廊式建筑文化景象具有独特的历史价值，应对外廊式建筑类型在近代闽南侨乡环境下的特色的地域适应性三重尺度的繁荣表现的历史人文景观价值给予重点评定。

（2）近代闽南侨乡外廊式建筑文化景观在当代实现记忆保存的几点对策

第一，进行普查。有关部门应进行全面的普查工作，清点所有的近代闽南侨乡外廊式建筑实物，全面记录相关的保存情况。

第二，积极宣传。通过举办展览、教育、电视宣传、网络等方式，向大众宣传近代闽南侨乡外廊式建筑的文物价值。关于这一点，目前已经看到了一定的成效，如，《泉州晚报社》就做过此方面的系列报道（图7-8），晋江电视台也做过相关的节目，中国石狮网也刊载了相关的历史信息，厦门媒体更是对鼓浪屿的近代外廊式建筑加大了旅游宣传力度。但是光靠表面的宣传还是不够的，只有做到了让闽南当地人真正理解和热爱这些历史建筑物，才能实现更自觉的保护。可喜的是，目前闽南人的这种热爱程度正在恢复并增强。在泉州，有一23岁的小伙吴少鹏，热衷于泉州近代骑楼的绘画，他完成的9张骑楼绘本插画，内容生动，以独特方式记录并表达了对骑楼的热爱（图7-9）。

第三，相关保护法规的建设。建议闽南的厦门、泉州、漳州三地有关部门能从区域整体的角度共同实现对近代闽南侨乡外廊式建筑实物遗存的保护法规的制定。对于学校、医院、教堂、商业街屋等公共类的近代闽南侨乡外廊式建筑应进行严格的保护法规的制定。属于民居类的，则鼓励申报文物保护，并进行保护的定级。根据不同的等级给予相应的政策对待。对于成组成团的近代闽南侨乡外廊式建筑群，如鼓浪屿近代外廊式建筑群、嘉庚校园外廊式建筑群、骑楼街屋等，应注意对其整体风貌的保护。到目前为止，泉州中山路近代骑楼的保护是一个较为成功的例子，曾在2001年文化遗产保护竞赛活动中，获得联合国教

图7-8　闽南媒体对当地近代外廊式建筑的宣传 ❶

图7-9　泉州近代中山路骑楼（吴少鹏手绘画）

图7-10　泉州中山路近代骑楼的保护，获得联合国教科文组织颁发的亚太地区遗产保护优秀奖

❶ 来源：东南早报，2010年10月29日。

科文组织颁发的亚太地区遗产保护优秀奖。联合国教科文组织评审团对"中山路整治与保护"项目在修复建筑原貌方面所做的努力表示"非常满意",并"希望在将来的工作中仍能保持相同的缜密的方法,同时能够与其他的社会团体分享经验"。这也是福建首次获得这一奖项(图 7-10)。

第四,注入经济活力。在保护的过程中,应注意经济效益的产生。事实上,面对如此大面积的近代文物,要完全靠政府的财政补贴进行保护是相当困难的。必须通过将其纳入当代的经济运营系统中,并且让它产生经济效益,才能得以存活并获得经常维护。厦门鼓浪屿成片的近代外廊式建筑文物已通过旅游文化产业的注入,实现了经济收入,并用于修复和维护这些遗产。各地的骑楼街屋采用延续商业内容并进行一定的现代化商业模式升级的方式实现经济效益也是可行的。乡村的民居类的近代闽南侨乡外廊式建筑文物相对较为分散,而且保护资金相对较为缺乏,因此必须进行专项的对策研究。

第五,研究如何将过去的文物与当代的新的使用功能有机结合。农村的近代外廊式民居实物如何通过合理的改造以适应当代的使用功能,同时又能对其中的物质空间进行保护。这也是必须面对并且需要深入研究的专项问题。

7.2 近代闽南侨乡外廊式建筑文化景观的当代影响

近代闽南侨乡外廊式建筑文化景观对闽南当代新建筑的发展产生了一定的影响,这一点体现在,一方面出现了大规模的"骑楼街屋"复兴运动;另一方面,某些闽南当代建筑师在建筑创作中对近代时期繁盛的外廊式建筑文化景象做出的"文脉传承"的努力。

7.2.1 闽南当代的骑楼街屋复兴运动

(1)泉州当代大规模骑楼街屋复兴运动

在闽南,20 世纪 90 年代至今出现了许多新的骑楼街屋的建设,特别是在闽南三地之一的泉州,骑楼街屋的复兴运动如火如荼。在那里,不仅大量的近代时期的骑楼街屋被保存下来,而且还在市县镇新区的各主要街道上兴建了新骑楼。在泉州市区兴建的新骑楼有:新门街骑楼、涂门街骑楼、湖心街骑楼、打锡巷骑楼、义全街骑楼、东街骑楼、西街骑楼(图 7-11、图 7-12),等等。从数量上看,泉州当代的新骑楼已经超过了近代的旧骑楼。在泉州市域的县镇新区或旧区建设中,同样也能发现大量新骑楼踪影,如惠安、晋江、石狮等地在中心县城主要街道中均建有新骑楼。另外,当代的房产商在一些大型集联建筑的建设中,底层也往往自觉内退形成"骑楼片段"。事实上,在中国南方许多城市中,也都陆续出现了新骑楼的建设运动,如广西北海、浙江杭州、广西桂林等,但它们的建设范围分散,尚未形成规模,带有试点性质。而相比较而言,泉州当代骑楼的建设却极为繁荣。

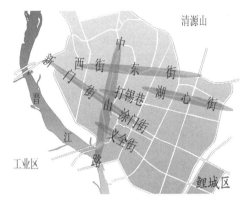

图 7-11　泉州市区当代新骑楼分布
（图中的中山路为近代时期骑楼）

图 7-12　泉州市区西街的当代骑楼

（2）泉州当代出现大规模的骑楼复兴运动的原因

当代泉州出现大规模的骑楼复兴运动，是和人们对近代骑楼街屋的"心理记忆"和"重新认同"有关。美国著名人类学家保罗·康纳顿认为 ❶，存在于人类心理层面的记忆是可以超越时空在不同社会中发生传递的。理解这一点并不难，因为从常识上看，我们可以通过文字、口碑、仪式和文物等来唤起对其他时空中的事物的心理记忆。然而，记忆的传递不是一个"不变容器"经由"固定导管"从过去传输到现在的必然的简单过程。康纳顿就认为记忆也可能会在人类社会心理传递过程中被忘却。为了更好地解释心理记忆在社会中的传递，以艾里克森为代表的社会学家，引入了"认同"概念 ❷，并认为某项记忆能否得到社会的心理传承是依赖它是否和所处社会环境有机缘上的契合。近代时期，泉州侨乡骑楼街屋随着历史的前进已然成为一种心理记忆，而它能够传承到当代并且得到复兴不能简单地归因于历史记忆发生了传递的缘故，而是经历了当代人们的重新而复杂的心理认同过程 ❸。

近代骑楼街屋作为一种心理记忆在泉州当代得到大规模的认同和复兴主要是基于以下几个心理原因。其一，政府传承历史文脉的心理。泉州是国家公布的首批历史文化名城。在当代的城市改造中，为了保护古城风貌，政府抱着延续古城肌理的心态。这一点从政府对当地近代骑楼保护的重视足以知晓。在当代街屋的改造中，泉州市政府在城区建设中更是积极提出了"延续骑楼形式"的街道改造宗旨，各主要大街的改造均进行全国性的招标，审慎遴选方案。晋江市政府在 2003 年县城泉安路的改造中，索性将 20 世纪 90 年代初所建设的沿街两侧平板单调的早期现代主义风格建筑的底层加建了骑楼表皮，这层骑楼表皮的结构是以"植筋"的方式附接在原有建筑上的（图 7-13、图 7-14）。政府试图通过这样

❶　保罗·康纳顿. 社会如何记忆 [M]. 第 1 版. 纳日碧力戈译. 上海：上海人民出版社，2000：5-9。

❷　艾里克森. 同一性：青少年与危机 [M]. 第 1 版. 孙名之译. 杭州：浙江教育出版社，2000：2-12。

❸　王珊，杨思声，关瑞明. 骑楼在泉州近当代社会变迁中的发展研究 [J]. 华侨大学学报（哲学社会科学版），2010（01）：88-93。

的方式来复兴传统,重塑地方特色 ❶。其二,开发商们从心理上理解了骑楼街屋形式仍然能够适应当代泉州的小商业经济模式。从泉州近年来的经济发展状况来看,小商业仍然占据着这个中等城市经济的重大份额。以 2000 年出版的《中国区域经济年鉴》来看:泉州工业企业数为 1280 家,高于福州、厦门,为全省之冠,其中小型企业就有 1248 家,居总数的 97.5%。泉州社会消费品零售总额为 315.47 亿元,也高于福州。泉州批发零售为 381.98 亿元,远远高出福州 ❷。以上数值说明中小商业模式仍然是泉州当代经济的主导模式。当代开发商们显然从心理上认识到了骑楼形式对于这种小商业模式的适用性,从而支持复兴骑楼形式。近年来,在泉州小商业经济模式逐渐有趋于大型化的趋势后,相应的新骑楼的建设量就明显下降了。其三,规划和建筑设计人员在全球化的背景下追求"地域化"的心态。据调查,泉州当代骑楼街的设计单位有同济大学、清华大学、泉州市建筑设计院、南京市建筑设计院、华侨大学和泉州市住宅建筑设计院,等等,在他们的设计文本中,不难看到对骑楼街屋地域文脉的阐述。其四,泉州民间百姓自古就有着较强的沿承传统的心态,因此百姓们也较容易接受政府和开发商以及专业设计师的复兴骑楼街屋的做法。近代骑楼街屋形式对于近代泉州人来说是一种崭新的事物,而当代新骑楼街屋对于泉州人来说是一种复古的事物;近代骑楼街屋形式的应用体现了对传统建筑的批判和革新,当代新骑楼的建设则在很大程度上是为了尊重和延续传统。

图 7-13　晋江青阳镇区泉安路改造前

图 7-14　晋江青阳镇区泉安路改造后效果图:底层加建了骑楼

（3）泉州当代骑楼街屋与近代骑楼街屋的比较

虽然,泉州当代骑楼街屋复兴运动在很大程度上是基于对近代骑楼街屋的文脉传承所致的结果,但是正如二者的形成原因不尽相同一样,它们在景观表现上也存在着颇多差异。

从立面风格来看,泉州当代骑楼街道呈现单一和同化的特点,各条骑楼街风格并无太大变化,显然是由于建设过程中为了追求效率而进行了简化和重复。泉州近代骑楼街

❶ 王珊,关瑞明. 泉州近代骑楼与当代骑楼比较 [J]. 华侨大学学报(自然科学版),2005(4):385-388。

❷ 国家统计局综合司编. 中国区域经济统计年鉴 [M]. 海洋出版社. 2000（12）。

则基本每条都有各自的特色，反映了各自所处微观环境的地缘差异性。泉州近代骑楼立面，手工艺刻画出的细部令建筑立面精致耐看，充满人情味；当代骑楼的立面则往往是只可远观，显露出缺乏细部和工艺粗糙的缺点（图7-15）。这或许和设计院设计周期短、收费低、甲方过分讲究投资效益等原因有关。值得庆幸的是，在泉州近年来新近完成的西街骑楼街屋建设中，这种情况已有所改善。

图 7-15　泉州当代湖心街骑楼景观片段

从空间尺度角度来看，泉州当代新骑楼相比近代骑楼往往尺度较大。这种情况的产生与汽车的大量出现有关，近代骑楼街道的尺度考虑的是人行和慢速交通工具，当代新骑楼街道则是更多考虑现代化汽车的通行。从功能布局的角度看，泉州近代骑楼（如中山路、洛阳街）每户人家上下层平面基本对齐，下店上宅为同一主人。当代新骑楼则基本是呈现下店与上宅完全脱离关系，店主与宅主大部分互不相识，下店与上宅没有沟通，上下层平面布局也多不对齐（图7-16）。

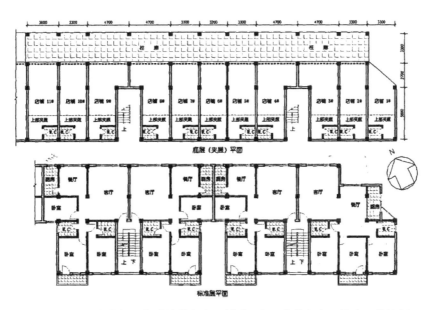

图 7-16　泉州当代新门街骑楼片段布局模式：底层店铺和上面住宅不能沟通

7.2.2　对当代闽南单体建筑营造的影响

（1）"外廊"在闽南当代单体建筑应用中的全面衰退

在当代闽南非骑楼街屋类的单体建筑中，"外廊"的应用逐渐失去往日盛势。在住宅类的单体建筑中,"外廊"对于住户来说,不再是一种新文化的符号象征,甚至在使用功能上也不再被需要。笔者在晋江深沪镇从事一项别墅设计的工作过程中,业主竟然在笔者尚未着手设计之前交代不要设计"外廊",问其原因,说道:"如今的起居活动多在室内进行,五脚基(外廊)没有用处了。"由此可窥见当代闽南住宅建设中逐渐弃用外廊的现状。出现这样的情况恐怕与当今经济社会发展过程中所导致的建筑与外界环境关系越来越恶化的事实有关。汽车数量越来越多,而且开始渗透到各个阶层,它作为一种交通工具充斥了城乡街道,废气和汽车噪声已使得外廊空间变得不再健康和舒适。

因此,住宅中的外廊不再是一处人们可以在其中进行休闲并与大自然进行对话的田园般环境。空调的普及进一步加速了对"外廊"的抛弃,人工空调可以为室内提供一个冷却的环境,"外廊"不再作为一个可以提供凉爽空气的空间而被需要。电视和网络的发达,使得人们可以在室内进行整天整夜的娱乐活动,因此家庭起居生活也不再需要在外廊中进行,人们在室内看着晚间新闻、运动节目或者电视剧,享受着最新发明的"电视大餐",半室内外的外廊下的休闲活动已渐行渐远。此外,家庭文化发生的重大改变也加速了人们对外廊空间的抛弃。随着社会文化的发展,当代闽南人越来越重视个人隐私和独立性,大家庭的聚会活动减少了,甚至家庭和家庭之间的邻里交流也减弱了,这一切都加速了外廊空间在住宅建设中的地位的下降。

在闽南当代的公共建筑单体中,外廊的地位同样在衰退。如,在有的校园建筑中,教学楼的建设竟然采用类似于北方校园建筑的中间内走道、两侧教室的格局,不适应闽南当地湿热气候也不考虑地方文脉。机械化的通风、空气调节等技术手段使得建筑师几乎可以摆脱地方传统文脉束缚并超越自然气候条件制约去采用各种"创新"形式。这一点在厦门的许多办公楼建筑中体现得尤其明显,它们中有很多应用通体玻璃幕墙外观,炫耀着工业化时代的"人定胜天"的喜悦。像"外廊"这种有助于柔和建筑与自然界限、体现建筑与自然对话的空间形式,逐渐被弃用。

(2)个别建筑师基于"文脉传承"理念的复兴努力

外廊在闽南又被称为五脚基。在地方"文脉传承"的理念指导下,闽南当代单体建筑营造过程中,仍有个别建筑师积极地试图复兴五脚基文化。如在厦门诚毅学院新校园建设中,设计师在单体建筑上大量使用连续外廊,并且在外廊做法上也模仿近代嘉庚建筑的欧陆式风格,充满对历史文脉的记忆。在晋江深沪镇金屿村小学教学楼设计实践中(图7-17),设计者进行了弘扬当地五脚基文化的尝试。这座小学的旧教学楼曾有美丽的石作五脚基,在重建过程中,为了延续对过去五脚基文化的历史记忆,通过纪念性的手法,将"五脚基"空间元素给予特别的夸张,五脚基的柱子设计成两层通高,柱廊宽阔,与此同时将五脚基的空间进行"游憩"化处理,在底层宽大的五脚基的柱上开挖洞口为小学生创造富有童趣的可供游戏的空间,受到当地学生和教师甚至乡民的认同和喜爱。而这样的做法在很大程度上是试图唤起当地人们在现代环境中对五脚基文化的重新重视。

图 7-17　晋江深沪镇金屿小学新教学楼的外廊

虽然五脚基文化在闽南未来建筑的发展中能否得到再次复兴尚不得而知，或许我们却能从大洋彼岸的美国得到一些启示：美国在 18 世纪曾经盛行外廊式建筑，在二次世界大战前后，其对外廊式建筑的热衷在国际主义建筑的浪潮中衰落消逝，但是到了 1980 年代和 1990 年代，外廊再次被大多数人想起，并得以复兴。它得到复兴是基于要浪漫化地再现那个拥有外廊式建筑兴盛的时代。最代表性的例子是佛罗里达州的西塞城，是建于 1980 年代的"计划社区"（a planned community），它以"都市传统"的原则来重建一座城镇，这是一种"多样化花园的小镇"。为了达到这个预想的目标，设计者和建筑师颁布了一个普遍的建设法规。在这个法规中，建筑被统一要求设置外廊。很明显，为了以浪漫的方式来重建小镇，设置外廊无疑是一个关键的要素，它唤起了人们对过去的回忆，随后那里的其他先进的社区也相继强调设置外廊的做法❶。

7.3　本章小结

本章分析了近代闽南侨乡外廊式建筑文化景观记忆在当代区域发展过程中的保存现状，认为目前的情况不容乐观，有待制定相关保存对策。而在制定相关的保存对策过程中，应充分认识到其历史文化价值，并结合普查、宣传、法规建设、经济活力注入等措施手段的综合应用。

此外，当代闽南环境的变迁，使得近代闽南侨乡外廊式建筑文化景观遗产的传承和变革成为必然。就现状来看，闽南当地出现了大量的新骑楼街屋的建设实践以及针对近代骑楼街屋的复兴动作，这其中就蕴含着值得总结的"传承和变革"的各种经验。与此同时，可以看到的是，"外廊"在闽南当代非骑楼街屋类的单体建筑的应用中却呈现全面衰退的情况。经分析认为，这和当今环境中的空气污染、汽车噪声的增强、空调的发展有关，也和电视网络的发达所导致的起居活动的室内化转变等因素有关。对这些现象又应该采用什么样的态度，这或许也是一个值得思考的问题。

❶　Scott Cook .The Evolution of the American Front Porch：The Study of an American Cultural Object[OL]. http：//xroads. virginia.edu/~CLASS/am483_97/projects/cook/first.htm，1994。

结　语

　　"外廊"作为一种适应热带气候的建筑空间文化形式，在近代闽南侨乡环境下发生了"三重尺度"的"立体化"繁荣发展景象，并凝聚了深厚的地域文化内涵。紧扣这一点，前文开展了深入分析，现将解析成果概括总结如下：

一、特定环境的孕育

　　"外廊式建筑"作为一种建筑景观类型，具有历史起源的古老性、原则的模糊性、与热带和亚热带气候环境在兴荣表现上的关联性等属性特征。它在近代全球殖民地及其泛化区域出现了繁盛发展的景象，这对催生包括闽南在内的我国南方侨乡外廊式建筑的大量建设有着重要的背景影响。"外廊"指的是一个处于整幢建筑的室内与室外之间的有顶的过渡空间，并且向建筑外部敞开，其中对外开敞面通过柱子限定着与室外的界限。外廊式建筑指的是带有外廊的建筑。基于意大利学者阿尔多·罗西建筑类型学的观点来看，外廊式建筑本质上可以认为是一种建筑类型，即一种存在于心理层面的建筑原则。本书的研究也表明，外廊式建筑类型具有原则的模糊性、历史起源的古老性、与热带和亚热带气候环境在兴荣表现上的关联性等属性特征。外廊式建筑类型在人类文化的历史发展过程中，于不同的环境下发生了不同的适应性演绎表现，其繁盛景象也在世界范围内形成了不平衡的区域分布。以古代欧洲为例，可以发现，外廊式建筑在南部靠近地中海地区的希腊、西班牙、意大利等地就较多地受到当地人的喜爱，相比之下，外廊在北欧建筑中的应用就甚为退化。

　　近代，在殖民者的作用下，外廊式建筑类型在全球殖民地环境下得以大量衍现，由此演绎出了"殖民地外廊式建筑"的兴盛事件。根据日本学者的研究，殖民地外廊式建筑首先在印度起源，后随殖民者在各地扩张以及外侨移民而传播开来。就目前所拥有的资料表明，不仅在印度半岛、东南亚、东亚、澳大利亚东南部、太平洋群岛等地区，而且在非洲的印度洋沿岸、南非、中非的喀麦隆，甚至在美国南部和加勒比海地区等到处可见"殖民地外廊式建筑"的踪影。日本学者同时认为"殖民地外廊式建筑"是中国近代建筑的原点，影响了中国各主要城市租界在鸦片战争至19世纪末以前的几乎所有近代建筑，但19世纪末以后在中国就逐渐消逝了。

　　研究发现，近代全球范围内发生的"殖民地外廊式建筑"兴盛事件，随着时间的推进，最终衍生出殖民占据地及其相邻区域的"泛殖民地外廊式建筑"繁荣景象，其影响遍及美国、东南亚、日本、中国等地。如，近代我国南方侨乡的外廊式建筑繁荣景象、19 世纪后半叶在新加坡的外廊式建筑繁荣景象、19 世纪晚期日本领导层对外廊式建筑的推崇，等等。值得注意的是，这股"泛殖民地"外廊式建筑繁荣潮虽然是受到了"殖民地外廊式建筑"的影响和催生，然而其中却蕴含着相当复杂的转换生成过程，外廊式建筑的演绎情况也变得更加丰富生动。近代闽南侨乡外廊式建筑的大量繁衍便是在这一特定的历史发展背景下产生的，是近代全球范围内"泛殖民地外廊式建筑"兴盛发展的一处特殊表现。

近代闽南侨乡在自然环境、社会文化环境、城乡建设环境方面具有地域特殊性，它们是外廊式建筑在当地得以繁荣发展和特色表现的适生环境。在自然环境方面，近代闽南侨乡的临海区位特点使当地人在接受外域的外廊式建筑兴盛景象的影响方面较为便利。闽南的热湿气候特点使当地人养成了喜爱半室内外灰空间的习性，这为他们在近代时期大量接受外廊做法奠定了基础。在社会文化环境方面，近代闽南侨乡社会是一个移民社会，这里的人们不仅是古代的古闽越族、中原南迁汉族、海外阿拉伯人、波斯人等的后裔，而且到了近代由于华侨们出国和归国的移民潮的兴起使得近代闽南侨乡社会的移民化特点更显突出。社会移民的性格往往较为开放，容易接纳外界文化，因而近代外廊式建筑要从外域被移植并影响到闽南侨乡是有潜在条件的。作为移民社会，近代闽南侨乡环境呈现多元文化构成的特点，不仅传承历史上的海陆多元文化，而且吸纳近代时期的各种外域文化，并且还拥有自己创造的新文化，可以说文化成分构成十分复杂。在这样的环境下，外廊式建筑就很容易孕生丰富多样的表现形式。在城乡建设环境方面，辛亥革命后，近代闽南侨乡人急切改变传统城乡风貌，各项建设事业得到蓬勃发展，在这样的背景下，人们渴望抛弃明清时期遗留下来的旧式的内向封闭的合院建筑体系，呼唤能象征新时代的新建筑。这为外廊式建筑在当地突然得到繁荣发展提供了历史契机。

二、三重尺度的繁景

（1）在宏观尺度层面上，外廊式建筑类型在近代闽南侨乡环境下产生了地域适应性的群体繁生景象。

外廊式建筑群体在近代闽南侨乡区域的空间衍现由四幅图景所组成：在近代厦门鼓浪屿和海后滩两地的群体聚集、在近代厦门嘉庚校园内的成组衍生、在各城镇街道的接连出现、在各城乡居住点的广泛散布。而近代闽南侨乡外廊式建筑群体的各项基本指标表明了其繁荣程度，体现在：其一，呈现快速爆发式增长速度，增长数量较大。其二，相对密度高。运用统计学方法估计得知，外廊式建筑在所有闽南侨乡近代建筑中的比重占据了绝大部分（约 90%）。其三，在每一幢建筑中，外廊占据了较大的比重或者常被设置于重点位置。一般情况下，外廊进深都较宽大，大部分在 2 米至 3 米之间，可兼生活和休憩功用。

分析后发现，之所以出现近代闽南侨乡外廊式建筑群体繁生现象，至少和下面的三个原因有关：其一，近代闽南侨乡大众对外域外廊式建筑的积极主动的模仿和移植，特别是源自南洋、广东、台湾、中国近代各殖民占据点等等地方的外廊式建筑大量建设的影响。其二，近代闽南侨乡大众对外廊式建筑类型的本土适用性的认识。他们凭借经验对外廊适应本地温暖多雨气候有着准确认知，而这一点即便用如今的建筑物理学知识来加以验证也是正确的。然而闽南人基于乡土经验的认识，与一峡之隔的日据台湾官方（1895-1945 年）对外廊式建筑的气候适应性所进行的科学性系统研究是有很大不同的**❶**，即便如此，由于闽南与台湾地理位置和气候特点接近，因此日据台湾当局所进行的科学研究和官方实践成果，对于佐证当时的闽南人大量选用外廊式建筑形式以适应湿热气候这一做法的合理性也是有帮助的。还有另外一点值得注意的是，近代闽南侨乡人们对当地近代以前的传统官式大厝中的巷廊、榉头等灰空间的体验和传统干栏式建筑的见识，显然也是增强了他们对外廊的本土适用性的理解，这对他们大量接受外廊式建筑营造原则是不无影响的。其三，根据法国学者勒庞的大众心理学原理可知，近代闽南侨乡大众作为一个心理群体，具有冲动性，个体之间很容易产生心理传染，有偏执的追求倾向等特点。外廊式建筑类型的应用作为一个特殊事件，在特定的历史机缘下（如，少数华侨领袖们的示范性带头作用、外廊形象被艺术化地激活、外廊形象被附以异国的幻境想象，等等）容易激发起大众群体的理想幻觉，由此引发他们对外廊式建筑营造的非理性从众行为，最终产生"群体狂热"。可见，外廊式建筑在近代闽南侨乡的繁荣发展并非完全基于理性的判断和选择。近代闽南侨乡外廊式建筑群体繁生的一个重要后果是，造成了区域建筑景观表情发生了重大改变，由清王朝封建时代的内向封闭、沉闷厚实，转而变得外向开放、明朗欢快。

（2）在微观尺度层面上，外廊式建筑类型在近代闽南侨乡环境下产生了地域适应性的单体多元表现景象。

从外观风格看，殖民地风格、欧洲古希腊罗马风格、古典主义风格、伊斯兰风格、哥特风格、巴洛克、现代主义、古越遗风、中华汉族古典风格、闽南传统大厝风格、岭南碉楼风格等等各种建筑风格都分别在近代闽南侨乡外廊式建筑单体中有特色的地域性表现；从内部布局来看，既有沿袭传统礼制布局的多样化演变形式，也有引入异国形制布局的多样化表现；从构筑手段看，外来的钢筋混凝土技术、传统石作砌雕技艺、地方红砖工艺、南洋地砖工艺、传统木作构造技术、灰塑剪粘装饰工艺等，也都各有地域乡土的演绎图景。在这些多元表现手段中，有的是来自悠久的古代，有的是来自遥远的异国，它们分别通过各自曲折复杂的文化传播历程而影响到近代闽南侨乡外廊式建筑表现景象的形成。针对独幢的外廊式建筑单体构成来看，常体现为多元表现手段的矛盾性和复杂

---

❶ 它也造成了这样一种相对差异：自上而下的官方力量对外廊式建筑在日据台湾的推广作用甚大，而外廊式建筑在闽南侨乡的盛行更多依赖自下而上的民间力量。

性组合特点；从各幢外廊式建筑单体构成的比较来看，多元表现手段的组合方式纷繁多样，由此也产生了具有丰富差异性的近代闽南侨乡外廊式建筑单体景观。

上述文化图景的出现与下面三点原因有关。其一，近代闽南侨乡人们之间在建设过程中往往存在着主观竞争意识，他们相互攀比的心态以及浪漫主义的革命精神，使得他们在追求建筑表现差异上有着更多向度的追求，而且当地人们的建筑文化素养差异较大，这也在客观上加剧了建筑表现方式的差异性探索。其二，近代闽南侨乡在古代就受到北方中原建筑文化、古越族建筑文化、古代伊斯兰建筑文化等的影响，这些建筑文化汇聚沉淀而遗传到近代；近代由于外来文化的入侵，西洋、南洋等地的外域建筑文化漂洋过海进入闽南。多种多样的建筑文化信息为建设者们的建筑活动提供了丰富的素材，促成了近代闽南侨乡外廊式建筑单体的多元化表现。其三，"外廊式建筑类型"本质上是一种模糊的建筑原则，并非固定的建筑形式，具有包容多样表现形式的属性特征，因此虽然近代闽南侨乡人趋同于采纳外廊式建筑原则，但是却一点也不影响各种异类的表现灵感的自由发挥。

从景观体验的角度来看，近代闽南侨乡外廊式建筑单体的地域适应性多元变幻景象，不仅生动华丽而且充满新奇体验，并经常能诱发体验者对遥远境地的联想，可以说，能够激发人们产生自由浪漫的情境感受。

（3）在中观尺度层面上，外廊式建筑类型在近代闽南侨乡环境下适应性地衍生了"骑楼街屋"这种特殊的"集联体"。其集联规划和单元建筑有着特色的地域演变。

"骑楼街屋"与"外廊式建筑"虽非一个概念，但却关系紧密。"骑楼街屋"是一种"外廊式建筑"集联体，它与外廊式的集合连接的"兄弟楼"民宅、外廊式的家居"长屋"等其他集联体有不同的特殊性表现，体现为与连续街屋改造相关联，并且底层连续外廊的顶部跨建楼房。

深入研究表明，骑楼街屋在近代闽南侨乡的衍生与"契合当时闽南拆城辟路的需求"、"来自南洋、广东和台湾三地骑楼街屋实践的影响"以及"闽南当地众多外廊式建筑单体涌现的影响"有很大关系。为了适应环境，近代闽南侨乡骑楼街屋在组群规划和单元❶建筑方面都有相应的地域适应性演变，这体现在闽南三地骑楼街屋的组群规划经由片状往线状的演变；骑楼底层步行廊的规划尺度并无标准法规，在闽南各地灵活变化，且总的尺度比较广东早期骑楼呈现较小的特点；临街的骑楼组群风貌也有特色的地域适应性变化，以城区为例，有"传统特色"的近代漳州城区骑楼街屋组群风貌，"洋风特点"的近代厦门城区骑楼街屋组群风貌，"折中风格"的近代泉州城区骑楼组群风貌。而从城区到乡村，骑楼组群风貌体现为"乡土特色"越发明显的演变趋势。从近代闽南侨乡骑楼街屋单元建筑布局来看，有的沿承闽南传统"手巾寮"建筑空间形式，有的采用"闽

---

❶ 为了和非集合建筑中的外廊式建筑"单体"概念相区分，这里应用"单元"一词。

南传统官式大厝建筑形式"，还有出现后部空间是"洋楼与闽南官式大厝结合"的单体布局案例，等等，乡土特色明显。

近代闽南侨乡骑楼街屋的地域适应性衍生也给人以特别的街道美学感受，街道充满趣味性，体现了吉伯德认为的"街道画面"感受；骑楼的底层连续外廊更是创造了彼得·柯林斯所曾分析到的"视差"效果，人们在骑楼底层外廊下能产生"行走的快感"，其中凝结了"时间"，恍若一条"时间之廊"。近代闽南侨乡骑楼街道的尺度宜人，很多都在凯文·林奇所认为的亲切距离范围之内 ❶。近代闽南侨乡骑楼街道的整体感强，每一条街道都有各自的统一性风貌特色。骑楼街道的底层外廊因为能够唤起人们对私家洋楼民居建筑中的"外廊"联想从而激发家园归属感和地域场所认同感。

三、遗产价值与传承

近代闽南侨乡外廊式建筑的地域适应性繁荣景象在中国近代建筑史中拥有特殊地位。以藤森照信先生为代表的日本学者认为，外廊式建筑对中国近代建筑的历史发展有重要影响，并对"殖民地外廊式建筑"兴盛现象给予较大关注。实际上，在中国近代建筑史中还有其他几种"泛殖民地环境"下衍生的外廊式建筑兴盛现象。如，避暑地外廊式建筑的兴盛（19世纪末至20世纪初在我国的庐山、莫干山、鸡公山等避暑地中大量出现），我国南方潮汕、五邑、梅州等侨乡外廊式建筑的兴盛（19世纪末至20世纪中期），它们的外廊式建筑繁荣程度并不亚于"殖民地外廊式建筑"。本书所论及的近代闽南侨乡外廊式建筑发展便是南方侨乡外廊式建筑的兴盛潮中的一个重要的特殊分支。

与近代我国"殖民地外廊式建筑"发展景象相比，近代闽南侨乡外廊式建筑的发展，拥有"骑楼街屋"这种特殊的外廊式建筑集联体的大量衍生现象，而"殖民地外廊式建筑"在我国的兴盛历史中，几乎没有出现"骑楼街屋"。在单体表现上，近代闽南侨乡的外廊式建筑往往呈现丰富多彩的多元变化，外廊常被当作门面进行华丽装饰，外廊的设置位置也是灵活多变、富有趣味；相比之下，"殖民地外廊式建筑"单体的形态表现一般较为单一，基本为简单方盒子式，建筑处理有简陋感和临时性特征。闽南华侨将外廊当作一种先进事物并赋予其光耀门庭意义，而殖民者在建设殖民地外廊式建筑的过程中，持有的却是一种临时性的权宜心态。

与近代我国"避暑地外廊式建筑"发展景象的"自然化"特点相比，近代闽南侨乡外廊式建筑景观有着较为强烈的人文色彩的附加，这反映的是闽南侨乡人们不甘隐遁、积极入世的心态。近代避暑地外廊式建筑的建设者往往是著名人物，如蒋介石、汪精卫等，它们在避暑地建设外廊式建筑的一个主要目的是享受与世隔绝的休闲，因此外廊式建筑的营造特点上往往追求回归自然。

---

❶ 他把亲切的距离范围定在40英尺/12.19米之内，而80英尺/24.38米以内是适宜人的良好尺度。

　　事实上，近代闽南侨乡外廊式建筑的地域适应性繁荣景象是我国近代南方各侨乡的一个缩影。在同期的广东五邑、潮汕等侨乡都有外廊式建筑的地域适应性的"三重尺度"的繁荣景象的出现。然而，由于南方各侨乡之间的地域环境差异，外廊式建筑的演绎表现上就有诸多不同。相比近代闽南侨乡外廊式建筑而言，广东五邑侨乡成片的"外廊式碉楼建筑"有着更多的防御性需求考虑，广东梅州侨乡的"外廊式土楼建筑"则是传承了当地客家建筑的特色传统。

　　近代闽南侨乡外廊式建筑的地域适应性繁荣景观，充分代表了我国南方亚热带近代建筑风貌印象。一般说来，热带和亚热带建筑从外观上看有着较多的阴影空间，建筑处理轻盈通透，而外廊式建筑的繁荣正好给出了典型的热带景观印象。相比之下，北方近代建筑封闭厚重，半室内外灰空间较少，虽然北方不少城市在19世纪末以前也曾出现过殖民地外廊式建筑的大量建设，但在使用过程中都逐渐被封上玻璃成了日光室。

　　目前关于我国南方近代骑楼街屋的研究，往往对同时代所涌现的"非骑楼街屋类外廊式建筑"的大量建设情况缺乏关联性认识，而本书通过对近代闽南侨乡外廊式建筑的三重尺度的繁荣景象的揭示，发现近代"骑楼街屋"在闽南当地的发展是在一片"非骑楼街屋类外廊式建筑"繁盛的背景下发生的。书中还运用统计学方法分析了它们之间在发展上的关联性，并指出，近代闽南侨乡骑楼街屋的建设集中在20世纪20～40年代，而这段时间正好是当地"非骑楼街屋类外廊式建筑"兴建的高潮，这表明了二者之间的发展存在着"共振"关系。书中进一步阐述了产生这种情况的原因是由于官方自上而下的骑楼街屋政策推动与民间自下而上的"外廊"喜爱运动的并存，由此产生了二者发展上的相互影响现象。事实上，这种现象在近代我国南方侨乡普遍出现，而在我国近代19世纪末以前的"殖民地外廊式建筑"和近代"避暑地外廊式建筑"的发展过程中均未出现。这也从另一个侧面表明了外廊式建筑对我国近代南方侨乡环境的更深层的适应性。

　　近代闽南侨乡外廊式建筑的地适繁荣景象规律的揭示，从一个特殊的切面剖现了近代闽南侨乡地域建筑景观的特色。外廊式建筑类型（原则）作为一种"心理意识存在"，在近代闽南侨乡环境中，不仅大量出现在当地的单体建筑尺度上，而且在城镇街道尺度、区域建筑尺度上都得以被强调和应用，甚至这种"心理原则意象"可以穿越一般的建筑学领域，大量渗透到当地的雕刻、家具、语言、文学等其他领域之中。运用意大利建筑类型学者阿尔多·罗西的理论看来，这是一种"领域融解"现象。这种现象的出现，也从另一个角度表明了"外廊式"印象对当地人们的重要影响。

　　近代闽南侨乡外廊式建筑文化景观在当代区域发展过程中面临紧迫的遗产保护问题。近代闽南侨乡外廊式建筑文化景观的实物遗产遭到较大破坏，急需制定相关保护对策。在制定相关的保护对策过程中，应充分认识到其历史文化价值，并结合普查、宣传、法规建设、经济活力注入等措施手段的综合应用。此外，当代闽南环境的变迁，使得近代闽南侨乡外廊式建筑文化景观遗产的传承和变革成为必然。就目前的情况来看，闽南当地出现了大量的新骑楼街屋的建设实践以及针对近代骑楼街屋的复兴动作，这其中就蕴含着值得总结的传承和变革的各种经验。与此同时，可以看到的是，"外廊"在闽南当代"非骑楼街屋类"的单体建筑的应用中却呈现全面衰退的情况。经分析认为，这和如今环境的空气污染、汽车噪声的增强、空调的发展有关，也和电视网络的发达所导致的起居活动的室内化转变等因素有关。对于这样的环境变化又应该采用什么样的态度，这也是一个亟待思考的问题。

参考文献

学术著作

[1] 吴庆洲 . 建筑哲理、意匠与文化 [M]. 第 1 版 . 北京：中国建筑工业出版社，2005.

[2] [日] 藤森照信 . 日本近代建筑 [M]. 第 1 版 . 黄俊铭译 . 济南：山东人民出版社，2010.

[3] [台湾] 聂志高 . 金门洋楼的外廊样式：建筑装饰的演绎 [M]. 台北：桑格文化有限公司，2006.

[4] 张复合 . 北京近代建筑史 [M]. 第 1 版 . 北京：清华大学出版社，2004.

[5] 杨秉德主编 . 中国近代城市与建筑 [M]. 第 1 版 . 北京：中国建筑工业出版社，1993.

[6] 杨秉德，蔡明著 . 中国近代建筑史话 [M]. 第 1 版 . 北京：机械工业出版社，2004

[7] [意] 阿尔多·罗西 . 城市建筑学 [M]. 第 1 版 . 黄土钧译 . 北京：中国建筑工业出版社，2006.

[8] 曹春平 . 闽南传统建筑 [M]. 第 1 版 . 厦门：厦门大学出版社，2006.

[9] 伍江 . 上海百年建筑史（1840-1949）[M]. 第 2 版 . 上海：同济大学出版社，2008.

[10] 程建军 . 开平碉楼：中西合璧的侨乡文化景观 [M]. 第 1 版 . 北京：中国建筑工业出版社，2007.

[11] 王恩涌、李贵才、黄石鼎 . 文化地理学 [M]. 第 1 版 . 南京：江苏教育出版社，1995.

[12] [德] 胡塞尔 . 现象学的观念 [M]. 第 1 版 . 倪梁康译 . 上海：上海译文出版社，1986.

[13] 王恩涌 . 文化地理学导论 [M]. 第 1 版 . 北京：高等教育出版社，1989.

[14] [俄] 史禄国 . 北方通古斯的社会组织 [M]. 第 1 版 . 吴有刚、赵复兴、孟克译 . 呼和浩特：内蒙古人民出版社，1985.

[15] 杨堃 . 杨堃民族研究文集 [M]. 第 1 版 . 北京：民族出版社，1991.

[16] [法] 马塞尔·莫斯 . 人类学与社会学五讲 [M]. 第 1 版 . 梁永佳，赵丙祥，林宗锦译 . 桂林：广西师范大学出版社，2008.

[17] [美] 阿摩斯·拉普普特 . 文化特性与建筑设计 [M]. 第 1 版 . 常青，张晰，张鹏译 . 北京：中国建筑工业出版社，2004.

[18] 刘先觉主编 . 现代建筑理论：建筑结合人文科学自然科学与技术科学的新成就 [M]. 第 1 版 . 北京：中国建筑工业出版社，1999.

[19] [美] 时代-生活图书公司编著 . 王冠上的宝石英属印度 [M]. 第 1 版 . 杨梅译 . 济南：山东画报出版社，2001.

[20] [美] 斯皮罗·科斯托夫 . 城市的形成——历史进程中的城市模式和城市意义 [M]. 第 1 版 . 单皓译 . 北京：中国建筑工业出版社，2005.

[21] [美] 克利夫·芒福汀 . 街道与广场 [M]. 第 1 版 . 张永刚等译 . 北京：中国建筑工业出版社，2004.

[22] [美] 阿摩斯·拉普普特.宅形与文化 [M].第 1 版.常青，徐菁，李颖春，张昕译.北京：中国建筑工业出版社，2007.

[23] 福建省炎黄文化研究会.闽文化源流与近代福建文化变迁 [M].第 1 版.福州：海峡文艺出版社，1999.

[24] 泉州历史文化中心编.泉州科技史话 [M].第 1 版.厦门：厦门大学出版社，1995.

[25] 中南地区建筑标准设计协作组办公室，国家气象局北京气象中心气候资料室主编.中华人民共和国城乡建设环境保护部标准.建筑气象参数标准（JGJ35-87）[M].第 1 版.北京：中国建筑工业出版社，1988.

[26] 林其标、林燕赵、维稚编.住宅人居环境设计 [M].第 1 版.广州：华南理工大学出版社，2000.

[27] 何绵山.闽文化概论 [M].第 1 版.北京：北京大学出版社，1998.

[28] 郑时龄、薛密.黑川纪章 [M].第 1 版.北京：中国建筑工业出版社，1997.

[29] [澳大利亚] 杨进发.陈嘉庚研究文集 [M].第 1 版.北京：中国友谊出版公司出版，1988.

[30] 中国社会科学院近代史研究所中华民国史研究室等编.孙中山全集第 9 卷 [M].第 1 版.北京：中华书局，1986.

[31] 龚洁.到鼓浪屿看老别墅 [M].第 1 版.武汉：湖北美术出版社，2002.

[32] 龚洁.鼓浪屿建筑 [M].第 1 版.厦门：鹭江出版社，1997.

[33] 上海市历史博物馆编，哲夫、翁如泉、张宇编著.厦门旧影 [M].第 1 版.上海：上海古籍出版社，2007.

[34] [日] 羽岛重郎、荒井惠.通俗台湾卫生 [M].第 1 版.台北：台湾日日新报社，1917.

[35] 陈嘉庚.战后建国首要：住屋与卫生（民国版）[M].第 1 版.南洋华侨筹赈祖国难民总会出版，1946.

[36] [台湾] 林宪德.建筑风土与节能设计——亚热带气候的建筑外壳节能计划 [M].第 1 版.台湾：詹氏书局，1997.

[37] [台湾] 李乾朗.台湾古建筑图解事典 [M].第 1 版.台北：远流出版社，2003.

[38] 黄乐德.泉州科技史话 [M].第 1 版.厦门：厦门大学出版社，1995.

[39] 季羡林.东方文化集成·总序 [M].第 1 版.北京：经济日报出版社，1997.

[40] 栗洪武.西学东渐与中国近代教育思潮 [M].第 1 版.北京：高等教育出版社，2002.

[41] 中共泉州市委宣传部编.闽南文化研究 [M].第 1 版.北京：中央文献出版社，2003.

[42] 汤国华.岭南湿热气候与传统建筑 [M].第 1 版.北京：中国建筑工业出版社，2005.

[43] 关华烈.烟雨碉楼 [M].第 1 版.珠海：珠海出版社，2003.

[44] 沙永杰."西化"的历程——中日建筑近代化过程比较研究 [M].第 1 版.上海：上海科学技术出版社，2001.

[45] 廖达柯.福建海外交通史 [M].第 1 版.福州：福建人民出版社.2003.

[46] 许乙弘.Art Deco 的源与流：中西摩登建筑关系研究 [M].第 1 版.南京：东南大学出版社，2006.

[47] 吴瑞炳、林荫新、钟哲聪主编.鼓浪屿建筑艺术 [M].第 1 版.天津：天津大学出版社，1997.

[48] 杨昌鸣.东南亚与中国西南少数民族建筑文化探析 [M].第 1 版.天津：天津大学出版社，2004.

[49] 金大钟.21 世纪的亚洲及和平 [M].第 1 版.北京：北京大学出版社，1994.

[50] 余英时.中国现代的民族主义与知识分子 [M].第 1 版.台湾《民族主义》时报出版社公司，1985.

[51] 陆元鼎等.广东民居 [M].第 1 版.北京：中国建筑工业出版社，1990.

[52] 林宝卿.闽南方言与古汉语同源词典 [M].第 1 版.厦门：厦门大学出版社，1999.

[53] 王铭铭.逝去的繁荣：一座老城的历史人类学考察 [M].第 1 版.杭州：浙江人民出版社，1999.

[54] 福建省地方志编撰委员会编.福建省自然地图集 [M].第 1 版.福州：福建科学技术出版社，1998.

[55] 黄汉民.老房子：福建民居 [M].第 1 版.南京：江苏美术出版社，1994.

[56] 何晓莲.宗教与文化 [M].第 1 版.上海：上海同济大学出版社，2002.

[57] 彼得·柯林斯.现代建筑设计思想的演变 [M].第 2 版.英若聪译.北京：中国建筑工业出版社，2003.

[58] 罗时叙.庐山别墅大观：人类文化交响乐 [M].第 1 版.北京：中国建筑工业出版社，2005.

[59] 缪朴.亚太城市的公共空间——当前的问题与对策 [M].第 1 版.司玲、司然译.北京：中国建筑工业出版社，2007.

[60] 保罗·康纳顿.社会如何记忆 [M].第 1 版.纳日碧力戈译.上海：上海人民出版社，2000.

[61] 艾里克森.同一性：青少年与危机 [M].第 1 版.孙名之译.杭州：浙江教育出版社，2000.

[62] 国家统计局综合司编.中国区域经济统计年鉴 [M] 第 1 版.北京：海洋出版社.2000.

[63] 黄金良.泉州民居 [M].第 1 版.福州：海风出版社，1996.

[64] 杨国标、刘汉标、杨安尧著.美国华侨史 [M].第 1 版.广州：广东高等教育出版社，1989.

[65] 肖林.潮峰石 [M].第 1 版.香港：中和文化出版社，2004.

[66] 段云章、倪俊明编.陈炯明集（增订本）上卷 [M].第 1 版.广州：中山大学出版社，2007.

[67] [日] 芦原义信.街道的美学 [M].第 1 版.尹培桐译.天津：百花文艺出版社，2006.

[68] 泉州历史文化中心编.泉州古建筑 [M].第 1 版.天津：天津大学大学科技出版社，1991.

[69] Wagner PilipL，Mlkesell Mavin W.Readings in Cultural Geography[M].Chicago：The University of ChicagoPress，1962.

[70] Jordan Terry G，Rowntree Lester.The Human Mosaic——A Thematic Introduction to Cultural Geography[M].3rded.New York：Harper & Row，1982.

[71] Lee Ho Yin. The Singapore Shophouse：AnAnglo-Chinese Urban Vernacular，Ronald G Knapp，Asia's Dwellings：Tradition，Resilience，and Change[M].New York：Oxford University Press，2003.

[72] Dan Cruickshank. sir Banister Fletcher's a History of Architecture[M].第 20 版.London：Architectural Press，1996.

[73] J.F.Geist. Arcades：The History of a Building Type[M]. Massachusetts：The MIT Press，1989.

[74] Antoine Chrysostome Quartremere de Quincy.Dictionnaire historique d'architecture comprenant dans

son plan les nations historiques, descriptives.archaeoloques, biographiques, theoriques, didactiqueset pratiques de cet art[M].2 vols.paris, 1832.

[75]　Johann Friedrich Geis.Arcade：the History of a Building Type[M]. Mass：MIT Press，1985.

[76]　Jane Beamish & Jane Ferguson. A history of Singapore architecture：the making of a city [M]. Singapore G. Brash，1985.

[77]　Albert H.Stone and J.Hammond Reed.Historic Lushan：The Kuling Moutains[M].HanKow：the Arthington Press，Religious Tract Society，1921.

[78]　Sten Åke Nilsson. European Architecture in India 1750-1850[M]，New York：Taplinger Pub. Co. 1968.

[79]　Peirce，Charles Sanders.Collected Papers[M]. Cambridge：Harvard Uni. Press，1931.

[80]　Peirce，CharlesSanders.CollectedPapers of CharlesSandersPeirce[M].Vols.1-2.MA：Harvard University Press，1960.

[81]　Downes，Kerry.Hawksmoor[M].London：Thames and Hudson，1970.

[82]　Summerson，John Newenham. John Nash，Architect to King George IV[M]. G. Allen & Unwin Ltd.，1935.

[83]　Hummon D M. Community attachment in Altman&SM Low Place attachment [M].New York：Plenum Press，1992.

[84]　Jane Jacobs. The Death and Life of Great American Cities[M].Vintage Books，1992.

[85]　Gibberd，F. Town Design[M].2nd edn，London：Architectural Press，1955.

学术期刊文献

[86]　[日] 藤森照信 . 外廊样式——中国近代建筑的原点 [J]. 张复合译 . 建筑学报，1993（5）：33-38.

[87]　林冲 . 两岸近代骑楼发展之比较与探讨 [J]. 华中建筑，2004，22（B07）：164-167.

[88]　方拥 . 泉州鲤城中山路及其骑楼建筑的调查研究与保护性规划 [J]. 建筑学报，1997（8）：17-20.

[89]　[台湾] 江柏炜 . "五脚基"：近代闽粤侨乡建筑的原型 [J]. 城市与设计学报，2003（13&14）：177-243.

[90]　[台湾] 林思玲、傅朝卿 . 气候环境调适的推手——日本殖民台湾热带建筑知识体系 [J].（中国台湾）建筑学报第 59 期，2007（3）：1-24.

[91]　朱永春 . 巴洛克对中国近代建筑的影响 [J]. 建筑学报，2000（3）：47-50.

[92]　刘亦师 . 从近代民族主义思潮解读民族形式建筑 [J]. 华中建筑，2006（1）：5-8.

[93]　刘亦师 . "中国近代建筑史"题辨 .[J]. 建筑学报，2010（6）：1-5.

[94]　杨思声，肖大威，戚路辉 . "外廊样式"对中国近代建筑的影响 [J]. 华中建筑，2010（11）：25-29.

[95]　王珊，杨思声 . 近代外廊建筑在中国的发展线索 [J]. 中外建筑，2005（1）：54-56.

[96]　杨思声 . 近代外廊式建筑在泉州形成的三个因素 [J]. 福建建筑，2003（3）：17-18.

[97] 杨思声，肖大威.中国近代南方侨乡建筑的文化特征探析 [J].昆明理工大学学报（理工版），2009（2）：64-67.

[98] 王珊，杨思声，关瑞明.骑楼在泉州近当代社会变迁中的发展研究 [J].华侨大学学报（哲学社会科学版），2010（01）：88-93.

[99] 王珊，关瑞明.泉州近代骑楼与当代骑楼比较 [J].华侨大学学报（自然科学版），2005（4）：385-388.

[100] 林琳、许学强.广东及周边地区骑楼发展的时空过程及动力机制 [J].人文地理，2004，19（1）2：52-57.

[101] [台湾] 胡宗雄、徐明福.日治时期台南市街屋亭仔脚空间形式之研究 [J].（台湾）建筑学报，2003（44）：97-115.

[102] 谢漩，骆建云.北海市旧街区骑楼式建筑空间形态特征 [J].建筑学报，1996（11）：43-46.

[103] 杨宏烈.广州骑楼商业街特色的保护与创新 [J].中外建筑，1998（5）：28-30.

[104] 李小静，潘安.广州骑楼文化与城市交通 [J].南方建筑，1996（2）：11-13.

[105] 内田勤.亭仔脚——特に台南を中心にして [J].地理学，1937，5（5）.

[106] 林琳.国内外有关骑楼建筑的研究述评 [J].建筑科学，2006，22（5）：119-125.

[107] 许政.新加坡骑楼颉英 [J]，华中建筑，1999（2）：61-65.

[108] 庄海红.厦门近代骑楼发展原因初探 [J].华中建筑，2006，24（7）：144-145.

[109] [新加坡] 乔恩·林.新加坡的殖民地建筑（1819 – 1965）[J].世界建筑，2000（1）：70-72.

[110] 刘明.环境变迁与文化适应研究述要 [J].河北经贸大学学报（综合版），2009（2）：54-58.

[111] [美] J.H.斯图尔德，王庆仁.文化生态学的概念和方法 [[J].世界民族，1983（6）：10-16.

[112] 徐心希.闽越族的汉化轨迹与闽台族缘关系 [J].台湾研究，2002（1）：60-67.

[113] 郑学檬，袁冰楼.福建文化传统的形成与特色 [J].南京：东南文化，1990（3）：5-15.

[114] 何绵山.闽越文化初探 [J].漳州师范学院学报（哲学社会科学版），2002（2）：55-61.

[115] 郑振满.国际化与地方化：近代闽南侨乡的社会变迁 [J].近代史研究，2010（2）：62-77.

[116] 刘登翰.闽台社会心理的历史、文化分析 [J].东南学术，2003（3）：107-119.

[117] 李百浩，严昕.近代厦门旧城改造规划实践及思想（1920-1938）[J].城市规划学刊，2008（3）：104-110.

[118] 黄浩，张义峰.回归自然，散淡人生：庐山别墅的建筑美学追求 [J].小城镇建设，2001 年（3）：28-30.

[119] 何一，青萍.文化势差、质差与文化流动的历史诠释 [J].西南民族学院学报（哲学社会科学版），2003（2）：156-159.

[120] 黄朝阳.墨子的譬——逻辑学意义的类比 [J].学术研究，2004（7）：69-73.

[121] 王治君.基于陆路文明与海洋文化双重影响下的闽南"红砖厝"——红砖之源考 [J].建筑师，2008（1）：86-92.

[122]　[日] 石黑忠惪. 台湾ヲ巡视シ成兵ノ卫生ニ付キ意见 [A]. 台湾卫生石黑全 [C]. 东京，1896.

[123]　[日] 日本建筑学会. 台湾之兵营建筑 [J]. 建筑杂志，1897，11（132）：379-380.

[124]　[日] 日本建筑学会. 小池军医正之の谈片 [J]. 建筑杂志，1898，12（135）：110- 111.

[125]　[日] 日本建筑学会. 故工学士泷大吉氏之传 [J]. 建筑杂志，1902，16（192）：362-365.

[126]　[日] 浅井新一. 台湾陆军建筑の沿革概要 [J]. 台湾建筑会志.1932，4（4）：6-10.

[127]　易刚明. 民族主义在中国的兴起及其对近代中国的影响 [J]. 东南亚纵横，2005（5）：75-79.

[128]　杨秉德. 关于中国近代建筑史时期民族形式建筑探索历程的整体研究 [J]. 新建筑，2005（1）：
　　　　48-51.

[129]　陈金亮. 民国时期的晋江华侨与乡族械斗 [J]. 社会科学家，2010（2）：152-154.

[130]　方拥. 石头成就的闽南建筑 [J]. 建筑师，2008（10）：106-108.

[131]　陈晓向. 惠安乡土建筑中的石技艺特色 [J]. 华侨大学学报（自然科学版），2004，25（4）：401-405.

[132]　黄忠杰，台湾传统剪瓷雕艺术研究 [J]. 福建师范大学学报（哲学社会科学版），2007（6）：45-48.

[133]　杨秉德. 早期西方建筑对中国近代建筑产生影响的三条渠道 [J]. 华中建筑，2005（1）：159-163.

[134]　吴招胜，唐孝祥. 从审美文化视角谈开平碉楼的文化特征 [J]. 小城镇建设，2006（4）：90-93.

[135]　J. S. H. Lim.The "Shophouse Rafflesia": An Outline of its Malaysian Pedigree and its Subsequent
　　　　Diffusion in Asia[J]. JMBRAS, 66（Part 1）, 1993: 47-67.

[136]　Mai-Lin Tjoa-Bonatz. Shophouses in Colonial Penang[J]. Journal of the Royal Asiatic Society,
　　　　Volume LXXI Part 2, 1998: 122-136.

[137]　Tze Ling Li.A Study of Ethnic Influence on the Facades of Colonial Shophouses in Singapore: A Case
　　　　Study of Telok Ayer in Chinatown[J].JAABE, 2007, 6（1）: 41-48.

[138]　Tuan Y F. Space and Place: The Perspective of Experience [J].London Minneapolis, 1974, 89:
　　　　150-162.

学位论文

[139]　林冲. 骑楼型街屋的发展与形态的研究 [D]. 广州：华南理工大学博士学位论文，2000.

[140]　林琳. 广东地域建筑——骑楼的空间差异研究 [D]. 广州：中山大学博士学位论文，2001.

[141]　[台湾] 林思玲. 日本殖民台湾建筑气候环境调适的经验 [D]. 台南：成功大学建筑学系博士学位
　　　　论文，2006.

[142]　彭长歆. 岭南建筑的近代化历程研究 [D]. 广州：华南理工大学博士学位论文，2004.

[143]　[台湾] 江柏炜. "洋楼"：闽粤侨乡的社会变迁空间营造（1840s–1960s）[D]. 台北：台湾大学建
　　　　筑与城乡所博士学位论文，2000.

[144]　许政. 泉州骑楼建筑初探 [D]. 泉州：华侨大学硕士学位论文，1998.

[145]　王珊. 泉州近当代骑楼比较研究 [D]. 泉州：华侨大学硕士学位论文.2003.

[146]　[台湾] 王素娟. 日据时期台湾洋楼住宅外廊立面形式之研究 [D]. 云林：云林科技大学硕士学位

论文，2004.

[147]　[台湾] 朱启明 . 闽南街屋建筑之研究——以福建省泉州市中山南路"骑楼式"街屋为例 [D]. 云林：
　　　　云林科技大学硕士学位论文，2005.

[148]　朱怿 . 泉州传统民居基本类型的空间分析及其类设计研究 [D]. 泉州：华侨大学硕士学位论文，
　　　　2001.

[149]　[台湾] 徐志仁 . 金门洋楼建筑形式之研究 [D]. 淡水：淡江大学建筑研究所硕士学位论文，1994.

[150]　[台湾] 张宇彤 . 金门与澎湖民宅形塑之比较研究——以营建中的祭祀、仪式与装饰论述 [D]. 台南：
　　　　成功大学博士学位论文，2001.

[151]　[台湾] 林美琪 . 金门洋楼民居外廊立面形式变迁之研究 [D]. 云林：云林科技大学硕士学位论文，
　　　　2002.

[152]　[台湾] 麦筱凡 . 传播路径对洋楼外廊立面形式影响之研究——以台湾、金门洋楼民宅为例 [D].
　　　　云林：云林科技大学空间设计系硕士学位论文，2007

[153]　汪丽君 . 广义建筑类型学研究——对当代西方建筑形态的类型学思考与解析 [D]. 天津：天津大
　　　　学博士学位论文，2003.

[154]　[台湾] 郑吉钧 ."台湾凉台殖民地样式"建筑发展历程之研究 [D]. 中坜：中原大学建筑所硕士
　　　　学位论文，1997.

[155]　薛家薇 . 泉州手巾寮适应地域气候的方法和理念 [D]. 华侨大学建筑学院硕士学位论文 .2003.

[156]　陈志宏 . 闽南侨乡近代地域建筑 [D]. 天津：天津大学博士学位论文，2005.

[157]　毛兵 . 中国传统建筑空间修辞研究 [D]. 西安：西安建筑科技大学博士学位论文，2008.

[158]　[台湾] 叶乃齐 . 台湾传统营造技术的变迁初探——清代至日本殖民时期 [D]. 台北：台湾大学建
　　　　筑与城乡研究所博士论文，2002.

[159]　陈志宏 . 厦门骑楼建筑初论 [D]. 华侨大学建筑系硕士学位论文，1998.

[160]　余阳 . 厦门近代建筑之嘉庚风格 [D]. 华侨大学硕士学位论文，2002.

[161]　赵鹏 . 泉州官式大厝与北京四合院民居典型模式的比较研究 [D]. 华侨大学硕士学位论文，2004.

[162]　[台湾] 庄耀棋 . 在台惠安峰前村蒋氏打石匠师群之研究 [D]. 台湾：艺术学院传统艺术研究所硕
　　　　士学位论文，2001。

[163]　林申 . 厦门近代城市与建筑初论 [D]. 华侨大学建筑系硕士学位论文，2001.

[164]　姜省 . 潮汕传统建筑的装饰工艺与装饰规律 [D]. 华南理工大学硕士学位论文，2001.

[165]　李琛 . 台城镇骑楼研究 [D]. 北京：中国建筑设计研究院建筑历史研究所硕士学位论文，2003.

[166]　冯铁宏 . 庐山早期开发及相关建筑活动研究（1895-1935）[D]. 清华大学硕士学位论文，2004.

[167]　邹冰玉 . 贵州干栏建筑形制初探 [D]. 中央美术学院硕士学位论文，2004.

[168]　[台湾] 赖裕鹏 ."骑楼式"街屋比较之研究——以鹿港中山路与泉州中山南路为例 [D]. 云林：
　　　　云林科技大学硕士论文，2006.

[169]　关瑞明 . 泉州多元文化与泉州传统民居 [D]. 天津：天津大学博士论文，2002.

论文集

[170] 林冲.台湾街屋骑楼形式的探讨[A].张复合主编.'98中国近代建筑史国际研讨会论文集[C].北京：清华大学出版社，1998：47-55.

[171] 彭长歆."铺廊"与骑楼：从张之洞广州长堤计划看岭南骑楼的官方原型[A].张复合主编.中国近代建筑研究与保护（五）[C].北京：清华大学出版社，2006：79-85.

[172] 刘亦师.从"外廊式建筑"看中国近代建筑史研究（1993-2009）[A].张复合主编.中国近代建筑研究与保护（七）[C].北京：清华大学出版社，2010：9-26.

[173] 汪坦等.中国近代建筑总览·广州篇[M].第1版.北京：中国建筑工业出版社，1992.

[174] 汪坦等.中国近代建筑总览·厦门篇[M].第1版.北京：中国建筑工业出版社，1993.

[175] 汪坦等.中国近代建筑总览·武汉篇[M].第1版.北京：中国建筑工业出版社，1992.

[176] 汪坦等.中国近代建筑总览·天津篇[M].第1版.北京：中国近代建筑史研究会，1989.

[177] 汪坦等.中国近代建筑总览·烟台篇[M].第1版.北京：中国建筑工业出版社，1992.

[178] 汪坦等.中国近代建筑总览·营口篇[M].第1版.北京：中国建筑工业出版社，1993.

[179] 汪坦等.中国近代建筑总览·北京篇[M].第1版.北京：中国建筑工业出版社，1993.

[180] 汪坦等.中国近代建筑总览·庐山篇[M].第1版.北京：中国建筑工业出版社，1993.

[181] 汪坦等.中国近代建筑总览·重庆篇[M].第1版.北京：中国建筑工业出版社，1993.

[182] 汪坦等.中国近代建筑总览·青岛篇[M].第1版.北京：中国建筑工业出版社，1992.

[183] 汪坦等.中国近代建筑总览·南京篇[M].第1版.北京：中国建筑工业出版社，1992.

[184] 李传义.外廊建筑形态比较研究[A].汪坦，张复合主编.第五次中国近代建筑史研究讨论会论文集[C].北京：中国建筑工业出版社，1998：13-18.

[185] [日]田代辉久.广州十三夷馆研究[A].马秀之，张复合，村松伸等主编.中国近代建筑总览广州篇[M].北京：中国建筑工业出版社，1992：9-23.

[186] SAUER C.O.Recent development in cultural geography[A].HAYES e.C.Recent Development in the Social Sciences[C].New York：Lippincott，1927.

[187] 张复合主编.中国近代建筑研究与保护（一）[C].北京：清华大学出版社，1998.

[188] 张复合主编.中国近代建筑研究与保护（二）[C].北京：清华大学出版社，2000.

[189] 张复合主编.中国近代建筑研究与保护（三）[C].北京：清华大学出版社，2002.

[190] 张复合主编.中国近代建筑研究与保护（四）[C].北京：清华大学出版社，2004.

[191] 张复合主编.中国近代建筑研究与保护（五）[C].北京：清华大学出版社，2006.

[192] 张复合主编.中国近代建筑研究与保护（六）[C].北京：清华大学出版社，2008.

[193] 张复合主编.中国近代建筑研究与保护（七）[C].北京：清华大学出版社，2010.

[194] [日]村松申.东亚建筑世界二百年[A].张复合、贾珺等编.建筑史论文集17～21连载.[C].北京：清华大学出版社，2003-2005.

[195] 朱维干，陈元煦 . 闽越的建国及北迁 [A]. 百越民族史研究会编 . 百越民族史论集 [C]. 北京：中国社会科学院出版社，1992.

[196] 徐心希 . 试论福建地区闽越族的汉化与古代中原文化 [A]. 炎帝与汉民族国际学术研讨会论文集 [C].2002.

[197] 卢兆荫 . 关于闽越历史的若干问题 [A]. 王培伦 . 冶城历史与福州城市考古论文选 [C]. 福州：海风出版社 .1999.

[198] [台湾] 黄俊铭 . 从日据初期家屋建筑的相关法规看殖民地台湾理想家屋的原型 [A].（台湾）建筑学会 .（台湾）建筑学会第七届建筑研究成果发表会论文集 [C]. 台北:（台湾）建筑学会，1994.

[199] [台湾] 黄俊铭 . 日据明治时期台湾兵营建筑之研究 [A]. 贺陈词教授纪念文集 [C]. 台中：东海大学建筑系，1995：119-130.

[200] [台湾] 林思玲、傅朝卿 . 日治时期台湾兵营建筑适候改造过程之研究（1902-1931）——以陆军建筑技师浅井新一之回顾文为主 [A]. 文化与建筑研究集刊 [C]. 台南：成功大学建筑系文化与建筑研究小组、台湾建筑与文化资产出版社，2005（11）：1-40.

[201] 颜美华，武云霞 . 上海 20 世纪 30 年代装饰艺术派风格的公寓建筑 [A]. 张复合主编 . 中国近代建筑研究与保护（五）[C]. 北京：清华大学出版社，2006.

[202] 梁漱溟 . 中国文化要义 [A]. 中国文化书院学术委员会编 . 梁漱溟全集第三卷 [C]. 济南：山东人民出版社，1990.

[203] 刘亦师 . 中国碉楼民居分布及其特征 [A]. 张复合编 . 中国近代建筑研究与保护（四）[C]. 北京：清华大学出版社，2004：114-126.

[204] 彭长歆 . 骑楼制度与骑楼城市 [A]. 张复合编 . 中国近代建筑研究与保护（四）[C]. 北京：清华大学出版社，2004：130-137.

[205] [台湾] 黄俊铭 . 清末与日据时期亭仔脚相关法规的发展历程——骑楼管理问题根源的探讨 [A]. 第二届建筑理论与应用研讨会论文集 [C]. 台中：东海大学建筑系，1996：141-148.

[206] [台湾] 黄俊铭 . 清末留学生与广州市政建设（1911-1922）[A]. 汪坦、张复合主编 . 第四次中国近代建筑史研讨会论文集 [C]. 北京：中国建筑工业出版社，1993：183-187.

[207] 陈正哲 . 借非官方人物之考察解析都市建设历史——以 1910 年代台北城内的建设为例 [A]. 张复合主编 . 中国近代建筑研究与保护（二）[C]. 北京：清华大学出版社，2000：187.

地方史志

[208] 福建省南安县地方志编纂委员会编 . 南安县志 [M]. 第 1 版 . 南昌：江西人民出版社，1993.

[209] 福建省龙海县地方志编纂委员会 . 黄剑岚主编 . 龙海县志 [M]. 第 1 版 . 北京：东方出版社，1993.

[210] 厦门市地方志编纂委员会 . 厦门市志 [M]. 第 1 版 . 北京：方志出版社，2004.

[211] 同安县地方志编纂委员会编 . 同安县志 [M]. 第 1 版 . 北京：中华书局，2000.

[212] 福建省漳州市芗城区地方志编纂委员会编.芗城县志[M].第1版.北京:方志出版社,1999.

[213] 永春县志编纂委员会.永春县志[M].第1版.北京:语文出版社出版,1990.

[214] 安溪县地方志编纂委员会编.安溪县志[M].第1版.北京:新华出版社出版,1994.

[215] 惠安县地方志编纂委员会编.惠安县志[M].第1版.北京:方志出版社出版,1998.

[216] 晋江市地方志编纂委员会编.晋江市志[M].第1版.上海:三联书店上海分店.1994.

[217] 鲤城区志编纂委员会编.鲤城区志[M].第1版.北京:中国社会科学出版社,1999.

[218] 石狮市地方志编纂委员会编(何锦龙主编).石狮市志[M].第1版.北京:方志出版社,1998.

[219] 德化县地方志编纂委员会编.德化县志[M].第1版.北京:新华出版社,1992.

[220] 漳州市地方志编纂委员会编.漳州市志[M]第1版.北京:中国社会科学出版社,1999

[221] 福建省地方志编纂委员会编.福建省志·华侨志[M].第1版.福州:福建人民出版社出版,1992.

[222] 陈延庭.集美学校的前三十年史[M].油印本.

[223] 王增炳,余纲等著.陈嘉庚兴学记[M].第1版.福州:福建教育出版社,1981.

[224] 校史编写组编.集美学校七十年[M].第1版.福州:福建人民出版社,1983.

[225] 陈嘉庚.南侨回忆录[M].第1版.长沙:岳麓书社,1998.

[226] 陈永成主编.老福建[M].第1版.福州:海峡文艺出版社,1999.

[227] 洪卜仁.厦门旧影新光[M].第1版.厦门:厦门大学出版社,2008.

[228] 任继愈主编.南洋华侨史话[M].第1版.北京:商务印书馆,1997.

[229] 林金枝,庄为玑.近代华侨投资国内企业史资料选辑(福建卷)[M].第1版.福州:福建人民出版社,1985.

[230] 陈成南.漳州名胜与古建筑[M].第1版.天津:科学技术出版社,1995.

[231] 厦门城市建设志编纂委员会.厦门城市建设志[M].第1版.北京:中国统计出版社,2000.

[232] 厦门大学校史编委会.厦大校史资料(第八辑)厦大建筑概述[M].第1版.厦门:厦门大学出版社,1991.

[233] 厦门大学校史编委会.厦门大学校史资料(第三辑)[M].厦门:厦门大学出版社,1989.

[234] 王连茂.泉州拆城辟路与市政概况[A].泉州鲤城区地方志编纂委员会编著.泉州文史资料1~10辑汇编[C].内部出版,1994.

[235] 谢德.泉州市政兴办初期情况回顾[A].中国人民政治协商会议福建省泉州市鲤城区委.泉州鲤城文史资料(第三辑)[C].内部出版,1988.

[236] 方文图.关于厦门设市年月问题[A].政协福建省厦门市委文史资料委员会编.厦门文史资料集(第四辑)[C].内部出版,1983.

[237] 南安县志编纂委员会(潘用庭主编).南安县志[M].第1版.南昌:江西人民出版社,1993.

[238] 张镇世,郭景村.厦门早期的市政建设[A].政协福建省厦门市委文史资料委员会编.厦门文史资料第1辑[C].内部出版,1963.

[239] 厦门市地方志编撰委员会办公室整理.《民国厦门市志》卷十七《实业志》[M].北京:方志出版

社，1999.

[240]　泉州市地方志编纂委员会 . 泉州市志 [M]. 第 1 版 . 北京：中国社会科学出版社，2000.

电子文献

[241]　Scott Cook .The Evolution of the American Front Porch：The Study of an American Cultural Object[OL]. http：//xroads.virginia.edu/~CLASS/am483_97/projects/cook/first.htm，1994.

[242]　[台湾] 江柏炜 . 闽南建筑文化的基因库：金门历史建筑概述 [EB/OL].http：//163.13.226.19/art/inport/doc/eye-art/9202history.doc.

[243]　[台湾] 江柏炜 . 地方史与全球史的连接 [EB/OL]. http：//www.docin.com/p-18629905.html.

[244]　[法] 古斯塔夫·勒庞 . 乌合之众——大众心理研究 [EB/OL].http：//wenku.baidu.com/view/463ad122bcd126fff7050bb0.html

[245]　梅青 . 变幻的坐标与漂浮的历史——厦门华侨的聚落研究 [EB/OL].《二十一世纪》网络版第六期，http：//www.cuhk.edu.hk/ics/21c/supplem/essay/0110016g.htm，2002.